U0288207

扎 根 大 地

工 程 哲 学

北京大兴国际机场建设管理实践丛书

扎根大地的工程哲学

北京大兴国际机场建设的实践逻辑

北京新机场建设指挥部　组织编写

姚亚波　吴志晖　主编

王大洲　贾广社　李　维　副主编

中国建筑工业出版社

丛书编委会

主　　任：姚亚波

副主任：郭雁池　罗　辑　李勇兵

委　　员：李　强　袁学工　李志勇　孔　越　朱文欣　刘京艳
　　　　　吴志晖　李光洙　周海亮

本书编写组

主　　编：姚亚波　吴志晖

副主编：王大洲　贾广社　李　维

参编人员：北京新机场建设指挥部：
　　　　　孙　凤　徐　伟　易　巍　张宏钧　潘　建　杜晓鸣
　　　　　刘　挺　高宇峰　王海瑛　姚　铁　孙　嘉　王積筠
　　　　　彭耀武　高爱平　孔　愚　赫长山　师桂红　田　涛
　　　　　王　静　王　晨　张　俊　张　培　王　超　赵建明
　　　　　郭树林　董家广　霍　岩　王金套　魏士妮

　　　　　中国科学院大学：
　　　　　王　楠　刘媛媛　王秦歌　王一淇　袁　燕　朱琳琳

　　　　　同济大学：
　　　　　王广斌　高显义　谭　丹　孙继德

丛书序言

作为习近平总书记特别关怀、亲自推动的国家重大标志性工程，北京大兴国际机场的高质量建成投运是中国民航在"十三五"时期取得的最重要成就之一，也是全体民航人用智慧、辛勤与汗水向伟大祖国70周年华诞献上的一份生日贺礼。

凤凰涅槃、一飞冲天，大兴机场的建设成就来之不易，其立项决策前后历经21年，最终在新时代顺应国家战略发展新格局应运而生。大兴机场承载着习近平总书记对于民航事业的殷殷嘱托，承载着民航人建设民航强国的初心，也肩负着践行新发展理念、满足广大人民群众美好航空出行向往、服务国家战略以及成为国家发展新动力源的光荣使命。

民航局党组始终把做好大兴机场建设投运作为一项重要的政治任务来抓，在建设投运关键时期，举全民航之力，精心组织全体建设人员始终牢记使命与担当，秉承"人民航空为人民"的宗旨，团结拼搏，埋头苦干，始终瞄准国际一流水平，依靠科技进步，敢于争先，攻克复杂巨系统、技术标准高、建设任务重、协同推进难等一系列难题，从2014年12月开工建设到2019年9月正式投运，仅用时4年9个月就完成了包括4条跑道、143万平方米航站楼综合体在内的机场主体工程建设，成为世界上一次性投运规模最大、集成度最高、技术最先进的大型综合交通枢纽，创造了世界工程建设和投运史上的一大奇迹。我们可以充满自信地说，全体建设者不辱使命，干出了一项关乎国之大者的现代化高品质工程，干出了一座展示大国崛起、民族复兴的新国门，如期向党和人民交上了满意的答卷，取得了举世瞩目的辉煌成就！

习近平总书记强调，既要高质量建设大兴机场，更要高水平运营大兴机场。大兴机场投运以来，全体运营人员接续奋斗，以"平安、绿色、智慧、人文"四型机场为目标，立志打造"新标杆、新国门、新引擎"。尽管投运之初就面临世纪疫情的影响，经过全体运营人员共同努力，大兴机场成功克服多波次疫情、雨雪特情以及重大保障任务考验，实现了安全平稳运行、航班转场的稳步推进，航班正常性在全国主要机场中排名第一，综合交通、商业服务、人文景观等受到社会高度评价，成为网红机场，荣获国际航空运输协会（IATA）"便捷旅行"项目白金标识认证、2020年度"亚太地区最佳机场奖"及"亚太地区最佳卫生措施奖"等荣誉，成为受全球旅客欢迎的国际航空枢纽，初步交上了"四型机场"的运营答卷。

回顾大兴机场整个建设投运历程，就是习近平新时代中国特色社会主义思想在民航业高质量发展的科学实践过程。大兴机场向世界所展现的中国工程建筑雄厚实力、中国共产党领导和我国社会主义制度能够集中力量办大事的政治优势，以及蕴含其中的中国精神和中国力量，是"中国人民一定能、中国一定行"的底气所在，是全体民航人必须长期坚持和持续挖掘的宝贵财富。

当前正值国家和民航"十四五"规划落子推进之际，随着多领域民航强国建设的持续推进，我国机场发展还将处在规划建设高峰期，预计"十四五"期间全行业还将新增运输机场30个以上，旅客吞吐量前50名的机场超过40个需实施改扩建，将有一大批以机场为核心的现代综合交通枢纽、高原机场等复杂建设条件的项目上马。这将对我们的基础设施建设能力、行业管理能力提出更高要求。大兴机场建设投运的宝贵经验始终给我们提升民航基础设施建设能力和管理能力以深刻启示，要认真总结、继承和发扬光大。现在北京新机场建设指挥部和北京大兴国际机场作为一线的建设运营管理单位，从一线管理的视角，总结剖析大兴机场建设的理念、思路、手段、方法以及哲学思考等，组织编写《北京大兴国际机场建设管理实践丛书》，对于全行业推行现代工程管理理念，打造品质工程必将发挥重要作用。

看到这套丛书的出版深感欣慰，也期待这套丛书能为全国机场建设提供有益的启示与借鉴。

中国民用航空局局长
2022年6月

本书序言

本书是根据《北京大兴国际机场建设管理实践丛书》的"总体设计"而撰写的著作之一。

根据本套丛书总体设计的要求和定位，本书的主题、任务、目的和特色是从哲学角度——更具体地说是"工程哲学"角度——对北京大兴国际机场建设项目这一新时代国家重大标志性工程进行深入的哲学反思。

在现代社会中，科学、技术、工程是三种重要的社会活动方式。三种不同的社会活动方式各有其自身的重大功能、意义与影响。分别以科学、技术、工程为哲学的研究对象就形成了三门不同的"亚哲学学科"——科学哲学、技术哲学、工程哲学。从学科发展史角度看，科学哲学和技术哲学都是欧美学者开创的，然后"传入"中国，在中国得到本学科的发展。可是，在21世纪之初开创工程哲学的时候，中国没有再度落后，而是形成了工程哲学在中国与欧美"平行而独立开创"的局面和状况（就学科"具体开创步履"而言，中国甚至还可以说要"早于"欧美一二年）。

中国之所以能够在21世纪之初在工程哲学开创时走在世界同行的最前列而成为工程哲学的开创者，一方面是由于21世纪的中国已经成为世界工程大国，这就使得工程哲学在中国的开创有了深厚的实践基础；另一方面，也是由于马克思主义历史唯物主义哲学在中国社会环境中对于开创工程哲学发挥了思想引领和启发作用。还应该强调指出，工程哲学绝不是可以"不费力气"就开创出来的，相反地，工程哲学的开创是中国工程界和哲学界相互学习、跨界合作创新的成果。如果没有工程界和哲学界的相互学习、跨界合作和跨界创新，工程哲学就"无从创立"。回顾历史，由于多方面复杂而深刻的原因，中国和世界各国普遍存在哲学界和工程界长期相互疏离，"哲学界不关心工程和工程界不关心哲学"的现象，哲学和工程之间存在无法"沟通"的深刻鸿沟。直到21世纪之初，由于各种因缘际会，这才使得工程与哲学的"鸿沟"得到突破，工程哲学这个新的"亚学科"才得以开创。

要突破工程与哲学之间的深刻鸿沟，开创工程哲学，其空前难度是不言而喻的。如果能够取得突破，其重大意义也是不言而喻的。总而言之，工程界和哲学界相互学习、跨界合作开创工程哲学，既是工程发展的迫切需要，也是哲学发展的迫切需要。

在开创工程哲学的过程中，在中国工程界和哲学界跨界合作的过程中，中国工程院工程管理学部、中国科学院大学、西安交通大学等单位发挥了重要作用。

经过进入21世纪以来的大约20年的跨界合作和持续深入学术探索，中国学者在2022年出版了《工程哲学（第四版）》（殷瑞钰、李伯聪、栾恩杰、汪应洛等著），该书"理论篇"中凝练、简要地阐述了中国学者关于工程哲学理论体系的基本认识，阐述了中国学者对于工程本体论、工程知识论、工程方法论、工程演化论、工程理念、工程观、工程思维等工程哲学关键问题的基本理论认识。

在进入21世纪以来的工程哲学不断发展的进程中，无论是工程界还是哲学界都逐渐有愈来愈多的人士关心工程哲学。

对于工程哲学的发展来说，不但必须重视对"理论体系""基本观点"的研究，而且必须重视对"典型案例"和"多种案例"的研究。应该强调指出，"理论体系""基本观点"研究和"案例研究"应该相互渗透、相互配合，二者各有不可替代的作用。绝不能认为"案例研究"只是"理论体系"的"附庸"或"机械样品"。相反，案例研究的重要性不但表现为工程哲学"生命力"的"直接体现方式"，而且常常会成为"工程哲学新理论的温床"。

《北京大兴国际机场建设管理实践丛书》在"总体设计"中，把从工程哲学高度对北京大兴国际机场工程进行哲学反思作为丛书"整体设计"的重要内容和重要特色之一，使本书和丛书的其他著作相互渗透、相得益彰，体现了丛书整体设计的高瞻远瞩、跨界创新、系统整合精神。本书在写作过程中，特意精心地组织了工程界和哲学界的人士进行跨界合作研究，无论从主观努力看，还是从客观需要和形势看，各位作者都把写作过程当成了跨学科学习、跨学科合作、跨学科研究、跨学科探索的过程，这也就成为使本书成为高水平跨界创新成果的重要条件和重要保证。

对于本书所取得的多方面的创新成果，这里不一一介绍。我想强调指出的是，本书最值得重视的贡献之一是本书在进行工程哲学的"案例研究"方面成为一项前沿性、样例性成果，希望今后能够出现更多的、更上层楼的"工程哲学案例研究"著作，使工程哲学学科的面貌和成果愈来愈丰富多彩，学科生命力愈来愈强大彰显，希望工程界和哲学界的跨界合作创新不断进入新境界，不断取得新成果。

中国科学院大学人文学院、跨学科工程研究中心教授

2022年8月

丛书前言

北京大兴国际机场是党中央、国务院决策部署，习近平总书记特别关怀、亲自推动的国家重大标志性工程。大兴机场场址位于北京市正南方、京冀交界处、北京中轴线延长线上，距天安门广场直线距离46公里、河北省廊坊市26公里，正好处河北雄安新区、北京行政副中心两地连线的中间位置，与其距离均为55公里左右，地理位置独特，是京津冀协同发展的标志性工程和国家发展一个新的动力源。

大兴机场定位为"大型国际航空枢纽"，一期工程总体按照年旅客吞吐量7 200万人次、货邮吞吐量200万吨、飞机起降量63万架次的目标设计，飞行区等级为4F。综合考虑一次性投资压力、投运后的市场培育等情况，按照"统筹规划、分阶段实施、滚动建设"的原则，一期工程飞行区跑滑系统、航站楼主楼、陆侧交通等按照满足目标年需求一次建成，飞行区站坪、航站楼候机指廊、部分市政配套设施、工作区房建等按年旅客吞吐量4 500万人次需求分阶段建设。主要建设内容包括飞行区、航站区、货运区、机务维修区、航空食品配餐、工作区、公务机区、市政交通配套、绿化、空管、供油、东航基地、南航基地以及场外配套等工程。

大兴机场具有建设标准高、建设工期紧、施工难度大、涉及面广等特点。全体建设者面对各种挑战，始终牢记习近平总书记嘱托，在民航局的统筹领导下，以"精品、样板、平安、廉洁"四个工程为目标，全面贯彻落实新发展理念，以总进度管控计划为统领，通过精心组织、科学管理、精细施工、协同推进，克服时间紧、任务重、交叉作业等重重困难，历时54个月、1 600多个日夜，如期高质量完成了一期工程主体建设任务，一次性建成"三纵一横"4条跑道、143万平方米的航站楼综合体，以及相应的配套保障设施，成为世界上一次性建成投运规模最大、集成度最高、技术最先进的一体化综合交通枢纽，以优异成绩兑现了建设"四个工程"的庄严承诺。

大兴机场的建设投运举世瞩目，持续受到各方的高度关注。工程建设期间，特别是2017年进入全面开工期后，指挥部和施工总包单位几乎每天都能接到大量的调研参观要求，很多同志对于大兴机场建设和投运背后的故事和管理经验十分感兴趣。机场建成投运后，按照习近平总书记"既要高质量建设大兴国际机场，更要高水平运营大兴国际机场"的指示要求，我们一方面努力提升运营水平，瞄准平安、绿色、智慧、人文"四型机场"，进一步打造运营标杆；另一方面，也在思考，如何通过适当的建设经验总结提炼，形成可以传承的知识财富，并在一定层面分享，为大兴机场后续工程建设提供指导，同时发挥标杆工程的示范带动作用，也为行业发展和社会进步作出一点贡献。

我们就大兴机场一期工程建设经验总结召开了数次座谈会和专题会，各主要咨询设计单位、建设单位都十分支持，通过与中国建筑工业出版社、同济大学等单位进一步沟通，我们认识到，针对各方对于大兴机场工程建设的关注点，对大兴机场一期建设管理的理念、思路、方法、手段以及工程哲学思考等进行梳理总结，形成系列总结丛书，还是有一定意义的，为此，我们于2021年2月23日，在习近平总书记视察大兴机场工程建设4周年之际，正式启动了《北京大兴国际机场建设管理实践丛书》的编写工作，计划从工程管理、绿色建设、安全工程、工程哲学等方面陆续推出管理实践丛书。鉴于工程管理特别是重大工程管理是个复杂的系统工程，每个工程各有特点，工程管理理念百花齐放，存在明显的行业、工艺、地域等差异，本丛书只能算作一家之言，不妥之处还请各位读者多多包涵和批评指正！

最后，谨以丛书向所有参与大兴机场建设和运营的劳动者致敬！向所有关心关爱大兴机场建设发展的各位领导、同仁致敬！

首都机场集团有限公司副总经理（正职级）、
北京大兴国际机场总经理、北京新机场建设指挥部总指挥
2022年6月

本书前言

北京大兴国际机场建设项目是国家重大标志性工程，是新时代中国民航强国建设的一个里程碑。大兴机场建设者践行新发展理念，打造出"四个工程"——精品工程、样板工程、平安工程、廉洁工程，成就了"四型机场"——平安机场、绿色机场、智慧机场、人文机场。如果说"工程就是哲学"，那么大兴机场建设工程就是一部扎根于祖国大地的具有时代特色的工程哲学。大兴机场建设实践提供了哲学反思的机会和反思哲学的机会。

本书的基本定位，是以大兴机场建设工程为研究对象，以习近平新时代中国特色社会主义思想为指导，总结提炼大兴机场工程建设的实践逻辑及其蕴含的工程哲学思想，探究具有中国文化底蕴的工程精神、工程智慧与工程自信，辨明面向未来的工程可持续发展之道。

创作本书的基本策略是，通过工程界和哲学界的"对话"，让"浮现"在大兴机场建设者"脑海"中并"渗透"在大兴机场建设过程中的"思想""现身"，进而构建出一种"行动中的工程哲学"。因此，创作过程大体包括公开文献调研、档案查询、人物访谈、书稿撰写、研讨修改和评议出版等几个步骤。课题组立足上千份档案资料、60余万字的访谈资料，历经50余次内部研讨、2次专家评议，最终形成了当前的文本。

全书共分10章，除了绪论和结论，主体部分包括8章内容。第1章绪论部分介绍了工程哲学发展基本脉络，陈明大兴机场建设工程是一座工程哲学"富矿"，厘定了挖掘这座"富矿"并进行"提炼"的基本路径。第2章将大兴机场放在中国百年民航发展史中进行定位，旨在探寻大兴机场建设工程的"根"和"魂"。第3章勾勒出大兴机场建设工程的"高度"，阐述建设者如何在新时代践行新发展理念，迈向高水平的工程"自立自强"，打造出"四个工程"，成就了"四型机场"。第4章阐明大兴机场建设工程作为巨型复杂工程的高度复杂性，分析了建设者之所以敢于"舍简入繁"的勇气来源，并展示了"化繁为简"的基本思路，从而为第5章到第8章的写作进行了铺垫。第5章探讨了大兴机场建设工程的立体化治理体系，大体包括分层治理和跨界治理两个层次，这是"化繁为简"的首要策略。第6章阐释了学习型组织指挥体系在大兴机场建设中的重要枢纽地位，强调其发挥的管控、协调和凝聚作用，这是"化繁为简"的第二个策略。第7章探讨了大兴机场建设工程全生命周期中的迭代学习，即在工程活动展开的进程中逐步解决问题，这实际上是在"时间维度上"进行的"化繁为简"。第8章探讨了数字化在大兴机场建设中发挥的关键作用，表明基于数字技术形成的信任机制和协调机制作为"化繁为简"的工具，帮助立体化治理体系、组织指挥体系乃至迭代学习进程相互融合并真正落到实处。第9章进一步讨论大兴机场建设工程的价值创造，揭示其作为"国家发展一个新的动力源"的基本内涵，并将大兴机场建设工程的价值创造理解为一个开放过程。第10章结论部分总结了大兴机场建设的实践逻辑，阐明了这种实践逻辑背后的工程精神、工程智慧和工程自信，解释了大兴机场建设工程何以能够达成或者说逼近"工程自身"。

事实上，达成"工程自身"的诉求本身就是一种人文追求、哲学追求。本书尝试揭示出工程实践背后人与工程彼此塑造的辩证法，工程共同体与"看"工程的辩证法，工程指挥与工程创新的辩证法，人、制度与技术间互动的辩证法，以及社会存在与社会生成的辩证法。作者表明工程实践并不具有认识论意义上的"完全透明性"和方法论意义上的"完全可掌控性"。特别是那些重大创新性工程，无论事前规划设计多么谨慎小心、事无巨细，要达成"工程自身"，都很不容易。工程总是逃脱不了"意外"，工程总是某种"超出"，因而总是有着内在的"可超越性"，总是等待着新的"超越者"的出现。正是基于这种自我超越，建设者才能自立自强，才有可能通过"化繁为简"达成"工程自身"。

工程关乎在存在中构想存在，在存在中谋划新的存在。期待本书为未来我国大型综合交通枢纽乃至其他大型复杂工程的建设与运营提供借鉴，同时期待本书能够从哲学上为工程实践"正名"，以维护工程实践者的思想尊严。

为方便读者阅读，除非特别指明，本书将北京新机场建设指挥部统称为指挥部，北京大兴国际机场统称为大兴机场，中国民用航空局统称为民航局。

本书编写组
2022年8月

目　录

第 1 章

绪论

1.1 工程与哲学

工程是人类生存与发展之本。正是一项项工程的谋划、建设和交付使用，构成了人类社会前进的步伐。因此，人类的历史在很大程度上是由特定类型的工程活动加以标识的。所谓石器时代、青铜时代、蒸汽时代、电气时代、信息时代的命名，都是明证。作为人类面向未来、变革当下以走向预想生存状态的一种实践活动，工程体现着人类的向往和人类的智慧。工程实践不仅要讲究程序和标准，而且要讲求创造性地、巧妙地完成高质量的工作，因此体现着一种独特的精神气质。

从存在论上讲，人作为一种不完备的存在，必须"善假于物"，特别是利用人工物，才能应对自然的挑战，求得生存并实现超越，而人工物的创造则必须通过工程实践来实现。与其他动物不同，人类在自由精神和创造精神的驱动下，靠着技术，靠着语言，靠着智能，不仅能够适应环境，而且能够变革环境，乃至颠覆环境，以至于即便环境发生了巨大变化，也能生存下来甚至生存得更好。这种境况在18世纪后期掀起的英国工业革命中表现得淋漓尽致，以至于后来寄居伦敦的马克思如此强调："工业的历史和工业的已经产生的对象性的存在，是一本打开了的关于人的本质力量的书，是感性地摆在我们面前的人的心理学。"[1]这意味着，工程活动不仅是植根于人的活动，是为了人的活动，而且是人类命中注定必须持续开展的活动。

尽管工程一向十分重要，但对工程的哲学反思，却一直不够充分。在许多人的脑海里，工程和哲学只不过是两个彼此独立的活动领域，没有什么特别的关系。如果说有，似乎也是彼此"轻"而远之的关系——工程师常常看不惯"坐而论道"的哲学家，而哲学家则瞧不上"视野狭隘"的工程师。其实，这种轻视除了上承积习已久的东西方哲学传统，还导源于哲学家与工程师彼此之间长期以来的社会隔离——哲学家们不愿意深入工程内部，不大了解工程

---

[1] 卡尔·马克思，费里德里希·恩格斯. 马克思恩格斯文集（第一卷）[M]. 中共中央马克思恩格斯列宁斯大林著作编译局 译. 北京：人民出版社，2009：192.

技术的现实，因此对工程和技术的批判就少不了几分盲目；反过来，工程师们则埋头工程实践之中，似乎成了专业化分工的奴隶，对哲学的轻视也就有了几分自己的道理。这样，哲学家们倾向于遗忘工程和工程师们，而工程师则"只缘身在此山中"而看不见工程的全貌，以至于双方对工程引发的重大问题常常视而不见，或者有措手不及之感。

无论承认与否，工程和哲学总是联系在一起的，工程实践中充满了辩证法，有许多哲学问题需要研究和思考。其实，工程是人类建设家园的行动，工程是人类智慧和理想的凝结。从工程中，可以读出人生、读出社会，读出"知行合一"的辩证关系。思考哲学，工程无疑是一个恰当的入口，而要理解工程，无疑又需要哲学的穿透力。哲学的重要目标是揭示另一种生活的可能性；而工程的一大特色，则是实现另一种生活的可能性。从这个意义上说，哲学的创造和工程的创造十分接近，而这种接近恰是哲学界和工程界结盟的内在基础。①因此，我们不仅需要在工程和哲学之间架设桥梁，而且需要推进工程世界和哲学世界的交叉和整合。

在这方面，中国学者走在了世界最前列。2002年，中国科学院大学李伯聪教授出版了《工程哲学引论》一书②，这也是世界上首部专论工程哲学的著作。该书提出了"科学、技术与工程三元论"，确立了"我造物故我在"的工程哲学基本命题，在此基础上，分析了包括计划、决策、目的、运筹、制度、价值合理性、天地人合一等在内的五十多个工程哲学范畴，并就工程活动过程中涉及的一系列重要哲学问题进行了比较系统的分析和阐述。无独有偶，美国麻省理工学院教授布希亚瑞利于2003年出版《工程哲学》③，他在该书中反思了工程的要旨，探讨了哲学如何通过澄清、分析、探查、挖掘另一种观察问题的方式，为更好地分析和理解这些要旨作出贡献；探讨了在权衡冲突、诊断失败、建构模型及工程教育中，哲学家的关切如何与工程思想和实践相关联。这两本著作的先后出版，标志着工程哲学作为一个学科领域在东西方的正式诞生。

所谓工程哲学，就是一种改变世界、塑造未来的哲学，它将人类的工程活动作为直接的研究对象，从哲学的高度探讨其本性、过程及后果，其灵魂是理论联系实际，促进天、地、人的和谐。马克思曾经指出："哲学家们只是用不同的方式解释世界，而问题在于改变世界"④。就此而言，工程哲学是一种实践哲学，是马克思主义实践哲学的当代表现形态之一。

---

① 王大洲. 在工程与哲学之间[J]. 自然辩证法研究，2005，21（7）：38-41.
② 李伯聪. 工程哲学引论[M]. 郑州：大象出版社，2002.
③ L. L. Bucciarelli. Engineering Philosophy[M]. Delft: Delft University Press，2003.
④ 卡尔·马克思，费里德里希·恩格斯.马克思恩格斯文集（第三卷）[M]. 中共中央马克思恩格斯列宁斯大林著作编译局 译.北京：人民出版社，2009：6.

作为一种实践哲学，工程哲学不仅扎根于工程实践，而且还可以对工程实践发挥指导作用。这起码可以体现为三个方面：其一，工程实践者需要借助哲学为自己辩护，以抵制哲学家们的批判；其二，工程实践者常常面对一些单用工程方法难以解决的专业问题，而哲学尤其是伦理学有助于工程实践者处理这些问题；其三，鉴于工程的内在哲学品质，哲学实际上可以成为一种手段，使工程实践者更好地理解自身、服务社会。因此，美国哲学家米切姆才会说："工程就是哲学，借助哲学，工程将会更加成为'工程自身'"。[①] 所谓"工程就是哲学"，当然并不是说工程"全等于"哲学，而是说工程具有内在的哲学品性，因而工程活动在某种意义上也同时是一种哲学活动；所谓"工程自身"，并不是指脱离了实践主体的某种"客观实在"，而是指工程建设者预先设定并期待建成的"理想中的工程"或者说"好工程"。既然如此，讨论工程哲学就是一件非常有意义的事情了。

工程哲学的创立得到国内外哲学界人士和工程界人士的广泛响应。就国内来说，在中国工程院的资助下，殷瑞钰院士带领中国工程界和哲学界人士，从2003年开始进行工程哲学系列研究，先后出版了《工程哲学》《工程演化论》《工程方法论》《工程知识论》等专著[②]，形成了由"科学、技术与工程三元论""工程本体论""工程演化论""工程知识论"和"工程方法论"构成的理论体系，这集中体现了20年来国内工程哲学研究的广度和深度。2010年12月，在中国工程科技论坛十周年座谈会上，工程哲学是中国工程院向中央有关领导汇报的五项重要成果之一。在中国共产党建党百年之际，"工程哲学基本理论与实践案例研究"被纳入中国工程院建院以来百项重大成果之一。就国外来说，美国工程院和英国工程院等机构也先后组织队伍开展工程哲学研究，一批来自工程界和高等院校的学者投身于工程哲学研究和教学。国外的相关研究成果集中体现在Springer出版社出版的系列丛书Philosophy of Engineering and Technology（工程技术哲学丛书）之中，该丛书目前已经出版了39卷之多。

尽管如此，关于工程的哲学研究，还有许多问题需要探讨。当今世界，随着科学技术的不断发展，工程活动的广度和深度都在不断拓展。诸如全球环境问题、资源问题、粮食问题、战争问题及人的自身发展问题的发生和解决，无不与工程活动息息相关。身处这样一个"日日新"的大工程时代，人类既有充分理由将罪责归咎于工程，又不得不将希望寄寓工程之中。特别是面对百年未有之大变局，如何通过工程并基于工程实现人类的和平发展和可持续发展，这是每一位工程实践者、哲学家及其他相关人士都必须加以审视的时代

---

① Mitcham，Carl. The importance of philosophy to engineering[J]. Tecnos，1998，XVII:3.
② 殷瑞钰，汪应洛，李伯聪 等. 工程哲学[M]. 第1-4版，北京：高等教育出版社，2007/2013/2018/2022；
　　殷瑞钰，李伯聪，汪应洛 等. 工程演化论[M]. 北京：高等教育出版社，2011；
　　殷瑞钰，李伯聪，汪应洛 等. 工程方法论[M]. 北京：高等教育出版社，2017；
　　殷瑞钰，栾恩杰，李伯聪 等. 工程知识论[M]. 北京：高等教育出版社，2020.

课题。这实际上就要求工程实践者和哲学家乃至其他人士在应对当今世界重大问题上的建设性合作和交流。然而，人们对工程和工程实践者的种种误解却无时无处不在阻碍着这种建设性的合作和交流，因为这种误解特别表现为人们习惯性地高估理论的地位而贬低工程的地位，习惯性地高估理论家的重要性而低估实践家的重要性。例如，很多人理想化地将工程实践等价于"严格管控"，以为工程实践就是按照一成不变的蓝图施工，由一个中心权力对方方面面的严丝合缝的管控过程。既然如此，工程实践大体上就是一个单纯的执行过程，不需要什么思想，也没有什么创造性，以至于可以简化为一个"自动化"过程。但是，这种认识过于理想化，忽视了工程活动的复杂性特别是重大创新性工程的复杂性。事实上，从方法论上看，受各种因素制约，理想化的严格管控常常是难以做到的，甚至有些时候还会导致管控"失灵"现象。在复杂环境下，创新性工程项目往往需要组织灵活性和适应性，甚至需要临时形成的解决方案、短期计划和备用策略，而此时"自组织"就会在其中发挥独特优势。就此而言，工程既需要尽可能地严格管控，但也需要留给建设者一定的自由行动的空间。对于诸如此类的问题，当然需要从哲学高度予以深入探讨。

从思想认识上说，由于人们对工程实践的诸多误解，以至于工程实践和工程实践者的社会声望相较于科学和科学实践者来说，从总体上看还有些偏低。其实，哲学家特别是西方哲学家看不起工程实践和工程实践者，是西方世界长久以来的思想传统。许多哲学家臣服于科学和科学家，则是近代以来的西方思想主流。与科学相比，工程实践被很多哲学家理解为只不过是应用科学或科学的应用。而在工程内部，与工程设计相比，工程施工又常常被一些哲学家理解为按图索骥、毫无创造力。在这种心智图式中，"理念"高高在上，而"行动"则匍匐在地。受西方传统哲学的长期影响，这种心智图式似乎已经成为一种集体无意识，像一个幽灵，在学界徘徊。

本书的一个基本关切就是要驱散这个幽灵，从哲学上为工程实践"正名"，为工程施工"正名"，维护工程实践以及工程实践者的思想尊严，以便更好地探索具有中国特色的工程智慧、工程自信和工程实践之道。也只有这样，才能为工程实践者、哲学家和其他人士开展建设性合作以共同寻求工程的可持续发展之道以及人类的可持续发展之道奠定思想基础。也只有这样，才能找到哲学发展的根基，进而恢复哲学的本来面目。的确，哲学不应只是悬浮于空中的思想楼阁，而是要扎根大地，关心社会发展和人类的命运，由此才能真正焕发生机。如果说工程就是哲学，那么大兴机场建设工程就是一部扎根于祖国大地的极具时代特色的工程哲学。大兴机场建设实践的确为我们提供了宝贵的哲学反思的机会和反思哲学的机会。

1.2　大兴机场建设工程的哲学追问

大型复杂工程活动具有技术要求高、参建单位多、建设周期长、资金需求大、管理难度高等一系列特点。作为世界级机场建设工程，大兴机场工程规模与投资巨大，施工进度紧迫，施工作业条件复杂，参建单位众多，组织管理任务异常艰巨。面对这个巨型工程，工程建设者仅用4年9个月便完成施工，仅用3个月就实现了从竣工验收到启动运营，如期于2019年9月25日正式通航（图1-1）。凭借着庞大的工程规模和精巧的修筑构思，大兴机场被英国《卫报》评为"世界新七大奇迹"之首。

图1-1　大兴机场全景

作为大型综合航空枢纽工程，大兴机场建设所面临的环境复杂多变，所需要的知识、工具和方法多种多样，其成功实施不仅意味着恰当运用了各类工程知识和工程方法解决了一系列技术和管理难题，还意味着更深层次的智慧、理念和方法论发挥了关键指导作用。可以说，像其他大型工程一样，大兴机场工程也是工程哲学的一座"富矿"，其中存在着某种"隐形"哲学，很值得深入挖掘和提炼。

大兴机场建设突出体现了民族复兴的中国梦，是中国民航事业百年发展史上的重要里程碑。从20世纪10年代开启的中国民航发展史是一部跌宕起伏、迭代学习的奋斗史。最初，像民用航空器、机场设备以及各方面的规范、标准，都是从国外发达国家引进来的。如今，国产民用大飞机交付使用，中国多家航空公司已经在国际市场上纵横驰骋，而以大兴机场为代表的中国机场建设更是成为全球空港建设的标杆。中国民航人的百年奋斗史从一个侧面充分例证了社会主义制度的优越性，充分例证了"中国人民一定能，中国一定行"的大国自信。从首都机场的老候机楼到1号航站楼、2号航站楼、3号航站楼，再到大兴机场，就是一部中国民航人寻求高水平自立自强的历史缩影。大兴机场建设工程的起点，是此前中国民航百年奋斗积累下来的基业。依托中国百年民航积累下来的工程能力，立足当代中国的产业技术基础，面对新时代的召唤，大兴机场建设者践行新发展理念，打造出举世瞩目的"四个工程"——精品工程、样板工程、平安工程、廉洁工程，成就了"四型机场"——平安机场、绿色机场、智慧机场、人文机场，堪称新时代我国重大基础设施建设工程的标杆。这当然是很不容易的一件事。为什么不容易，就因为大兴机场建设工程是一项创新性的巨型复杂工程。

大兴机场建设的复杂性主要源于如下三个方面：首先是作为巨型工程的复杂性。800亿元的机场工程投资加上400亿元场内空管、供油、航司等场内配套设施投资，再加上场外3 000亿元市政配套投资，关乎一体化综合交通枢纽的建设，涉及众多政府部门、众多企业和其他利益相关者，需要进行复杂的跨越边界和层级的协调。其次是作为创新性工程的复杂性。大兴机场建设是高标定位的，这就意味着无法走寻常路，必须进行一系列技术创新、组织创新和管理创新。创新就意味着探索过程、试验过程和学习过程，这就内在地包含着不确定性和复杂性。最后是作为跨界工程的复杂性。跨界既包括跨越京冀两地，也涉及军民融合，要求各类规则之间的协调和执法行动之间的协调，这就增加了额外的复杂性，这也是其他工程很少遇到的事情。

大兴机场建设工程之所以如此复杂，最根本的原因还在于高标定位。如果不是高标定位，那就只能属于常规机场，规范标准通常都是现成的，绝大部分技术也会是成熟的，在这种情况下，尽管也不排除一定程度的创新，但建设过程总体上应该是相对容易的。由于大兴机场的建设目标是精品工程、样板工程、平安工程、廉洁工程，各项指标定得非常高，指标高就意味着超前、引领，要超前、引领的话，就必须在借鉴和学习国内外机场建设经验的基础上进行自主创新，向世界提出中国的解决方案，从而真正做到"引领世界机场建设，打造全球空港标杆"，而这就必然包含着一个复杂的摸索过程。尽管有一部分工作可以效仿以往的工程，但是必然会存在某些无法效仿的东西，那就必须去探索、研究、实验、学习，从而将大幅增加工程的复杂性。不过，大兴机场建设者扎根深厚的历史积淀，响应新时代的召唤，不仅有能力构想出如此复杂的工程，而且还能够高质量建成如此复杂的工程。那么，大兴机场建设者如何能够成就这项复杂工程，背后的实践逻辑是什么？

　　无论国内还是国外，机场建设都是巨型复杂工程，投资巨大，需要众多行动者的集体行动。许多研究都表明，巨型复杂工程不太容易成功。至于如何界定成功，一种基本认识是，如果一项工程质量达标、不超预算、按时完成、不出安全问题，就是成功的工程。只要有一条不满足，就算失败，至多算部分成功。如果这么衡量的话，工程实践特别是创新性工程实践走向失败的可能性还是比较高的。如果眼界放得更宽一点，添加上是否真正做到以人为本、环境友好这类可持续发展指标来进行衡量，那么工程实践成功的概率就更低了，就是说很难达成"工程自身"，即"理想中的工程"。尽管如此，从总体上看，大兴机场建设工程是相当成功的，不仅建成了精品工程、样板工程、平安工程、廉洁工程，而且还在进度管控、成本管控等方面实现预期目标。大兴机场不仅被看作世界空港建设的标杆，而且还可以看作重大基础设施建设的标杆，乃至巨型复杂工程建设的标杆。2020年11月，大兴机场建设项目被国际项目管理协会（IPMA）授予2020年度全球卓越项目管理奖（Global Project Excellence Award）金奖（图1-2），成为全球首个获得此项金奖的机场整体建设项目。评奖委员会对大兴机场建设项目基于创新理念建立的一整套工程项目管理体系以及在超大型复杂工程管控机制方面取得的杰出成就给予高度认可。考虑到大兴机场建设的创新性和复杂性，这个成功就更加令人感到惊奇了。

图1-2　2020年10月31日，大兴机场建设项目获颁IPMA（国际项目管理协会）
2020年度全球卓越项目管理大奖

康德曾经提过三大问题：我们能知道什么？我们应该怎么做？我们可以抱有什么希望？他分别在《纯粹理性批判》《实践理性批判》《判断力批判》中对这三个问题给予了回答。尽管康德本人并不关注工程，他关切的"实践"主要也是"道德实践"，但是他所提出的三个问题，具有普遍意义，同样也适用于工程。实际上，在工程活动中也有相对应的三大问题：我们希望做什么（想不想的问题）、我们有能力做什么（能不能的问题）、我们应该做什么（应不应的问题）。工程活动就是人类之"想""能""应"这三个方面的综合体现。鉴于工程涉及众多利益相关者，他们的欲望是无限的且有可能是彼此冲突的；他们的能力是有限的但又是可以提升的；他们的价值判断也很有可能是彼此冲突的，这就带来了工程实践的极端复杂性。思考这种复杂性，是工程哲学研究的一个基本取向。

因此，需要回答的基本问题就是，既然巨型复杂工程如此之难，为什么大兴机场建设者能够成就世界领先水平的"四个工程"并助力"四型机场"？换一种提问方式就是，面对如此复杂的巨型工程，大兴机场建设者究竟如何做到了"化繁为简"，从而取得成功的？当然，要回答这个问题，需要首先提出的问题是，将复杂工程简化之前，大兴机场建设者为什么不固守已经习以为常的"简单"、又凭什么能够构想出如此"复杂"的工程？对这些问题的问答，有助于我们思考哲学在大兴机场建设工程达成"工程自身"中究竟发挥了什么作用以及如何发挥作用。

本书的基本定位，就是以大兴机场的工程实践为研究对象，以习近平新时代中国特色社会主义思想为指导，从哲学高度重新审视工程活动的全过程及诸环节，探索其中包含的工程智慧、工程理念和工程方法论思想，以及整个工程面向未来的可持续发展之道。总结和提炼大兴机场工程建设中蕴含的工程哲学思想，有助于推进中国民航"品质工程"建设，有助于确立工程实践的中国智慧和中国方案，从而为未来我国大型综合交通枢纽乃至其他大型复杂工程的建设与高效运营提供理念和方法论指导，甚至还可以进一步推动我国工程哲学的未来发展。

1.3　若干前提性哲学思考与研究路径

要"开采"大兴机场建设工程这座哲学富矿，需要首先谋划开采的方案。大兴机场工程哲学还不是文本化的哲学，而是行动中的哲学，因而不可能像田野里成熟的麦子，手握镰刀就可以轻易收割。近代物理学革命的"旗手"伽利略在其《试金者》一书中说："哲学被写在那部永远在我们眼前打开着的大书上，我指的是宇宙。但只有学会它的书写语言、把握了它的使用符号以后，我们才能理解它。它是用数学语言写成的，符号是三角形、圆以及其他几何图形，没有它们的帮助，人们一个字也读不懂；没有它们，人们就只能在黑暗的迷宫中瞎逛。"这里所说的"哲学"实际上是"自然哲学"，也就是今天所说的自然科学，他要追寻的就是自然事物或自然过程背后"确定"的数学关系。但是，工程不是自然物，也不是自然过程，而是人工物、人工过程，工程实践的展开并不遵循严格的数学关系，而是工程人利益关系权衡的缩影，更是工程人思维、精神和智慧的凝结。如果把工程也理解为一本书，这本书当然离不开数学语言的介入，但它主要是工程人用具体"行动""集体地"做出来的，而这些"行动"的背后又是发挥"以言行事"功能的各色各样的"话语"。因此，要把握大兴机场建设工程中的哲学思想，就必须追寻工程人的行踪，并在广泛的"对话"中让"浮现"在工程人"脑海"并"渗透"在工程实践中的"哲学思想""现身"。

1.3.1 若干前提性哲学思考

本书的写作立足于如下几个前提性哲学思考[①]：

第一，人类的超越性是工程活动的本源动力。人的本质就在于，人总是在谋划着自己的更高生存可能性，并将自己带向这种新的存在样态，尽管这种希望未必总是能够达成。正是在这个过程中，人类变革着自己，始终处在寻求和创造可能生活的途中，并为此而感受到生活的意义。从这个意义上说，人文不是外在于工程的副现象，而是内在于工程并规定着工程的本质属性。这种超越性的实质就是创造性，正是追求自由的创造将人与动物区别开来。正是借助工程，人方成其为人并不断得到提升，人方能充分运用不断增生的"体外器官"——就是工程实践的直接产物以及为了驾驭这些产物所建立的组织体系和制度安排。而工程活动的开展，总是造就出新的生存可能性，进一步要求新的工程实践以及相应的新人的出现，由此推动着人类的"体外进化"过程。从这个意义上说，工程即是人文，工程即是人类的命运。这就意味着，要开采大兴机场建设工程这座哲学富矿，就必须"以人为本"，抓住"工程人"做文章，从他们那里领悟"行动中的哲学"。

第二，工程实践乃是人、自然、制度与技术的"四位一体"。如果说技术是人类存在的根基，那么工程实践乃是基于相关技术及制度规范，建构人类新的生存可能性的探索旅程，由此调节和更新着人与自然之间乃至人与人之间的关系。既然如此，可以将工程实践看作构建特定人群、自然、技术和制度的"四位一体"的过程，而重大工程创新则意味着打破生活世界的和谐，重建全新的人、自然、制度与技术的"四位一体"，进而形成全新的生活时空和生

---

① 王大洲. 工程实践的人文意蕴审思[J]. 北京航空航天大学学报（社会科学版），2020，32（6）：27-33.

存方式。在这个"四位一体"中，人是中心维度；技术和制度都是属人的、为人的，都需要基于人的维度加以评价；而人正是靠着技术和制度来应对自然的挑战，从而使自然本身也不断发生人化乃至技术化、制度化。面对工程问题，不同行动者的感知和解读通常不会一样，对于客体"不完备性"的感知和解读通常各不相同，对于究竟如何改造现实，也会见仁见智。面对这种局势，运用利益交换、设计架构乃至强制方式，来平衡这些价值冲突和利益之争，是工程实践的应有之义。因此，工程实践注定是一个化解各利益相关者之间的各种价值冲突和利益之争的过程，只有将价值差异和利益之争消解在工程实践之中，"平衡"各方的不同看法和利益诉求，才能达到满意地解决争执的目的。这就意味着，要开采大兴机场建设工程这座哲学富矿，就必须抓住"四位一体"和工程共同体做文章，从建设者的"综合权衡"中发掘智慧的"真章"。

第三，人类的实践能力总是有限的。工程总是关乎"未来"，而"未来"尚未到来。人并非上帝，并非全知全能，没有哪个利益相关者可以对工程实践及其可能后果进行全盘掌控。因此，工程活动绝非可以完全预见和掌控的；工程总会带来"意外"，总会超出人类的预想和掌控，而人类则在努力规避这种意外的同时，也只好直面新事物乃至新问题在时间尺度上的"涌现"①。这就是为什么纵观工程的历史，要把工程做到完全成功是很不容易的。之所以如此，既有主观方面的原因，例如认识局限、腐败、玩忽职守、一时疏忽等；也有客观方面的原因，例如市场环境、政治环境乃至自然环境出其不意的变化。无论何种原因，都说明了人类自身能力的有限性。人的有限性意味着，人类无法像上帝那样全知全能，因此只能通过摸索、实验来逐步降低不确定性，并在这种不确定性减低到特定程度之后进行决策并实施工程。这种有限性，并不都是认识论意义上的，而且也是本体论层面的。毋宁说，认识论意义上的有限性只是本体论层面有限性的逻辑结果。毕竟，对于尚未发生的事情，当然就不大可能建立完备的认识。也正是这种有限性，成就了人对无限性的向往。人就是在这种无限和有限的对垒中不断前行、不断超越自我。在这个过程中，创新者逐步增进他们的知识，逐步扩大可以掌控的范围，同时逐步调整自己的目标，才能达到较为满意的结果。工程实践者的有限性以及工程招致意外的必然性，对工程实践者提出了挑战。工程实践者不得不树立强烈的责任意识，为自己的超出常规的"僭越"行动负责，这种挥之不去的责任是工程治理和相关制度安排的决定因素。这就意味着，要开采大兴机场建设工程这座哲学富矿，就必须关注"工程人"是如何在工程探索中开展迭代学习的，并在充满不确定性的探索之旅中勇担使命的。

第四，人与工程是协同进化的关系。工程活动总是打破人类的存在基础，并不断重构

---

① （法）斯蒂格勒. 意外地哲学思考[M]. 上海：上海社会科学院出版社，2018.

人类的存在基础。这就要求人类同步调整以适应这个新基础，而这始终是一个重大挑战。在这个过程中，人类将自己的某些属性置入工程之中，而工程的建构本身也要求人类形成新的属性。这实际上是人与工程之间的属性交换乃至各自属性的不断创生过程。在工程实践过程中，人和物是互为塑造的：一方面，人们按着自己的目的创造人工物，从而将人类的某种属性铭刻在人工物之中；另一方面，在人工物的创造过程和使用过程中，人也会相应发生或多或少的变革，因而成为拥有某种新属性的"新人"。可以说，工程实践是社会与物质世界相互调节的过程，是物性和人性的交换过程乃至协同创生过程。正如马克思所言："生产不仅为主体生产对象，而且也为对象生产主体"①。这样，主体与客体（对象）的相互塑造和协同演化，就构成了工程实践乃至社会进步的基本环节。事实上，随着工程实践的展开，特定工程共同体将被率先塑造出来并不断发生变革。在这个工程共同体中，有新的客户、新的供应商、新的工程师、新的工人、新的投资者、新的决策者乃至新的周边居民和公众。正是这些"新人"，将工程实践的潜在威力现实化了。人类属性的这种代谢和增殖，是工程实践的必然要求。也只有这样，人类才能驾驭不断出现的新的"体外器官"。正是凭借它们，人类才能够从自然界中汲取更多的物质、能量和信息，同时防范自然对人类的可能伤害。这就意味着，要开采大兴机场建设工程这座哲学富矿，就必须关注工程和工程人的"历史"，正是在历史演进中，才会有迭代学习，才会有技艺和精神的传承，才会有工程智慧的结晶。

1.3.2　具体研究路径

为了开采大兴机场工程这座哲学富矿，研究者不仅需要搜集各方面的文本资料，还需要对其中的代表性人物进行系列口述访谈，进而从中挖掘"原汁原味"的哲学思考，以揭示其"实践逻辑"。因此，本书的基本思路是在实证材料搜集的基础上，进行哲学提炼和总结，进而形成哲学文本。主要包括文献搜集、人物访谈、案例分析、哲学提炼和评议出版等几个研究步骤。

（1）文献搜集。文献搜集集中在两个方面：一是大兴机场工程实践相关档案资料与工作总结材料，这些有助于我们提取出有参考价值的信息，作为支撑本文的论据；二是大型航空枢纽的相关研究文献，这些有助于我们汲取有关思想营养特别是发现现有研究的不足之处，进一步突显大兴机场建设工程的独特意义。

（2）人物访谈。工程实践是工程哲学的富矿。任何工程都是时代精神的体现，而任何工

---

① 马克思. 1844年经济学哲学手稿[M]. 北京: 人民出版社，1985: 54.

程实践者都有自己对时代精神的理解，也都有关于工程的一般性认识和建设理念，这些可以说是一种"隐形"哲学。工程哲学研究者的任务就是进行"采矿""加工"和"精炼"。为此，我们对大兴机场建设工程中的关键规划者、关键决策者、关键设计者、关键建设者和关键运行者进行了系列口述访谈，试图从中提炼出具有哲学意味的思考，并在此基础上进行加工、综合、升华。

（3）案例分析。大型工程都是由若干子工程组合而成的。特定子工程中包含的工程理念和工程方法，实际上可以看作整个工程建设理念和方法论的一种体现和反映。因此，对大兴机场的工程哲学研究，可以从若干子工程的建设理念和方法论入手加以考查，其中包括对若干代表性工程人物的工程建设实践的哲学考察以及对若干重大事件的处理过程的工程哲学考察。在此基础上，可以更好地对整个工程的建设理念和方法论进行总体研究。这实际上是一个自下而上的探索过程。

（4）哲学提炼。基于上述三方面的研究工作，形成大兴机场的工程哲学研究文本，其核心是工程创新理念和工程创新方法论。主要探讨大兴机场决策的合理性问题、工程设计与工程美学问题、工程建设与工程运行中的责任意识、综合协调与管理方法论问题。

（5）评议出版。形成初稿之后，指挥部组织内部专业人士以及外部专家（工程界和哲学界）进行评议、研讨，在此基础上进一步修改、定稿并交付出版。

本书是集体研讨的产物，也是迭代学习的产物。撰写本书的基础是指挥部人员对大兴机场建设进行的各种工作总结，针对指挥部中高层管理者、大兴机场管理者、施工单位管理者以及地方政府有关人士进行的40场共80多个小时的访谈，以及数千份工程建设档案材料。本书由哲学、管理学以及工程实践者相结合的跨学科团队集体研讨并撰写，先形成研究提纲，带动研究工作，再形成写作提纲，形成初稿。然后，采用课题组内部研讨、指挥部牵头研讨、外请专家集中评议相结合的方式，对初稿进行反复研讨、打磨，前后十易其稿，最终呈现为当前的形式。

1.4 本书写作思路与主要内容

本书旨在通过工程界和哲学界的"对话"，让"浮现"在大兴机场建设者"脑海"中并"渗透"在大兴机场建设过程中的"哲学思想""现身"，从而阐释大兴机场建设工程的实践逻辑及其哲学意蕴，由此建构一种"行动中的工程哲学"。全书共分10章，第1章绪论，最后1章结论，主体部分共有8章内容。

第1章 绪论。该部分从工程哲学发展脉络的介绍引出全文，陈明长期以来人们对工程实践和工程实践者的误解以及消除这种误解、促成工程界和哲学界进行建设性交流与合作的重要性；陈明大兴机场建设工程背后存在着的一种"舍简入繁"进而"化繁为简"的实践逻辑，而这种实践逻辑生发于一种扎根大地的工程哲学。在此基础上，厘定了追问和探究这种工程哲学的基本进路。

第2章 历史深处：百年民航强国梦。鉴于工程人是工程活动中被塑造出来的，不了解工程塑造人的历史，就难以理解工程人的诞生和成长，也就难以理解这些工程人当下所取得的工程成就，因此对大兴机场建设的哲学讨论必须深入中国民航的发展史并植根于中国民航的发展史。因此，本章将大兴机场放在整个中国民航发展史中进行定位。大兴机场建设的起点是中国民航百年奋斗积累下来的工程能力，大兴机场建设的成就是中国民航百年奋斗的最新成果，是民航强国梦的重要组成部分。百年民航发展例证了中国人从不行到行、从不能到能的奋斗历程。

第3章 高标定位：打造全球空港标杆。本章旨在描绘从历史深处走来的大兴机场建设的"高度"，陈明大兴机场如何在新时代践行"创新、绿色、协调、开放、共享"的新发展理念，迈向高水平的工程"自立自强"，打造出"四个工程""四型机场"，并树立起世界空港标杆乃至新时代大国工程建设标杆，推动中国从民航大国走向了民航强国。

第4章 工程复杂性：如何达成"工程自身"。本章阐明大兴机场建设这个标杆的树立是一件非常难以做到的事情。之所以难，就在于大兴机场是一项创新性的巨型复杂工程。这种复杂性主要体现为三个方面：巨型机场的内在复杂性、创新性工程的内在复杂性以及跨界发展的复杂性。大兴机场建设者之所以敢于构想如此复杂的工程，来自能力积淀、数字化技术和相关制度所共同成就的"舍简入繁"的可能性，而大兴机场建设者之所以能够最终建成这种复杂工程，其基本思路则是"化繁为简"的可行性。本章的任务就是"点题"并"开启"第5章到第8章的具体分析。

第5章 立体化治理体系：集中力量办大事。工程治理体系是工程活动得以展开的总体行动框架，决定着工程活动的"航向"。本章从工程共同体的分析入手，将大兴机场建设的治理架构界定为立体化治理体系，包含分层次和跨边界两个方面。鉴于大兴机场作为顶级工程的政治基因属性，在这个架构中"讲政治"就成为"化繁为简"的关键策略，决定着大兴机场建设工程的全局。

第6章 组织指挥体系：协调、凝聚与管控。这一章阐释学习型组织指挥体系在大兴机场建设中枢纽地位，强调其发挥的管控、协调和凝聚作用，以及如何能够发挥这种作用，其中特别强调了党建业务深度融合以及文化建设所处的特殊地位。正是这种组织体系，工程人心的凝聚和工程任务的协调就变得相对简单了，从而才有可能使工程活动的进度管控、质量管控和成本管控各得其所。

第7章 建构未来：全生命周期的迭代学习。巨型创新性工程的复杂性和人的有限性决定了工程建设者必须循序渐进解决问题，在工程活动展开的时间进程中逐步解决问题，而不可能"一口吃个胖子"。本章的目的不是把大兴机场建设的整个过程事无巨细地呈现出来，而是抓住全生命周期中的迭代学习做文章，凸显从规划决策到设计过程，再到施工过程和运营筹备中的迭代学习机制。这个过程实际上就是在"时间维度"上通过迭代学习实现的"化繁为简"。

第8章 数字化的力量：人、制度与技术的三重奏。数字化从哲学意义上说，体现着一种新型探究体制和治理机制。利用数字化技术，可以将各类异质性知识加以固化，将工程相关制度体系加以固化，将工程活动中的劳动过程透明化，从而形成一种以数字技术为基础的特殊的信任机制和协调机制。这种机制作为"化繁为简"的工具，帮助整个治理体系、组织指挥体系乃至迭代学习过程相互融合并真正落到实处。

第9章 价值创造：国家发展新的动力源。有了以上四章的讨论，就能够回答大兴机场建设工程何以近乎达成"工程自身"，成为"理想中的工程"。本章进一步讨论大兴机场建设工程的价值创造内涵，其实质就是习近平总书记概括的"国家发展一个新的动力源"，这就意味着大兴机场建设工程具有全面发挥示范和引领作用的巨大潜能。面向未来，大兴机场的价值创造实际上是一个无尽的过程，可以归纳成"大兴机场+X"。这个X就是各类人和非人行动者。

第10章 结论：扎根大地的工程哲学。这部分总结大兴机场建设的实践逻辑，阐明大兴机场建设者的工程精神、工程智慧和工程自信之源。这样一种精神，这样一种智慧，这样一种自信，扎根于中国民航的历史与文化，乃至中华民族的历史与文化，因而也回应了《易经》所讲的三个易：变易、简易和不易。工程本身就是变易的过程，但是在变易中要进行简易，简易就是"化繁为简"。在简易中又要识别不易的东西，就是说某些不变的东西，而这种不变的东西就是精神、智慧和自信。通过这一章的讨论，回应本书的主旨，就是大兴机场建设者借助哲学思维，使得大兴机场工程成为或者说逼近了"工程自身"。

第 2 章

历史深处：百年民航强国梦

　　民航业诞生于西方，是继水运、铁路和汽车之后最具变革意义的出行方式。作为一个巨大的产业链，民航在经济、政治、社会、外交、文化等领域发挥着重要作用①。中国民航的百年发展史是一部跌宕起伏、迭代学习的奋斗史，中国民航人紧随世界潮流，敢于自我革命，在学习欧美、苏联等国家先进民航技术中不断追求自立自强。当前，我国正在实现从民航大国迈向民航强国的历史性跨越。回溯中国民航史与首都机场扩建史，有助于揭示大兴机场建设所承载的光荣梦想和精神追求，厘清大兴机场在百年民航史上的历史方位。

---

① 李家祥. 中国民航人要为建设民航强国而努力奋斗[J]. 中国民用航空，2010（3）：12-20。

2.1　中国百年民航发展历程

如果将1910年南苑机场的建设视为民航业的起步，可以将中国民航发展划分为五个阶段：艰苦初创时期（1910—1948年）、曲折前进时期（1949—1977年）、蓬勃发展时期（1978—1999年）、转型发展时期（2000—2011年）和迈向民航强国时期（2012年至今）。100多年来中国民航的曲折发展表明，和平稳定的社会环境是民航业高质量高速度发展的前提，勇于抓住发展机遇并在实践中迭代学习、开放创新是实现民航强国梦的能力源泉。正是扎根于中国百年民航发展的历史积淀，中国民航人才具备了响应时代召唤的眼光和能力，并通过大兴机场建设为新时代品质工程树立了标杆（图2-1）。

图2-1　中国百年民航发展与首都机场建设历程

2.1.1　艰苦初创时期

1903年12月17日，美国莱特兄弟首次试飞成功，开启了人类航空篇章。1914年至1918年第一次世界大战期间，几千架飞机参与作战，极大地推动了世界航空技术的发展。"一战"结束后，各工业发达国家的民用航空产业开始迅猛发展，许多国家建立起专门的航空科研单位和航空产业。20世纪30年代，美国波音公司研制出载客10人的波音247客机。之后美国道格拉斯飞机公司研制出载客30余人的单翼螺旋桨飞机道格拉斯3型，由于载客量大增，有效降低了运营成本，一举改变了航空公司经营客运亏损的局面，标志着世界民用航空产业基本形成[1][2]。

中华民族的飞天梦由来已久，从竹蜻蜓、孔明灯到风筝，无数民间工艺都蕴含着中国人对飞天的追求。1909年12月，中国人冯如驾驶自制飞机，参加了第一次国际飞行竞赛大会并获得冠军，之后他积极参与我国航空事业，被国民政府誉为"中国创始飞行大家"。我国幅员辽阔，地理环境复杂，近代公路、铁路等陆路交通设施严重欠缺，水运交通也欠发达，以西南、西北地区尤为突出，水陆交通不便迫切要求我国发展航空业。早期机场的航空保障设备较为简易，其技术难度和建设标准相对较低，建设成本和施工周期相对于铁路和公路来说也有优势。因此，追随西方国家发展航空事业，很自然地就成为中国人的选择（表2-1）。

国内外航空业初期发展情况比较　　　　　　　　　　　　　　　　　表2-1

近代航空的首次	欧美日等国家、地区	中国
第一架自制飞机	1903年，美国莱特兄弟制造世界第一架动力飞机并试飞	1909年，冯如自制第一架国产飞机
第一次自主飞行	1906年，旅法巴西人杜蒙试飞成功，此亦为欧洲首次飞行； 1910年，德川大尉在代代木练兵场完成日本第一次飞行	1911年，秦国镛在北京南苑机场进行中国人的第一次飞行
第一个军用机场	1909年，美国陆军建成世界上第一个军用机场； 1911年4月，日本建成第一个飞机场	1910年，清政府在北京南苑修建中国第一个军用机场
第一所航空学校	1909年，法国在航空航天与机械研究生院设立第一个航空工程学位，1930年更名为国家航空学校； 1916年，日本第一所民间飞行学校创立；1919年，日本第一所正规航空学校——所泽陆军航空学校开办	1913年，北洋政府创办了亚洲第一所航空学校——南苑航空学校

① 民航教程编委会. 民航概论[M]. 北京：经济日报出版社，2015：7-8.
② 宋绪纶. 邮票图说：世界航空史话[M]. 北京：科学普及出版社，2009：105-106.

近代航空的首次	欧美日等国家、地区	中国
第一个航空队	1911年，英国设立拥有5架飞机的世界第一支航空队	1911年12月，中国成立第一支航空队——广东军政府飞机队
第一条国内航线	1914年元旦，美国佛罗里达州圣彼斯堡海滩上进行世界上第一次商用飞行	1920年，北洋政府在京津之间首次开辟商业航线
第一条定期航邮线路	1918年5月15日，美国首条定期航邮线路在纽约和华盛顿特区之间设立	1920年，在京津之间首次开辟航空邮路航线
第一条国际航线	1919年2月8日，伦敦—巴黎间的航线开通	1936年，开辟广州—越南河内的中国第一条国际航线
第一个航空公司	1919年，世界上最早的航空公司——荷兰皇家航空公司成立	1921年，中国最早的航空公司——中英航空公司

资料来源：欧阳杰. 中国近代机场建设史 1910-1949[M]. 北京：航空工业出版社，2008：15；
Barata, J. and Neves, F. The History of Aviation Education and Training[J]. Open Journal of Applied Sciences, 2017（7）：196-205。

　　1910年2月，清政府军咨府大臣载涛奉旨赴日、美、英、法、德、意、奥、俄八国考察，在法国伊瑟雷莫里诺机场观看了飞行员驾驶飞行表演，回国后即向摄政王载沣提议筹办航空事业。当时正在日本学习的官费留学生刘佐成和李宝焌二人在日本早稻田大学学习飞行相关知识，并在业余时间自制了一架飞机。1910年，时任大清国驻日公使的胡惟德出资将二人送回中国，以考察研制和试飞飞机的场地。8月，选定北京南苑庑甸南侧的毅军操场，当即拨款在此建起了一座厂棚，并修建了一条简易跑道，成为中国第一个机场，并从法国购入苏姆式双翼机1架[1]，从此拉开了我国近代航空史的序幕。1913年，北洋政府从法国购入12架高德隆教练机，在南苑机场建立了我国第一所航校，培养出中国最早的飞行员。1919年3月，北洋政府设立"筹办航空事宜处"，在北京南苑设立飞机棚厂，调用航空学校毕业生作为学员，另聘外籍教员，传授高等飞行技术，并着手拟定航空事业相关法律、条例、计划等。1919年11月，北洋政府交通部从英国采购的第一架亨得利·佩治型飞机经海运到达北京，并于12月6日由英国人驾驶试飞成功[2]。1920年初，筹办航空事宜处制定了北京至广州、上海、成都、哈尔滨、库伦等航线。1920年5月7日，北京一上海航线京津航段在南苑机场开航，使南苑机场成为中国最早的民航基地[3]。

---

① 黄金生.航空事业发祥地，重大历史见证者：走过百年沧桑的南苑机场[J]. 国家人文历史，2019，233（17）：106-113.
② 王乃天. 近代中国民航史稿[Z].《当代中国民航事业》编辑部，1987：8-10.
③ 高福美.百年南苑 问鼎苍穹[J]. 前线，2020（8）：89-91.

在第一次世界大战的刺激下，国际航空技术得到突飞猛进的发展。随后的20年和平为航空技术在民用领域应用提供了发展机遇，各国纷纷成立大型航空公司，发展民航客货运业务，并积极拓展洲际航线[①]。1930年7月8日，中美合资经营的中国航空公司成立。1931年2月16日，中德合资经营的欧亚航空公司成立。1943年3月3日，欧亚航空公司改组为中央航空运输股份有限公司，由国民政府交通部接管[②]。直到新中国成立前，中航和欧亚两公司都是中国最重要的航空公司。此外，1933年6月，经广东、广西、云南、贵州、福建5省政府代表商议决定，成立"西南航空股份有限公司"，这是第一家由地方政府集资、筹办和经营的民营航空公司，除飞机和通信设备从外国购入外，资金、人员、技术等均自行解决。1938年6月，该公司因亏损严重而停业[③]。

其实，早在1928年8月，广州、南京、河南几个民间航空组织就派代表参加全国民用航空联席会议，决定合并成立中华航空协进会，开辟沪汉、粤汉、汉平3条干线，先办航空邮运，次办客运，再办货运，其经费源于募捐和政府的补助。之后，江西、浙江、江苏、湖南等地也开始发展民航。1933年1月成立的中国航空协会于1936年向交通部提议建立中央航空公司，以制衡中外合营航空公司牟取暴利。但是，这一申请未被理睬，因为交通部并不支持本国民间办民航[④]。这个时期中国所有航空公司使用的民航飞机均为活塞螺旋桨型，主要包括美国制造的史汀生型飞机、DC-2型飞机和德国制造的容克型飞机、容克F-13、容克G-24、容克W-33-34、容克JU-52。抗日战争爆发后，中国民航发展遭到严重打击，发展基本停滞[⑤]。相比之下，"二战"期间为满足战争需求，美国及欧洲国家军用飞机技术快速发展，在世界各地修建大型机场，从而为战后民航业快速发展创造了基础条件。

由于20世纪上半叶战争频仍，我国近代航空业以军用航空为主，民用航空次之。早期机场建设大都按照军用标准建设，为数不多的民用机场也普遍用于军事用途，或实行军民共用。直到抗战胜利后，机场建设才逐渐按照民航和军航两条线分别进行[⑥]。1947年1月20日，交通部民用航空局成立后，指拨21处军用机场按照民用标准扩修改善后作为民航之用，由政府经营管理[⑦]。

① 比如，1923年2月9日，苏联劳动国防委员会决定成立民用航空委员会，同年5月23日，比利时航空公司正式成立。1924年3月31日，英帝国航空公司由四家航空公司合并组成。1925年2月2日，美国政府通过了"航空邮运法案"（即"凯勒法案"），规定邮局将航空邮资的4/5交付给航空公司。5月20日，美国政府通过"航空商务法案"，该法案授权美国商务部发展民航业务，这一年被认为是美国航空企业开始的一年。1927年6月，日本实施民航法；1929年1月6日，德国几家航空公司合并成立汉莎航空公司。（引自：王乃天. 近代中国民航史稿[Z].《当代中国民航事业》编辑部，1987：20.）
② 本书编写组. 当代中国的民航事业[M]. 北京：当代中国出版社，2020：7-8.
③ 欧阳杰. 中国近代机场建设史 1910-1949[M]. 北京：航空工业出版社，2008：361.
④ 王乃天. 近代中国民航史稿[Z].《当代中国民航事业》编辑部，1987：26-36.
⑤ 民航教程编委会. 民航概论[M]. 北京：经济日报出版社，2015：7-18.
⑥ 欧阳杰. 中国近代机场建设史 1910-1949[M]. 北京：航空工业出版社，2008：24.
⑦ 王乃天. 近代中国民航史稿[Z].《当代中国民航事业》编辑部，1987：276-277.

早期机场非常简陋，主要包括飞机机库（时称"飞机棚厂"）、候机室（时称"站屋""待机室""航站大厦"等，即今天的"航站楼"）、指挥塔台等主体建筑，还包括油料仓库、工作间、飞机修理间、无线电室、制氧室和电站等辅助建筑。抗日战争之前，民用机场建筑以飞机库为代表，机场航站楼建筑处于萌芽阶段。1945年之后，机场建设规模和设施标准开始遵循国际民航组织的有关规定和参考国外机场进行规划建设。

1947年，国民政府交通部民航局成立，推动民航业步入快速发展轨道。这一时期的航站楼设有各种便利的旅客设施，包括宿舍、休息室、饭厅、电话、电报、医务室，并由单层建筑向多层建筑转变。这类综合性的航站楼多由民航局主持建设，并采用国外已有航站楼设计方案，如上海龙华机场的航站大厦和广州白云机场的候机楼，均参照美国已有的航站楼设计建设，被称为中国近代机场航站楼的双璧[①]。

总之，我国民航业起步不晚，并试图紧随世界民航发展脚步不断前行，甚至在1930—1949年间，在世界各国定期航班运输总周转量统计中，除少数年度外，中国一直位于世界前十名，1944年甚至排名世界第三，仅次于美国和英国[②]。这一时期，中方曾派遣留学生到国外学习发动机、无线电、机械等航空技术，一批驾驶员、飞机维修人员、无线电报务员及机务、通信、气象人员和空地勤人员在实践中逐渐成长起来[③]。但是，由于国内时局动荡，战火不断，加之政府偏于支持中外合资公司，导致我国民航业过于依赖外国民航力量，缺乏独立发展和运营能力，错失了战后民航发展的浪潮。

2.1.2　曲折前进时期

1949年，我国可用于航空运输的机场仅36个，包括上海龙华、南京大校场、重庆珊瑚坝、重庆九龙坡等机场，大都设备简陋。除上海龙华和南京大校场机场可起降DC-4型运输机外，一般只适用于当时的DC-2、DC-3型运输机[④]。机场经历多年战乱破坏和闲置，急需改造、建设、扩建一大批民用航空运输机场。1949年11月2日，军委民航局的成立揭开了我国民航事业发展的新篇章。人们满怀"从中国的土地上飞出去"的梦想，开始筹划新中国民航事业[⑤]。

1949年12月6日至1950年3月4日，毛泽东主席访问苏联期间，两国领导人会谈的一个

---

① 欧阳杰. 中国近代机场建设史 1910-1949[M]. 北京: 航空工业出版社, 2008: 328-355.
② 欧阳杰. 中国近代机场建设史 1910-1949[M]. 北京: 航空工业出版社, 2008: 18.
③ 王乃天. 近代中国民航史稿[Z]. 《当代中国民航事业》编辑部, 1987: 143-144.
④ 民航教程编委会. 民航概论[M]. 北京: 经济日报出版社, 2015: 27.
⑤ 李沉. 首都国际机场50年巨变[J]. 当代北京研究, 2011（2）: 47-52.

重要议题就是新中国民航建设。1950年3月27日，两国政府在莫斯科签订"关于创办中苏民用航空股份公司的协定"，以"协助中国本国航空事业之发展及加强中苏两国间之经济合作"。中苏双方各占50%股份，中方以机场、房屋、仓库、修理厂等作为股金，苏方以飞机、通信设备、交通工具、修理厂及苏方境内机场为股金，并派出飞行员、技术人员和大量专家。1950年7月1日，中苏民用航空股份公司正式成立，下设北京、迪化（乌鲁木齐）、沈阳三个航线管理处，同日开通了北京至苏联伊尔库斯克、阿拉木图、赤塔三条国际航线[1]。1954年10月12日，鉴于中国已经积累了必要的管理经验，两国政府决定自1954年12月31日起，苏方派出人员全部撤回，将股份全部移交中国民航局经营管理[2]。1955年1月1日，中国民航局顺利接管中苏民航公司全部业务，开始了中国民航事业统一领导和经营的管理体制[3]。

　　根据中国民航"一五计划"，民航局着力推进航空业务发展和全国航线网的建设，修建了天津张贵庄机场、太原亲贤机场、武汉南湖机场和北京首都机场，中国民航从此有了较为完备的基地[4]。当时我国先后从苏联购买了各型号飞机68架，其中里2型和伊尔14型飞机各32架，伊尔12型飞机4架，代替了原有的美制DC-3型、C-46型、C-47型飞机。与世界各先进国家普遍使用的新型飞机相比，这些飞机的技术水平至少落后10年[5]。1959年，中国民航购买了伊尔18型飞机，标志着从使用活塞式螺旋桨飞机，开始过渡到使用涡轮螺旋桨飞机。中苏关系破裂后，中国民航开始恢复使用西方机型。1963年，购买了英国的"子爵号"飞机，结束了长期以来只使用苏制飞机的状况。但这种机型与美国生产的波音727、波音707和DC-8等涡轮喷气式飞机仍有较大差距。

　　这一时期，我国民航业还进行了短暂的企业化尝试。1949年11月2日，中共中央政治局会议决定在人民革命军事委员会下设民用航空局，受空军司令部领导。1950年1月20日，改称军委民用航空局。1952年5月7日，中央军委、政务院决定民航局改归为空军建制，由空军直接领导，从而使民用航空成为空军的后备力量。1952年7月17日，根据"政企分开"原则，中国人民民用航空公司在天津成立，同年7月27日更名为"中国人民航空公司"，成为新中国创立的第一个国营航空运输企业，按经济核算原则独立经营。1953年6月，在"学习苏联"的氛围下，民航局与中国人民航空公司合并，重新采用政企合一的模式，按照地区管理，将

①　董淑霞，苗俊霞，李南. 民航发展简史[M]. 北京：首都经济贸易大学出版社，2017：85-88.
②　岳玉泉 主编. 哈尔滨市地方志编纂委员会编.哈尔滨市志交通第6卷[M]. 黄佳强 本卷主编. 哈尔滨：黑龙江人民出版社，1999：517-518.
③　刘莉，王勇. 中国民航发展简史[M]. 北京：中国民航出版社，2010：52.
④　民航教程编委会. 民航概论[M]. 北京：经济日报出版社，2015：27.
⑤　李永. 民航简史[M]. 北京：中国民航出版社，2010：32.

全国航线分别划归北京、重庆和乌鲁木齐三个管理处经营[①]。这次尝试时间虽短，但在开辟航线、拓宽航空运输、发展通用航空业务、改进经营管理以及健全组织机构和制定规章制度方面，取得了显著成绩[②]。

20世纪60年代，为了适应喷气式大型飞机的起降技术要求，中国开始了大规模机场建设并开拓了自己的远程国际航线。1963年5月，巴基斯坦国际航空公司总经理来华，由于没有航线，只能绕道香港坐火车而来。为此，中国方面主动提出开通两国航线的建议。经多次商谈，于8月29日签订中巴通航协定，商定巴基斯坦国际航空公司通航上海、广州。为了满足飞机起降技术要求，打造对外交流的窗口，我国首次自行设计并建造了昆明巫家坝机场航站楼、成都双流机场航站楼、上海虹桥机场航站楼、西安西关机场航站楼。但是，这些航站楼深受苏联机场建筑风格影响，多采用钢筋混凝土框架结构体系，功能单一，规模较小[③]。

20世纪70年代，以美国为代表的发达国家的航空业迈入黄金期。随着波音、麦道等航空巨头新型飞机的研制成功，国际航空正式进入洲际航空时代，机场航站楼也呈现出非常多样化的设计。当时新建成的华盛顿杜勒斯国际机场航站楼和纽约肯尼迪国际机场环球航站楼，就代表了机场航站楼设计与建设技术的新突破。此时，随着中美关系的缓和，中国民航开始第二次大规模更新机型，先后从苏联、英国、美国购买了多个机型的飞机[④]，实现了从涡轮螺桨到涡轮喷气式飞机的升级，中国民航迈入喷气机时代。在周恩来总理的关怀下，中国民航将工作重点放在远程国际航线的开辟上。到1976年底，国际航线已发展到8条，通航里程达到40 933千米，占通航里程总数的41%；国际运输总周转量达到3 948万吨公里，比1970年增长23倍多[⑤]。

伴随着大型喷气客机的使用和远程国际航线的开辟，国家对民航的基本建设投资开始增大，这些投资除了部分用于购买飞机和各项设备外，更多地用于机场的新建和扩建。这一时期，我国航站楼开始结合国际先进技术，大胆采用新型钢结构，实现钢结构与大面积玻璃幕墙的组合。飞行区建设水平也有提高，可以满足大型客机的起降要求。从1975年开始，中国民航业开始盈利，扭转了长期亏损和依靠国家补贴的被动局面[⑥]。尽管如此，与西方发达国家相比，中国民航依然差距巨大。1977年全年，美国航空客运量达2.4亿人次，而中国仅为111

---

① 黄达强. 交通行政管理[M]. 北京：知识出版社，1991：309-310.

② 刘莉，王勇. 中国民航发展简史[M]. 北京：中国民航出版社，2010：50-56.

③ 高汉清. 我国民用航空机场航站楼建筑发展历程初探[D]. 西安建筑科技大学，2015.

④ 从苏联购买了5架伊尔62型飞机，从英国购买了10架三叉戟2E型客机，从美国购买10架波音707型飞机。（引自：李永. 民航简史[M]. 北京：中国民航出版社，2010：56-57.）

⑤ 李永. 民航简史[M]. 北京：中国民航出版社，2010：56-57.

⑥ 民航教程编委会. 民航概论[M]. 北京：经济日报出版社，2015：28.

万人次；美国航空货运量达 7 921 万吨，而中国为 60 万吨 ①。

这一时期，我国民航业重新起航，对民航经营体制、机场建设等方面进行了不懈探索，逐步摆脱了对苏联的依赖，引进了西方的先进机场建设理念和装备，更新了飞机型号，新建、扩建了一批机场，开拓了国际航线，从而为后续民航发展奠定了较好基础。

2.1.3　蓬勃发展时期

党的十一届三中全会后，中国民航事业迎来了大发展局面，取得了显著成绩。1980年，中国全民航只有140架运输飞机，且多数是20世纪40—50年代生产制造的苏式伊尔14等型号的飞机，载客量仅20多人或40人，载客量100人以上的中大型飞机只有17架，机场只有79个，全年旅客运输量仅343万人次，全年运输总周转量4.29亿吨公里，位列世界民航第35位。为了加快我国民航业发展，同年3月，国务院、中央军委发布《关于民航总局不再由空军代管的通知》，改变过去按军事、行政办法管理民航的旧体制，设置建立适应民航新情况的体制，为民航走上企业化道路指明了方向②。

1987年，我国正式实行民航管理体制改革，民航局作为主管民航事务的部门不再直接经营航空企业，地方管理局、航空公司和机场管理机构开始陆续成立。1987年12月15日，民航西南管理局、中国西南航空公司、成都双流机场宣布成立。1988年6月25日，民航华东管理局、中国东方航空公司、上海虹桥国际机场宣布成立。机场从过去从属于行政机构的后勤保障部门转变为独立运营的企业，机场管理和建设工作从此揭开新的篇章，机场建设水平不断提高，处理不良地基和机场道面基础施工工艺趋于成熟，飞行区建设标准基本与国际接轨，安全运行条件得到改善，特别是，航站楼的设计水平大幅提高，设计概念走向多元化，楼内设施设备逐步现代化③。

1980年，中国民航购买了美国生产的波音747SP型宽体客机，这是中国民航第一次使用宽体客机，标志着中国民航使用的运输飞机已部分达到国际民航先进水平。之后，中国淘汰了一批螺旋桨发动机运输飞机，购买了波音747-200、波音737、757和767以及MD型等客机。截至1987年底，中国民航已拥有各型生产用飞机402架，其中起飞全重60吨以上的运输机104架④。

①　数据来源：https://data.worldbank.org.cn/indicator/IS.AIR.GOOD.MT.K1?locations=CN-US&name_desc=true&view=chart。
②　李永. 民航简史[M]. 北京: 中国民航出版社，2010: 64.
③　刘莉，王勇. 中国民航发展简史[M]. 北京: 中国民航出版社，2010: 90-99.
④　李永. 民航简史[M]. 北京: 中国民航出版社，2010: 67.

　　随着民航在国民经济和对外交往中的地位和作用日益加强，国家对民航机场建设投资规模逐年提高，各省市区建设机场的积极性也日益高涨，各地方政府积极筹措资金，弥补了国家投资的不足。特别是1980年国家设立深圳、珠海、汕头、厦门4个经济特区，1984年开放大连、天津、青岛等14个沿海城市后，这些经济特区和沿海开放城市更是把机场建设作为改革开放的先行项目和首要任务。加上各省会城市和一些交通枢纽城市、旅游城市都渴望与海外和口岸城市直接沟通，因此，在全国范围内掀起了修建机场的热潮①。

　　1983年10月22日，厦门高崎国际机场建成通航，成为华东地区重要的区域性航空枢纽。1991年和1999年建成投运的深圳宝安国际机场和上海浦东国际机场，更是成为深圳特区和浦东新区开发开放的标志性工程。机场建设带动了我国经济发展，为改革开放的深化创造了条件。中国产业集群与航空货运的结合，形成了良性循环，使得遍布东南沿海的工厂，可以为全球供应高端商品②。

　　20世纪90年代以前，我国民用机场建设一直处于模仿学习阶段，航站区概念设计比较简单，大部分为前列式或远距式，建筑面积也普遍较小。90年代以后，我国机场建设在投资、设计、施工技术、管理等方面进行了一系列尝试，开始与国外设计公司进行交流与合作，积极引进国外优秀设计方案，借鉴国外先进技术和设计理念，如上海浦东、广州新白云等机场都采用了国外设计方案，中方只做辅助项设计。通过合作设计，我国机场设计者逐渐从被动参与到积极参与，再到更为主动的角色转移③。在机场建设中，一批新技术、新工艺、新设备和新材料得到广泛应用。例如，北京首都机场东跑道道面加固改造工程，建成了世界上第一条SMA沥青马蹄脂跑道；厦门机场跑道填海地基处理、宁波机场堆载排水预压处理沿海软土地基、深圳机场拦淤堤换填及深层搅拌桩技术处理软土地基、西安咸阳机场强夯处理湿陷性黄土地基等，为我国在沿海软土地基、西北湿陷性黄土地区修建机场积累了实践经验。这些新技术、新工艺、新设备、新材料的应用，提高了我国机场的建设标准和水平。随着各机场设施设备的现代化水平的不断提高，机场安全保障能力、运行效率以及运营管理和服务水平也都在不断提高④。

　　这一时期民航机场建设的特点有⑤：（1）机场建设主体积极性高，投融资渠道得到扩宽，机场建设速度不断加快；（2）机场设施逐步完善，跑道、滑行道系统的安全运营保障水平和乘客服务设施现代化水平不断提高；（3）机场建设技术水平不断提高，先进设计、

①　董淑霞，苗俊霞，李南.民航发展简史[M].北京：首都经济贸易大学出版社，2017：103-104.
②　（美）约翰·卡萨达，格雷格·林赛.航空大都市 我们未来的生活方式[M].曹允春.沈丹阳 译.郑州：河南科学技术出版社，2013：370.
③　徐维平.情感与理性 关于北京首都机场T3航站楼项目（合作）设计的解读及思考[J].时代建筑，2008（4）：76-83.
④　张光辉.中国民用机场上[M].北京：中国民航出版社，2008.
⑤　高汉清.我国民用航空机场航站楼建筑发展历程初探[D].西安建筑科技大学，2015.

新技术、新工艺、新设备、新材料在机场建设中得到广泛应用，不少新机场达到或接近世界先进水平[①]；（4）航站楼面积增大，空间品质得以提升，开始从人工管理向智能管理模式转化，引入自动化设施，比如自动门、自动人行步道、自动扶梯以及行李系统、飞机动态显示牌、闭路电视等。

这一时期，我国民航业伴随着改革开放的脚步蓬勃发展，管理体制改革后释放出更强的活力，成为改革开放的有力引擎，在国家乃至全球经济社会发展中占据更加重要的位置，为国内各省市联通、我国与世界交流创造了条件，从此乘飞机才逐渐成为一种大众化出行方式。随着机场设计理念的变革和机场建设能力的提升，民航人更加注重机场建设与运营的高效率、安全性和人文性，机场建设水平也在不断提高。尽管如此，与发达国家相比，这一时期我国民航总体发展仍有巨大差距。1999年，美国民航客运量为6.34亿人次，中国只有0.56亿人次；美国航空货运量为27 292万吨，中国只有3 295万吨[②]。

2.1.4 转型发展时期

21世纪以来，我国民航业发展驶入快车道。2002年至2005年间，中国航空运输总周转量年均增长16.6%。2005年，中国航空运输总周转量跃居世界第二位，仅次于美国。此后，中国民航运输总量稳居世界第二位，中国跨入世界民航大国之列[③]，原有机场规模已经无法满足航空业务量的飞速增长，机场建设进入又一轮高潮。

2002年10月11日，经国务院批准，中国航空集团公司、中国东方航空集团公司、中国南方航空集团公司三大航空运输集团和中国民航信息集团公司、中国航空油料集团公司、中国航空器材进出口集团公司三大航空服务保障集团在北京成立，与中国民航总局脱钩，归属国家资产管理委员会领导，中国民航总局只对其实行行业管理，这标志着中国民航业的发展进入了全新阶段。2002—2004年，中国民航进行了"航空运输企业联合重组，机场属地化管理"为主要内容的改革，进行资产分离和行业重组。这一改革是政企分离改革的进一步深化，为中国民航业发展提供了强大动力[④]。

2004年10月2日，在国际民航组织第35届大会上，中国首次当选为一类理事国。2010年

①　李永. 民航简史[M]. 北京：中国民航出版社，2010：95.
②　数据来源：https://data.worldbank.org.cn/indicator/IS.AIR.GOOD.MT.K1?locations=CN-US&name_desc=true&view=chart.
③　李永 主编. 中国民航发展史简明教程[M]. 梁秀荣，盛美兰 副主编. 北京：中国民航出版社，2011：148-149.
④　李永. 民航简史[M]. 北京：中国民航出版社，2010：99.

国际民航组织第37届大会上，我国第三次高票连任国际民航组织一类理事国[①]，标志着国际社会对中国民用航空的认可。快速增长的中国航空市场也成为空中客车和波音两大公司的竞争焦点，双方不断加大在华采购、投资和技术合作。2006年6月8日，中外合资的空中客车320飞机中国总装线项目签订合同，落户天津市滨海新区。

2008年3月23日，交通运输部重新组建，整合了原交通部、原中国民用航空总局的职责以及原建设部的指导城市客运的职责，并负责管理国家邮政局和新组建的国家民用航空局，民航总局名称不再保留。民航总局归属交通运输部管理，彻底剥离企业部分，成为管理和服务部门。2009年，亚洲地区已经超越北美地区，成为全球最大的民航运输市场，而在亚洲市场，中国已超越日本市场，成为亚洲地区最大的民航运输市场。全年在中国离境或到港的乘客数量已占亚洲市场的38%，而且发展潜力巨大[②]。2010年4月发布的《中国民用航空发展第十二个五年规划》确定了机场发展的重点，即化解大型机场容量饱和问题和积极发展支线机场，计划新建机场56个，迁建机场16个，改扩建机场91个。从此，中国机场建设进入高速发展新阶段[③]。

民航管理体制的转变带动了我国民航高速发展。特别是2007年之后的5年，总周转量是过去57年的总和[④]。2011年，我国民航运输总周转量、旅客运输量、货邮运输量分别为577.4亿吨公里、2.93亿人次、557.5万吨。与2002年相比，分别增长了250.15%、211.22%和175.85%。这一时期的飞速发展为我国迈向民航强国奠定了坚实基础。

2.1.5　迈向民航强国时期

2011年2月11日，《建设民航强国的战略构想》发布，我国将机场发展战略任务确定为：（1）大力培育具有国际竞争力的航空客货运枢纽，逐步培育、建成若干地区性国际门户机场，增强航空枢纽的网络辐射范围和国际竞争力；（2）大力发展内陆区域性机场和干线机场，根据实际需要在大都市新建第二机场；（3）增加支线机场和通勤机场；（4）建设以大中型机场为核心的综合交通枢纽，提高机场的通达能力、便捷换乘能力和辐射能力；（5）推进机场管理模式转型，强化机场特别是大中型机场的公共基础设施服务功能，逐步实现由经营管理型向管理服务型转变；（6）大力提高服务质量和效率，提高机场设施、设备技术含量，促进服务效率的提升，规范和完善军民合用机场的管理；（7）大力提高安全保障水平；（8）推

① 白天亮.民航大国 强势起飞[N]. 人民日报，2012-09-28（12）.
② 李永.民航简史[M]. 北京：中国民航出版社，2008：110-111.
③ 邱欣.中国基础设施建设与发展实践[M].沈阳：辽宁教育出版社，2016：114-115.
④ 白天亮.民航大国 强势起飞[N]. 人民日报，2012-09-28（12）.

动"节约、环保、科技和人性化"绿色机场建设[1]。

2012年11月8日，随着党的十八大的召开，中国特色社会主义开始进入新时代。处于这样一个历史方位，2012年7月8日，国务院出台《关于促进民航业发展的若干意见》，这是新中国成立以来首部从国家战略层面指导民航业发展的重要文件，其中明确指出"民航业是我国经济社会发展重要的战略产业"，发展民航业从此上升为国家战略[2]。正是在这个背景下，2012年12月22日，国务院、中央军委联合发文批复大兴机场立项。

从2012年至今，我国民航市场空间进一步拓展，航空公司竞争力不断增强，机场网络布局日趋合理，空管服务能力稳步提升，安全安保水平世界领先，技术保障水平显著进步，民航自主创新发展体系已经初步形成。中国民航已经具备从民航大国走向民航强国的现实基础[3]：

首先，伴随着我国1991年加入亚太经合组织、2001年加入世界贸易组织以及2013年实施"一带一路"倡议，我国民航国际航线运输得到长足发展。2018年，国际航线运输周转量达到435.02亿吨公里，相较于欧美和亚洲其他民航强国，我国增长优势显著。2000—2018年间，我国国际航线运输周转量年均增长率为13.78%，远高于美国的2.05%、英国的3.37%、德国的3.16%和日本的2.88%。

其次，我国航空旅客及货邮周转量都已跃居世界前列。2000—2018年，我国国际航线旅客周转量年均增长率为15.38%，远高于美国的2.31%、英国的4.29%、德国的4.44%和日本的0.01%。旅客周转量世界排位也逐步上升，2000年排名全球第16，2011年反超日本，2018年排位全球第4。在货邮周转量方面，2000—2018年，国际航线货邮周转量年均增长率为12.23%，远高于美国的1.74%、英国的1.03%、德国的0.61%和日本的0.52%。国际航线货邮周转量2006年居全球第9，2018年排名已位居全球第2。

最后，从机场排名看，2005—2018年，在旅客吞吐量世界排名前50中，我国机场数量逐步增长，2005年仅有4个，2018年增长至10个。相较于其他民航强国，我国入围机场数量及增长趋势均占据优势，英国、德国和日本入围机场始终维持在2个左右，远少于我国入围数量；美国入围机场数量虽高于我国，但处于下降趋势。2018年，世界排名前10机场中，我国有2个，分别为北京首都国际机场和香港国际机场[4]。2019年，全球最繁忙机场前10名中，我

---

① 李永.民航简史[M].北京：中国民航出版社，2010：164-166.
② 喜迎十八大 数字看民航[J].今日民航，2012（11）：10。
③ 曾雯，胡荣，张军峰，宋文.我国民航对外开放发展能力、成效与趋势研究.武汉理工大学学报（信息与管理工程版），2021，43（5）：486-492.
④ CADAS：2018年全球50大机场吞吐量排名[EB/OL]. [2019-01-15]. http://news.carnoc.com/list/477/477819. html.

国有2个，分别是北京首都国际机场、上海浦东国际机场[①]。

自2005年我国民航运输规模世界排名第2以来，经过15年的奋斗，到2020年，我国已经基本实现了从航空运输大国向单一航空运输强国的"转段进阶"，正式开启迈向多领域民航强国建设新征程[②]。

纵观百年中国民航发展历程，可谓是一部"艰难困苦，玉汝于成"的奋斗史，一部不断积累经验、超越自我的迭代学习史。中国民航人的百年奋斗历程例证了中国人从最初不行到现在行、从最初不能到现在能的巨大进步，体现了中国民航人不断求知的渴望、爱国奉献的情怀、追求卓越的意志和砥砺前行的担当。也正是在这百年奋斗过程中，中国机场建设的"工程能力"不断增强，从而为大兴机场的高标建设奠定了坚实基础。

2.2 首都机场：自我革命与迭代学习

北京作为中国的首都，其机场建设对城市乃至国家发展都至关重要。首都机场从最早建设的0号航站楼（又称老候机楼）到1号、2号、3号航站楼，从1958年旅客吞吐量不足20万人次，到2018年旅客年吞吐量超过1亿人次，见证了我国机场建设从小到大、从简单到复杂、从模仿到创新、从满足当下需求到主动建构未来的跨越式发展，见证了我国不断加强对外开放并在世界舞台上从崭露头角到引领风骚的强国之路，因而也是我国不断发展并走向繁荣的一个历史缩影。

2.2.1 从南苑机场到首都机场

北京南苑机场位于北京南郊大兴区旧宫镇庑甸村（又称五里村）的东南侧，原是清皇室的园囿，地势平坦广阔，距天安门13公里。1873年，清廷精锐火器部队神机营奉旨移至南苑练兵，在庑甸南侧建立了一座营盘。1900年，庚子国变之后，神机营被清廷遣散。营盘又成为晚清名将姜桂题统帅的毅军操练场，即"毅军操场"[③]。

① 全球最繁忙机场大洗牌：中国机场排名猛升！成都双流冲TOP3 [EB/OL]. [2019-06-21]. http://news.carnoc. com/list/553/553241.html.
② 冯正霖. 深入贯彻党的十九届五中全会精神开启多领域民航强国建设新征程——2021年全国民航工作会议工作报告节选[J]. 民航管理，2021（1）：6-14.
③ 黄金生. 航空事业发祥地，重大历史见证者：走过百年沧桑的南苑机场[J]. 国家人文历史，2019, 233（17）：106-113.

1910年，在清政府支持下，"毅军操场"改造成为南苑机场。1920年5月7日，北洋政府交通部首次开辟的北京—上海航线京津航段在南苑机场开航。此后，南苑机场陆续开通多条航线，包括北京至天津、上海、广州、成都、哈尔滨等。1926年，北洋政府交通部因"京中飞机停置场所不敷应用"而对其进行了扩建①。1931—1937年间，中国航空公司和欧亚航空公司都将南苑机场作为自己的基地。"七七事变"后，机场被侵华日军占领，成为日本空军的后方基地。抗日战争胜利后，国民党空军部队和美军进驻南苑机场，将其设为军民合用，服务设施十分简陋，候机室是约60平方米的平房。1949年，新中国成立后，南苑机场主要用作军用设施，中国人民解放军的第一个飞行中队就驻扎于此。此后，南苑机场又新建了中国人民解放军第六航空学校、空军第一高级专科学校等航校。1957年，中国航天一院落地南苑，南苑也成为我国航天事业的发祥地。1986年12月26日，隶属于中国人民解放军空军管理处的中国航空联运公司成立，并在南苑机场投入运营②。

与南苑机场军事功能的发展形成鲜明对比的是其民航功能的衰落。北京作为新中国的首都，难以依靠与部队共用一个机场来满足民航需求。新中国成立仅一年，新建首都机场便被提上议事日程。当时选址在北京东郊的孙河地区，后因抗美援朝而暂时搁置。1953年，在苏联专家的协助下，经过多处勘察比较，首都机场选址拟定在顺义县天竺村东北处。同年12月3日，国务院批准机场设计计划任务书。1954年12月3日，在毛泽东主席、周恩来总理的亲自关怀下，国务院批准在北京东北部兴建民用机场③。1955年6月10日正式开工。1957年11月，经国务院批准命名为"中国民用航空局首都机场"，简称"首都机场"。1958年3月竣工，成为建国十周年的标志性工程。中国民航从此有了一个功能较为完备、条件较好的民用机场。

首都机场距市中心（天安门广场）的直线距离约25千米，占地约40平方千米，是新中国第一座大型民用运输机场，也是中国历史上第四个开通国际航班的机场④。首都机场老候机楼建筑面积仅10 138平方米，高峰小时可接待旅客230人。有一条长2 550米、宽80米的水泥混凝土跑道和相应的平行滑行道、联络滑行道、停机坪、指挥调度无线电导航和通信设备，以及飞机维护、供油、场内外各项公用设施和交通设施，并设有一座60米跨度机库在内的飞机修理基地。首都机场的规模和现代化程度，在当时的远东地区居于首位⑤。老候机楼是我国

① 高福美. 百年南苑 问鼎苍穹[J]. 前线，2020（8）：89-91.
② 欧阳杰. 中国近代机场建设史 1910-1949[M]. 北京：航空工业出版社，2008：378.
③ 李永. 民航简史[M]. 北京：中国民航出版社，2010：37.
④ 前三个开通国际航班的分别是1926年上海龙华机场、1937年昆明巫家坝机场及1939年重庆白市驿机场。（引自：张建芳. 北京民用机场历史微笔记（上）[J].中华民居（上旬版），2014（6）：96-101.）
⑤ 李永. 民航简史[M]. 北京：中国民航出版社，2010：37.

第一代航站楼（20世纪50年代初到70年代末）的代表，高大细长的窗户，灰黄的颜色，厚重的基石，都带着浓厚的苏联印迹。

随着我国外交事业的发展，与中国通航的一些国家纷纷要求使用新型喷气飞机开辟直达北京的国际航线。为适应国际通航的要求，接受当时国际上通用的大中型喷气飞机，1965年，国务院决定开放北京为国际通航点，首都机场进行了第一次扩建，将原2 500米长的跑道延长至3 200米，增建了6个停机位，并增添了无线电通信导航等设施，局部改建了老候机楼、新建了贵宾候机楼。1966年扩建竣工，国内航线已开通46条，通航城市76个，通航省会城市27个[1][2]。从1958年开始使用至1979年1号航站楼建成的22年间，首都机场旅客吞吐量共计587.6万人次，为新中国民航事业的发展立下了汗马功劳。

作为新中国对外交往的大门，首都机场是我国重大国事和外交活动的主要场所之一，是共和国许多重大历史事件的见证者：20世纪50年代，时任苏共中央总书记赫鲁晓夫访华，毛泽东主席亲自带队前往机场迎接；1972年，美国总统尼克松首次访华，周恩来总理亲自到首都机场迎接，两人握手的瞬间成为世界瞩目的焦点[3]。随着1号航站楼的投运，老候机楼被改造成中国国际航空股份有限公司办公楼，成为一处珍贵的历史遗迹[4]。

2.2.2 三次扩建：从简朴实用到理念引领

改革开放以来，随着我国经济社会的快速发展，首都机场先后经历了三次扩建：1980年，1号航站楼开航，见证了中国民航的市场化改革；1999年，2号航站楼开航，成为中国民航强基固本的重要载体；2008年，3号航站楼开航，推动北京首都国际机场昂首跨入世界超大型机场行列。

1. 新建1号航站楼：简朴实用

20世纪70年代，国际上已普遍采用大型飞机和新式旅客登机桥、自动人行步道、行李转盘等设施。同时，随着我国对外交往和贸易合作的增加，首都机场航空业务量迅速增加，现有设施已经无法满足需求。1972年4月29日，中国民航总局向国务院报送了《关于修建首都机场国际候机楼的请示》。1973年5月13日，国家计委批复同意《关于修建国际候机楼及扩建工程计划任务书》，并将该工程列为国家重点建设项目，总投资6 600万元。1974年2月开始

① 敬文正. 50年变迁：首都机场候机楼的故事[J]. 综合运输，2008（4）：22-24.
② 吴浩宁，解большой. 迎接新世纪的挑战——北京首都国际机场航站区扩建工程[J]. 民航经济与技术，1997（9）：56-57.
③ 李沉. 首都国际机场50年巨变[J]. 当代北京研究，2011（2）：47-52.
④ 徐峰. 中国"心脏机场"的百年变迁[J]. 人民法治，2019，67（19）：10-17.

动工修建，1980年1月1日新航站楼及停机坪、楼前停车场、跑道及配套工程建成并正式投入使用①。从规划、设计到施工，新航站楼建设充分体现了周恩来总理提出的"经济、适用、朴素、明朗"的建设原则②。

新航站楼采用卫星式布局，安装了登机桥、行李传送系统、自动步道、飞机动态显示屏等装备。作为我国第二代航站楼的代表，该航站楼摆脱了苏联建筑风格，引入了国际先进设施设备，同时注重中国元素的运用，走出了一条简朴实用的道路。其建筑造型及内外装修，既体现出现代化的建筑功能，又采用一些民族传统形式的纹样，建筑外墙面为淡青色面砖缀以折面几何图案，檐头额枋配以白色水刷石柱，色调明朗轻快。此外，一批具有中国民族文化特色的大型壁画和其他绘画作品装饰其中，如《泼水节——生命的赞歌》《科学的春天》《哪吒闹海》《巴山蜀水》等50多幅作品，获得中外旅客及参观者的一致好评。该航站楼被评为"北京20世纪80年代十大建筑"③。

2. 新建2号航站楼：巨大飞跃

20世纪80年代之后，随着我国经济体制改革的深入和对外开放进程的加快，首都机场起降的飞机架次以年均20%的速度增长，成为国内最繁忙的国际空港，机场设施已不能满足发展需求。1991年，首都机场旅客吞吐量达869.97万人次，已经超过了设计容量。1992年，为了缓解紧张状况，首都机场扩建提上议事日程，拟新建2号航站楼及配套设施，以便将首都机场建成具有20世纪90年代国际水平的航空港。

1993年9月，江泽民总书记在审查首都机场新建航站区设计方案模型时指出，"首都机场扩建工程非常重要，是'重中之重'，必须抓紧落实，尽早完成。首都机场新建扩建工程是一件迫在眉睫的大事，一定要认真、负责地做好这件工作，而且要集中财力，抓紧去办。国家和北京市都要予以支持"④。为了避免出现刚建成又要扩建的局面，扩建工程设计方案充分利用现有土地，以保证机场可以正常运行到2005年⑤。

为了使新建航站楼在功能、标准上与国际接轨，2号航站楼的方案设计和工艺流程设计均通过国际招标和比选优化。在此基础上，由设计团队不断完善设计方案，以交通便捷、服务设施先进、无障碍设施完备、智能化为要求，充分彰显人文关怀⑥。在施工过程中，采取公开

————————————

① 首都机场扩建工程[N]. 经济日报，2005-09-23（12）.
② 侯莎莎."第一国门"的三次大扩容[J]. 决策探索（上），2020（1）：56-58.
③ 李沉. 首都国际机场50年巨变[J]. 当代北京研究，2011（2）：47-52.
④ 刘振英，郑庆东，刘建国.首都机场加紧筹建现代化新航站楼[N]. 人民日报，1993-09-19（1）.
⑤ 张光辉. 中国民用机场上[M]. 北京：中国民航出版社，2008：6.
⑥ 宗焕平，吴坤胜，张新宁.壮哉，首都机场新航站[N]. 人民日报，1999-09-19（3）.

招标形式选用当时国际上的先进设备，尽可能采用新工艺和新型建筑材料，以保证航站楼建成后具有国际水准[①]。

1995年10月，扩建工程正式开工。作为国家"九五"时期重点工程，该项目投资金额、建设规模、配套项目均堪称当时我国民航建设之最。1999年9月16日，江泽民总书记视察北京首都国际机场新航站楼。1999年11月1日，当时国内单体建筑面积最大的航站楼——2号航站楼投入运营，与之配套的是当时亚洲最大的候机停车楼。

2号航站楼除工艺流程由外国设计外，其他全部设计工作均由中国工程技术人员完成。航站楼大量采用了新技术、新工艺、新设备和新材料，突破多项技术难题。凭借多项新工艺和高质量建设，2号航站楼工程获得了中国建筑工程质量最高荣誉奖"鲁班奖"。停车楼、综合业务楼及东跑道整修改造等工程还获得了北京市颁发的工程质量"长城杯"。同时，民航人还创造出中国航站楼建设新模式，特别是在为旅客服务方面，形成了一个高效、准确、安全、方便的进出港流程和休息环境。

作为第三代航站楼的代表，2号航站楼是我国机场建设的一次巨大飞跃。其设计采用新型结构，强调便捷性与人文性，注重空间透亮和地域文化，运用了大量钢结构和大面积的玻璃幕墙。在设计过程中引入了国际化航站楼设计团队，而中国设计团队在辅助设计中提高了自身创作能力，为后续机场建设带来更多可能。

3. 新建3号航站楼：理念引领

2000年，首都机场年旅客吞吐量首次超过2 000万人次，再次扩建首都机场还是新建北京第二机场的争论不绝于耳。2001年，北京获得2008年奥运会主办权，当时首都机场业务已经十分繁忙，全天几乎无高峰低谷之分的首都机场该如何应对即将到来的奥运挑战，就成为一项紧迫课题。为此，民航总局决定启动首都机场三期扩建与新建北京第二机场的对比研究，同步开展新机场选址工作。

2002年9月，民航总局和北京市联合上报首都国际机场扩建工程项目建议书。2003年8月8日，温家宝总理亲临北京首都国际机场考察机场建设工作，明确要求"早做决断，不可推迟"[②]。在扩建现有机场和新建机场两个方案间，民航局和相关决策机构经过反复研究，达成共识：在原址扩建机场，虽有很多建设上的难点和限制，但决策的决心相对容易下；因此可在原机场扩建告一段落后，再考虑建设新机场。2003年10月，国家发展改革委批复同意首都

① 李沉. 首都国际机场50年巨变[J]. 当代北京研究, 2011（2）: 47-52.
② 刘航. 首都第二机场落址河北廊坊悬念[N]. 21世纪经济报道, 2004-02-26.

机场扩建，同时提出"从长远发展看，首都应建设第二机场"①。

2004年3月，国务院第42次常务会议批准了"首都机场扩建工程可行性研究报告"，并将其列为国家重点工程。此次机场扩建规划和新航站楼建设在全球范围内进行了国际方案招标，由荷兰Naco公司、英国Foster and Partner公司和Arup公司组成的NFA设计联合体提供的航站楼方案赢得竞标并在深化修改后予以实施。北京市建筑设计研究院受业主及外方设计团队邀请，参与了设计深化工作②。设计方案新颖、造型别致、功能先进、流程合理，充分体现了"以人为本"和"生态节能"的理念。

2004年3月28日，首都机场第三次扩建工程正式开工。这次扩建的规模比以往更大，技术也更为复杂，包括新建航站楼、跑道以及相应配套设施，几乎相当于新建一个机场。3号航站楼在我国首次采用快速行李系统、旅客捷运系统、现代信息管理系统及城市轨道交通系统，这就带来了众多技术问题和衔接问题③。而且，为了满足2008年北京奥运会的需要，工期要求也更加紧迫。

2007年12月，3号航站楼完工，成为当时世界上建筑面积最大的单体航站楼，总建筑面积98.6万平方米，相当于1号和2号航站楼建筑面积总和的两倍。快速行李系统设备安装占地12万平方米，线路总长70千米，传输速度最高7米/秒，每小时可处理行李2万件，也是一大创举。该系统安装了最先进的无线射频身份识别和五级安检系统，可自动识别行李并对其进行跟踪、监控④。

超大规模建筑必然带来日常运行中的巨量能源消耗问题，因此3号航站楼在设计和建设中十分注重绿色生态节能。其大面积外幕墙除了可以带给旅客愉悦之外，还充分利用了自然采光，以降低人工照明所带来的消耗。与此同时，将水平结构构件与外遮阳功能结合在一起的"悬挂幕墙体系"减少了阳光辐射对室内能耗的影响。建筑四周巨大的挑檐，也大大降低了由于阳光辐射所造成的能耗。航站楼屋顶155个采光天窗全都定位朝向东南，特殊的遮蔽装置可以有效地减少阳光的直接照射，这样既可以最大限度地向室内提供充足的自然光，又避开了北京冬季寒冷的西北风所带来的影响。航站楼内使用了节能的罗盘箱送风系统，即只对人员活动区进行空气调节，非人员活动区内则允许温度自由波动，从而降低了空调负荷，

① 张江宇. 北京首都国际机场东扩工程访谈录——访北京首都机场扩建工程指挥部副总指挥朱静远[J]. 综合运输，2004（5）：72-75.
② 李沉. 首都国际机场50年巨变[J]. 当代北京研究，2011（2）：47-52.
③ 张江宇. 北京首都国际机场东扩工程访谈录——访北京首都机场扩建工程指挥部副总指挥朱静远[J]. 综合运输，2004（5）：72-75.
④ 敬文正. 承载百年奥运梦想 塑造第一国门形象——首都机场3号航站楼扩建工程建设纪实[J]. 综合运输，2008（1）：31-33.

以利节能[①]。

作为第四代航站楼的代表，3号航站楼继承了第三代航站楼的基本特征，在重视工程实体建设的同时，更加注重绿色、智能、交通集约化、可持续性和人性化设计。而复杂的设计则对施工提出更高的要求。为此，施工单位开发应用了"大面积高等级混凝土结构施工技术""超大超高厚壁钢管梭形柱施工技术""超大场区测量控制技术"等30多项新技术、新工艺[②]。此次扩建中的设计管理和协同工作模式、模数化控制、数字化技术的运用等，都为之后我国机场设计与建设积累了宝贵经验[③]。

但是，首都机场建设者不愿就此止步，而是抱着自我超越的梦想，从多个方面对第三次扩建工程进行了反思：首先，3号航站楼设计容量是4 600万人次，是当时国内最大的设计容量，再加上已有的2个航站楼，机场总的设计容量达到7 800万人次，但3号航站楼启用仅3年后机场就突破了8 000万人次，此后多年处于超负荷运行状态，这种"建成即饱和"的现象反映了当初对民航需求增长的估计不足[④]。其次，3号航站楼大厅的商业形象规划与整体空间形象不大匹配；公共区的景观设计和艺术品的配置也不尽恰当；被置于屋顶天花板上的大量光源，从某些透视方向观察时不大规则。这就为之后的机场空间设计提出了新课题：如何用符合时代特征的符号表达来满足管理者和运营方的需要，做到室内装修与整体环境的和谐统一[⑤]。再次，3号航站楼建造技术的智慧化程度还比较低。施工中，测量工作以光学经纬仪、水准仪为主，只有总承包商配置了全站仪用于验线。设计及其深化以CAD为主，使用的是二维平面图纸，屋面的双曲设计采用了投影二维手段。最后，航站楼建设与运营的分离导致工程竣工之时就是维修之日，拆改造成了浪费，且影响了机场的运行效率。长期以来，机场建设者只管建设，完工后交付运营方，两者在建设过程中没有交集，因而造成运营方和建设单位之间的纠纷。当时首都机场集团主要领导对此深有感触，因此提出了"建设运营一体化"的思想，并在大兴机场建设中得到实践。

"胜人者有力，自胜者强"。最非凡的成功，不是超越别人，而是战胜自己；最可贵的坚持，不是久经磨难，而是永葆初心。首都机场的建设过程也是民航人坚守初心、自我革命、迭代学习的过程。正是在此基础上，中国民航人才敢于追求卓越，主动建构未来，致力于引领世界机场建设的新潮流。

---

① 李沉. 首都国际机场50年巨变[J]. 当代北京研究，2011（2）：47-52.
② 首都机场扩建工程[N]. 经济日报，2005-09-23（12）.
③ 邵韦平. T3——面向未来的首都机场新航站楼[J]. 建筑设计管理，2012，29（2）：22-25+2.
④ 王晓群. 从首都机场到大兴机场看航站楼建筑的十年发展[J]. 世界建筑，2020（6）：50-55+145.
⑤ 徐维平. 情感与理性　关于北京首都机场T3航站楼项目（合作）设计的解读及思考[J]. 时代建筑，2008（4）：76-83.

2.3 大兴机场：立足历史积淀，响应时代召唤

　　1993年，北京首都国际机场旅客吞吐量突破1 000万人次。也是在这一年，北京市开始考虑建设首都第二机场的问题，在编制《北京市城市总体规划（1994—2004）》时选定通州张家湾和大兴庞各庄两处作为中型机场备用场址。但建设新机场需要解决诸如要不要建、在哪里建、建多大、建成后的新机场与首都机场的关系等问题。而且当时的首都机场尚能满足航空运力，因此，新机场的选址并没有急于确定[①]。

　　2001年，北京获得2008年奥运会主办权，全天业务都十分繁忙、几无高峰低谷之分的首都机场该如何应对就成了迫在眉睫的问题。根据预测，2008年8月"奥运月"期间，北京的航空旅客吞吐量将增加到556万人次，严重超过首都机场现有设施的承受能力[②]。在这种情况下，民航局和相关决策机构经过反复研究，认为在原机场扩建告一段落后，应考虑建设新机场。2003年10月，国家发展改革委在批复同意首都机场扩建的同时，提出"从长远发展看，首都应建设第二机场"。自此，大兴机场进入选址的优选阶段。

　　大兴机场自提出建设动议，到多轮选址、规划、设计、建设的过程，也是我国城市化进程加快，深入参与全球化的过程。机场不再只是满足航空交通需求的大型综合建筑体，而是承载着国际交往、交通、娱乐、商业、文化等多种功能的基础设施，本身就成为一座丰富多彩的小城市。依托机场对国家和地区的巨大辐射和带动作用，世界各国都在围绕机场大力发展和建设临空经济区，促进机场与周边区域的共同发展，以更好地满足人民美好出行和生活的需求。

　　在新的发展形势下，无论是调整经济结构、转变经济发展方式，还是建设创新型国家、全面建成小康社会；无论是缩小地区差距、促进区域协调发展，还是推动公共服务均等化、构建社会主义和谐社会，中国民航都肩负着重大责任[③]。建设大兴机场是党中央着眼新时代国家发展战略做出的重大决策，是服务京津冀协同发展的重大举措，是北京"四个中心"建设的重要支撑和北京国际航空双枢纽的重大布局。

　　为了建设好大兴机场，建设者立足当代民航科技发展，充分吸取国内外机场建设经验教训，借鉴首都机场建设中形成的集约化和人性化等设计理念以及中外合作、博采众长的规划

①　溯源北京大兴机场的选址规划[EB/OL]. [2019-09-04]. http://caacnews.com.cn/1/5/201907/t20190704_1276992.html.
②　刘航.扩建与新建之争：首都第二机场落址河北廊坊胜算几何?[N]. 中国经济，2004-02-26.
③　李永. 民航简史[M]. 北京：中国民航出版社，2010：172-173.

设计原则，提出了规划设计适度超前、"建设运营一体化"的建设思路，试图引领世界机场建设，打造全球空港标杆。为此，建设者充分评估市场需求、机场工程与相关工程系统的关系以及机场建设对经济、社会、自然生态等各方面的影响，在反复论证中确定了大兴机场的基本定位：建成辐射全球的大型国际枢纽机场，与首都机场形成"并驾齐驱、独立运营、适度竞争、优势互补""一市两场"发展格局。

为了保证大兴机场的可持续发展，采用滚动发展、分期建设的模式，本期规划至2025年，将满足年旅客吞吐量7 200万人次、飞机起降63万架次、年货邮吞吐量200万吨的运输的需求；远期规划按年旅客吞吐量1亿人次以上规划终端规模，飞机起降88万架次，满足年货邮吞吐量400万吨的运输需求。

大兴机场建设者践行"建设运营一体化"理念，一开始就将有机场运营经验的人员纳入机场规划、设计和建设过程，保证在规划、设计与建设环节嵌入运营方的需求，以规避建成之后大量拆改的风险。在航站楼设计中，面向全球征集方案，进行多轮优化，不断迭代学习，形成一个博采众长、功能完善的航站楼建筑方案，充分践行了平安、绿色、智慧、人文的设计理念，将航站楼打造为集交通、商业、娱乐、艺术等功能于一体的新国门，为旅客提供最优的出行体验。

在各方共同努力下，大兴机场于2014年12月开工建设，2019年建成，历时仅4年9个月。凭借其出色的建设成果，大兴机场建设工程获得了全球卓越项目管理大奖金奖、中国土木工程詹天佑奖、国家优质工程金奖、中国钢结构协会科学技术奖特等奖、全国绿色建筑创新奖一等奖等奖项，得到社会各界的广泛赞誉。2017年2月23日，习近平总书记考察大兴机场建设时明确指出"新机场是首都的重大标志性工程，是国家发展一个新的动力源"，首次把一座机场的作用上升到国家发展动力源的高度[①]。

工程起始于"概念"，这个概念的提出本身又取决于当下的社会存在所暴露出来的矛盾现象。从社会存在到社会意识，然后从社会意识到社会生成，最后再塑造出新的社会存在，这个过程是一个"主观见之于客观""客观塑造于主观"从而实现"日日新"的循环"迭代"过程。大兴机场在规划、设计与建设过程中所体现的超越自我、主动建构未来的自信以及智慧，来自工程实践者个体成长的历史脉络、扎根于行业成长的历史脉络、扎根于中国生生不息的文化土壤，并在接续不断的工程实践中得以传承和发扬光大。大兴机场

---

① 闵杰.北京新机场：探寻新动力源［EB/OL］.［2018-03-01］. http://www.zgxwzk. Chinanews. com. cn/2/2018-03-01/763.shtml.

的建设与运营可以看作对中国民航百年奋斗成果的一次检阅和升华，诚可谓"扎根历史，立足当下，成就未来"。大兴机场承载了"兼容并蓄"的中国文化传统，承载了中国民航"人民航空为人民"的初心和民航强国的梦想，堪称中国民航事业发展的一个里程碑。

第 3 章

高标定位：打造全球空港标杆

　　工程实践是一个"无中生有"的过程。要启动一个工程过程，首先需要基于社会存在"构想"未来，然后通过具体实践"建构"出这个期望的未来。这个"构想"的水平，决定着"建构"的上限。大兴机场是来自我国民航人依托民航百年发展的历史积淀、面对新时代的召唤而做出的高水平"构想"。在大兴机场建设及运营筹备全过程中，建设者始终坚持和贯彻新发展理念，打造"四个工程"，建设"四型机场"，树起了全球机场建设的标杆。可以说，大兴机场既是我国民航百年奋斗的最新成果，也是新时代我国迈向全方位的民航强国的一个新的起航点。

3.1　全面践行新发展理念

任何一项工程活动都会经历一个从潜在到现实、从理念孕育到变为实存的过程。理念先行是工程活动过程的基本特点，因此确立正确的工程理念至关重要。"创新、协调、绿色、开放、共享"新发展理念是习近平新时代中国特色社会主义思想的重要内容，当然也成为大兴机场建设工程的基本理念。

3.1.1　新发展理念是新时代的工程理念

历经百年风雨征程和艰辛奋斗，中国民航业取得了历史性变革和举世瞩目的成就，我国已经成为民航大国。进入新时代，我国社会的主要矛盾已经转变为人民群众日益增长的美好生活需要与不平衡不充分的发展之间的矛盾，表现在民航业就是人民群众对安全、便捷、高效、绿色出行的需要尚未得到充分满足。为此，民航业必须以符合新形势、新任务的工程理念作为指导，才能切实满足人民群众的出行需要，实现从民航大国向民航强国跨越的目标。

任何工程活动都是在一定的工程理念指导下进行的。工程理念指的是人们关于应该怎样进行造物活动的理念，它从指导原则和基本方向上回答关于工程活动"是什么（造物的目标）""为什么（造物的原因和根据）""怎么造（造物的方法和计划）""好不好（对造物的评估及其标准）"等几个方面的问题。

工程理念是工程实践之魂。好的工程理念可以指导兴建造福当代、泽被后世的工程，而工程理念上的缺陷和错误又必然导致出现各种贻害自然和社会的工程。回顾和总结几千年来工程理念发展的历史轨迹，可以发现在不同的历史时期分别形成了"听天由命""征服自然"和"天人和谐"等迥然有别的工程理念。"听天由命"的理念低估了人的主观能动性，随着生产力的发展、科学技术的进步和认识的深化，"听天由命"理念被"征服自然"的工程理念所否定。但是，"征服自然"的工程理念高估了人的主观能动性，又遭到大自然的无情报复。实践证明，只有顺应天时、地利、人和，天工开物、人工造物，才能达到"天人合一"的和谐发展之境[①]。

工程理念不是僵化不变的，而是需要随着实践和时代的发展而不断发展的。新时代需要打破旧的工程理念，弘扬新的工程理念。习近平总书记指出："理念是行动的先导，一定的发展实践都是由一定的发展理念来引领的。发展理念是否对头，从根本上决定着发展成效乃至成败。实践告诉我们，发展是一个不断变化的进程，发展环境不会一成不变，发展条件不会一成不变，发展理念自然也不会一成不变。"[②]

党的十八大以来，随着我国战略机遇期内涵的深刻变化，我国发展中存在的矛盾问题也日益凸显，如何以新的理念引领新的发展、实现新的转变成为亟待解决的重要问题。2015年10月，习近平总书记在党的十八届五中全会上提出了创新、协调、绿色、开放、共享的新发展理念，强调创新发展注重的是解决发展动力问题，协调发展注重的是解决发展不平衡问题，绿色发展注重的是解决人与自然和谐问题，开放发展注重的是解决发展内外联动问题，共享发展注重的是解决社会公平正义问题，强调坚持新发展理念是关系我国发展全局的一场深刻变革。

任何理念都不是凭空产生的，它是在人类实践的基础上产生的，并随着实践和时代的变化而不断发展的。新发展理念充分体现了中国共产党对新时代新阶段经济社会发展本质要求和基本规律认识的深化。习近平总书记强调："这五大发展理念不是凭空得来的，是我们在深刻总结国内外发展经验教训的基础上形成的，也是在深刻分析国内外发展大势的基础上形成的，集中反映了我们党对经济社会发展规律认识的深化，也是针对我国发展中的突出矛盾和问题提出来的。""这五大发展理念，是'十三五'乃至更长时期我国发展思路、发展方向、发展着力点的集中体现，也是改革开放30多年来我国发展经验的集中体现，反映出我们党对我国发展规律的新认识。"[③]因此，新时代新阶段推动发展，必须坚持新发展理念，构建新发展格局，实现更高质量、更有效率、更加公平、更可持续、更为安全的发展。这是解决社会主要矛盾、推动高质量发展的必然要求，也是应对我国发展环境深刻复杂变化，于变局中开新局的战略选择。

当前，经过几代民航人的持续奋斗，我国已进入从民航大国向民航强国跨越的关键时期。民航基础设施是实现民航强国战略目标的物质基础，事关现代化机场体系构建和民航服务供给水平的提升。由于民航又是交通运输的一部分，自然就需要处理好民航与其他交通运输方式的关系，向"综合一体化"要效益、要效率，促进各种交通运输方式的信息与服务的

①　殷瑞钰，汪应洛，李伯聪 等. 工程哲学[M]. 第3版.北京：高等教育出版社，2018：131.
②　习近平. 习近平在十八届五中全会第二次全体会议上的讲话（节选）[J]. 求是，2016（1）：3-10.
③　习近平. 习近平在十八届五中全会第二次全体会议上的讲话（节选）[J]. 求是，2016（1）：3-10.

一体化发展，从而助力我国交通强国建设①。面对新形势新任务，必须让新发展理念成为我国新时代机场建设的工程理念，推进新时代中国民航的高质量发展。

3.1.2 将新发展理念融入大兴机场工程

肩负新时代中国民航发展使命，大兴机场建设者在工程的全生命周期中始终坚持和贯彻新发展理念，致力于打造新时代的标志性工程，其建设理念、工程质量、安全管理、科技成果等，都体现着"创新、协调、绿色、开放、共享"五大发展理念的基本要求（图3-1）。

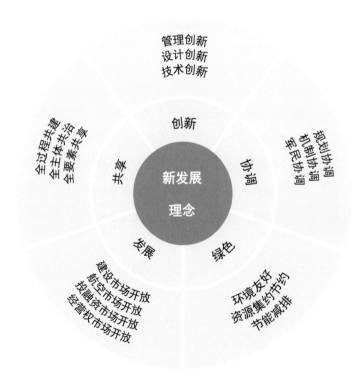

图3-1 大兴机场践行"新发展理念"的基本体系

① 傅志寰. 对中国交通运输发展的若干认识[J]. 中国公路，2019（13）：38-41.

第一，创新是工程活动的根本基础。每项工程活动都有其特殊的初始条件、边界条件和不同的目标要求，不可能存在两项完全相同的工程，这就要求在工程活动中进行这样那样的创新。大兴机场作为我国新时代民航机场建设的领头羊，更是需要多方位、多层次、多维度的创新。为此，大兴机场建设者扎实推进管理创新、设计创新和技术创新，将创新发展理念融入大兴机场建设。在管理创新方面，首创机场"建设运营一体化"模式，克服了此前机场工程建设中出现的建设与运营相脱节的问题；打造超越组织边界、超越地域边界、超越业务边界的运营共治管理平台，制订并实施"四元耦合"的总进度综合管控计划，严控节点、抓住关键、及时预警、压茬推进，确保工程建设的高品质并按期投运。在设计创新方面，充分利用数字化技术，实现全流程数字化设计；在航站楼设计中采用立体叠落方式和放射构型，设计出世界上首个拥有2个抵达层和3个出发层的航站楼，使航站楼的流程效率达到世界一流；航站楼无障碍环境设计则为我国民用机场无障碍设施行业标准的修订和完善提供了支撑。在技术创新方面，致力于以数字化为基础的全方位、全流程创新，特别是首创了"空地一体化"全过程仿真技术，首创地井式飞机空调系统、全球规模最大的耦合式地源热泵系统，建成了全球规模最大的空管自动化系统，全场运用同频互锁技术仪表着陆系统。

第二，协调是工程活动的本质特征。工程活动通常涉及多元主体、多种要素和多个工作单元，这些只有配合起来，协同发挥作用，才能成就理想中的工程，这就离不开大量的组织和协调工作。大兴机场项目属于巨型复杂工程，地跨京冀两地，涉及军民关系，建设条件复杂，必然要求从立项伊始就进行大量的内部协调、外部协调，特别是跨界协调工作，以便为工程建设奠定基础。为此，大力促进机制协调、规划协调和军民协调，将协调发展理念融入大兴机场建设。在机制协调方面，加强与京冀两地政府部门沟通协调，突破现有体制障碍和政策约束，形成区域发展协同制度，通过签订跨地域建设与运营管理协议，打破行政区划壁垒，加强区域合作。在规划协调方面，充分发挥航空枢纽的辐射作用，与北京大兴、河北廊坊深入对接功能区规划和产业布局，在机场红线范围内为京冀两地提供发展空间，助力打造对外交往平台、文化交流中心。在军民协调方面，按照"地分天合"原则，在机场运行标准和地面保障资源方面主动对接军队要求，并积极推动构建更加便捷、高效的空域管理模式和空管运行机制，促进"军民航"空地全方位融合，将大兴机场打造成为军民融合发展的典范。

第三，绿色是工程活动的当代旨归。面对气候变化等给人类生存和发展带来的严峻挑战，绿色发展已经成为当今世界各国的共识，是当前和今后相当长时期我国国家建设的基本方略。我国民航业也把绿色发展作为民航强国建设的基础指标和关键路径。在大兴机场规划选址阶段，民航人就将大兴机场定位为绿色机场，并为此开展了专题研究，为机场设计以及最终建成绿色机场奠定了坚实基础。在实践过程中，建设者着眼全生命周期，着力实现环境友好、资源集约节约和节能减排，将绿色发展理念融入大兴机场建设。在环境友好方面，致力于减少"水、气、声"等污染排放，推进地方在开航前完成机场周边噪声敏感点的居民搬迁安置和治理工作。在资源集约方面，致力于提高资源的可持续利用，采取以公共交通为导向的发展模式，设置综合交通换乘中心，构建便捷的区域交通系统，紧邻交通站点进行高密度建设，高效利用土地资源。在节能减排方面，采用太阳能光伏发电、地源热泵、太阳能热水等措施，全场可再生能源利用率达到16%以上。

第四，开放是工程活动的内在要求。工程活动是各类技术要素和非技术要素的集成过程。无论是要素的获取还是要素的集成都受制于外部的经济社会条件及自然环境条件。与此同时，这个集成过程必然会对各类利益相关者、周边社区乃至整个社会带来这样那样的影响。只有基于开放的精神和开放的姿态，才能更好地驾驭工程实践过程。航空交通枢纽建设作为一种特殊的工程活动，对开放的需求就更为强烈了。就大兴机场建设而言，无论是规划、设计，还是施工、运营筹备，都是在全球范围内选择资源、配置资源和整合资源的，并全面推进建设市场、航空市场、投融资市场和经营权市场的开放，从而将开放发展理念融入大兴机场建设的始终。在建设市场开放方面，组织开展航站楼建筑方案国际招标，多家国际知名设计单位参与，投标方案集中体现了世界民航设计行业的高超智慧和精湛水准。航空市场开放方面，面向全球航空运输企业，多渠道、多平台开展市场营销，投运初期，与近50家外国航空公司建立一对一机制，与4家国际机场缔结友好机场关系。在投融资市场开放方面，积极吸引社会资本参与项目投资运营，先后在大兴机场停车楼、综合服务楼等10个项目上引入社会投资近40亿元，为国内机场行业发展提供了有益借鉴。在经营权市场开放方面，积极构建管理型机场，与地服、航食、货运等服务商签订经营权转让协议。

第五，共享是工程活动的价值追求。共享是中国特色社会主义的本质要求，共享发展重在解决社会公平正义问题。就覆盖面而言，要全民共享；就内容而言，要全面共享；就途径而言，要共建共享。只有将共享发展理念融入工程活动特别是重大公共工程活动的全生命周期之中，才能使工程活动成果惠及各类利益相关者乃至全社会，从而为工程和社会的可持续发展提供强有力的支撑。面对大兴机场建设这项重大公共工程，中国民航人力求做到全过程共建、全主体共治和全要素共享，从而将共享发展理念融入大兴机场建设过程之中。在全过程共建方面，无论是在规划设计、建设，还是运营筹备阶段，充分征求驻场单位、航空公司、联检单位等各相关方的意见，以运行功能需求为导向开展工程建设。在全主体共治方面，强化安委会、旅促会等委员会建设，建立党建联建委员会等组织，将民航运输服务保障链条上的各主体打造为命运共同体，有效促进机场整体高效运行。在全要素共享方面，打破资源要素归属权限制，共享机务常用设备，有效释放机坪运作空间，共享机坪通勤巴士，共享车辆充电桩等。此类做法有助于将共享发展理念落到实处，为将大兴机场建成"以人民为中心"的"负责任"工程奠定了基础。

工程理念是工程活动的先导，这意味着不仅要在思想层面坚持新发展理念，更要在工程实践中真正落实新发展理念，因此，需要根据机场建设工程的特点，将新发展理念转化为非常具体的实践目标。就大兴机场建设而言，就是打造"四个工程"——精品工程、样板工程、平安工程、廉洁工程，在此基础上助力建设"四型机场"——平安机场、绿色机场、智慧机场、人文机场，并"引领世界机场建设，打造全球空港标杆"。

3.2　打造"四个工程"

3.2.1　"四个工程"的提出背景

重大交通基础设施建设是国民经济基础性、先导性、战略性、引领性产业，关乎国家现代化进程和现代化强国建设。从民航业发展来看，民航基础设施建设的高质量发展是迈向民航强国的基础保障。在长期的建设实践中，民用机场建设者始终坚持质量为本、安全第一，在多个方面都取得了重大进展。然而，由于机场工程的特殊性和复杂性，机场建设和管理必须关注以下四个问题。

第一，机场工程是建筑产品的典型代表之一，"高品质"的要求是由其自身特点决定的。一是建筑产品具有不可重复性。每个工程项目只能出一个"建筑产品"，由于成本问题，就算质量不合格也很难推倒重来。二是建筑产品具有不可替代性。每项工程都是为了特定目的并在特定场地进行建设，假如最终产品不合格，只能部分拆除或修补使其达到可用程度，不可能像工业产品一样可以改用其他厂家生产的同类产品进行替代。三是建筑产品生产周期长。此类工程一般要持续几年、十几年或数十年，如果质量不合格，将会造成严重损失，乃至对人类生存环境带来不良影响[①]。鉴于工程质量关系到人民的生命和财产安全，关系到巨大的社会和经济效益，必须要加强机场的品质建设。

第二，机场工程的领先不仅是技术领先和工艺领先，更是理念领先。工程理念和发展战略直接关系到国家经济发展格局，正是当前的工程理念塑造着未来的社会面貌。因此，各类

---

① 魏铠房、许波.优质工程之浅见[J]. 施工企业管理，2000（4）：27-28.

工程特别是大型、特大型工程的建设，不能因循守旧，更不能为了一时的快速"增长"而复制落后，而是要强调技术升级、产品换代，强调"以人为本"，综合利用好各类自然资源和社会资源，强调市场竞争力和可持续发展能力。因此，机场工程作为时代发展的重要标志和国家综合实力的重要体现，必须强调综合集成、树立行业标杆意识，真正践行新发展理念。

第三，安全是民航发展的永恒主题。安全隐患具有隐蔽、藏匿、潜伏的特点，是埋藏在生产过程中的隐形炸弹。正由于"祸患常积于忽微"，才使隐患逐步形成、发展成事故。无数血淋淋的事故告诫我们，必须对安全隐患坚持"零容忍"的态度，采取果断、科学、有力的措施，以使安全风险保持在可控状态和可接受的范围。因此，对于机场建设工程来说，安全生产的关键在于源头治理，这就要求前移安全管理关口，防患于未然。

第四，建设工程领域的腐败行为具有涉案人员范围广、涉案金额大、案犯职级高等特点，在全世界范围内是普遍存在的现象。国际非政府组织"透明国际"在《透明国际2005年度全球腐败报告》中曾明确指出："没有其他领域比建筑领域的腐败问题更根深蒂固。"近年来在我国反腐风暴中落马的官员大多数与工程建设领域招标投标环节腐败案件密切相关[①]。党的十八大以来，习近平总书记高度重视党风廉政建设和反腐败斗争，强调党要管党、从严治党，提出了一系列新的理念、思路、举措，推动党风廉政建设和反腐败斗争不断取得重大成效。随着我国从民航大国向民航强国不断迈进，民用机场的投资建设越来越受到世人瞩目，机场建设工程的廉政建设关系重大。因此，要建设和管好机场工程，必须对"廉洁"问题紧抓不放。

大兴机场建设伊始，民航人就深刻认识到自己肩负的历史使命和时代责任，注意做好工程理念、工程管理和工程技术的传承与创新，推动机场建设的高质量发展，推动我国从民航大国走向民航强国。因此，大兴机场建设者十分注意机场的品质、领先、安全和廉洁的问题，并在实践上做到身体力行、躬行实践。

2014年9月4日，习近平总书记在中共中央政治局常委会上做出重要指示，要求"贯彻党的十八大精神，呼应时代特征，将北京新机场建设成精品工程、样板工程，要经得起检验。"[②]2017年2月，习近平总书记在考察大兴机场工地时，强调大兴机场是国家发展的一个新动力源，明确要求把大兴机场建设成为"精品工程、样板工程、平安工程、廉洁工程"。值此，大兴机场建设的高标定位得以完全确立。

---

① 王楠. 工程越轨行为及其相关问题初探[J]. 北京航空航天大学学报（社会科学版），2019（6）：34-39.
② 资料来源：http://www.xinhua.net.com/politics/2016-02/02/c_128694250.htm.

3.2.2 "四个工程"的内涵和实践成果

"四个工程"是新发展理念指引下大兴机场建设的目标追求，是打造高质量工程的本质遵循，全面、系统地体现了建设项目的高标定位。"四个工程"包括"精品工程、样板工程、平安工程、廉洁工程"四个维度，是高标准、严要求、逻辑严密的体系，四个维度缺一不可、相互支撑、相得益彰（图3-2）

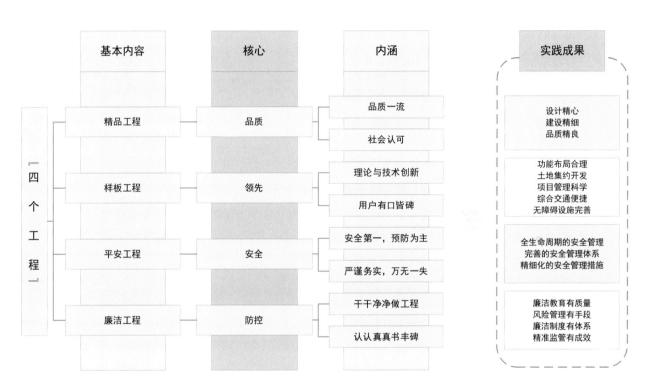

图3-2 大兴机场"四个工程"体系的内涵和实践

1."精品工程"的内涵和实践成果

精品工程是"四个工程"的核心，是对工程建设过程和工程建设结果的综合性要求。精品工程的核心内涵是将世界一流的先进技术与传统的工匠精神相结合，通过科学组织、精心设计、精细施工、群策群力，最终达到内在品质和使用功能完美结合的高品质工程。打造精品工程的关键是突出工程的"品质"。

大兴机场工程规模大、投资数额多、社会影响广泛，必然需要本着对国家、人民、历史高度负责的态度，始终坚持以"国际一流、国内领先"的高标准和工匠精神来推进精细化管理，精心组织，精益求精，全过程抓好工程质量，打造经得起历史、人民和实践检验的，集外在品位与内在品质于一体的新时代精品力作。

在打造"精品工程"的过程中，大兴机场努力做到设计精心、建设精细和品质精良的有机统一。（1）设计精心：建立了全过程、全维度、全专业的设计管理机制，解决了跨设计界面的1 300余项重点难点问题。（2）建设精细：大力推进数字化施工，实行严格的施工管控，确保工程建设高标准、高质量；强化现场管理，实现"标准化、规范化、程序化"作业，工程一次验收合格率达到100%。（3）品质精良：建设品质一流，得到了广泛社会认可，获得60余项国家级、省部级奖项。

2."样板工程"的内涵和实践成果

样板工程是"四个工程"的关键，是顺利推进工程建设、圆满达成工程目标的根本路径。样板工程的核心内涵是在某一领域取得领先，或率先使用新产品、新技术、新工艺，取得突出经济效益、社会效益或环境效益，达到引领行业发展，可作为其他工程效仿或建设标杆的工程。打造样板工程的关键在于突出工程的"领先"。

大兴机场作为新时代首都新国门、支撑雄安新区建设的京津冀区域综合交通枢纽，是北京地区乃至国家的对外开放窗口，也是我国民航基建领域的核心项目和标志性建筑，不仅要拥有一流设施、运用一流技术、实施一流管理、提供一流服务，还要成为展示新技术、新工艺、新设备和新材料的舞台，其设计、施工技术与工艺复杂程度在"大、新、尖"的特定领域是中国基建能力的一次公开展示，必然要成为中国最新基建水平的代表，要为世界航空港建设创立新的标尺。

在打造样板工程的过程中，大兴机场在功能布局、土地开发、项目管理、交通便捷性和无障碍设施建设方面，为全行业树立了样板。（1）功能布局合理：航站楼采用中心放射性布局、二元式布局，大幅缩短旅客步行距离，并设置集中中转区，中转流程更加便捷。（2）土地集约开发：在27平方千米的土地范围内布局4条跑道，土地集约利用国内领先。（3）项目管理科学：首创了机场建设与运营的一体化模式。实施了科学的总进度综合管控，实现了全过程信息化管控。（4）综合交通便捷：结合"轨道上京津冀"实现一小时通达京津冀主要城市，两小时内通达华北地区主要城市，三小时内覆盖中国北部地区。（5）无障碍设施完善：在航站楼内、外，包括车道边、值机区、候机区等区域为旅客提供全流程无障碍服务，实现全面无障碍通行体验。

3."平安工程"的内涵和实践成果

平安工程是"四个工程"的基础，是民航工程的生命线。平安工程的核心内涵是确保在建设全过程及工程设计使用年限内符合国家工程质量标准，呈现平稳顺利、持续安全的状态，从而成为国家重大项目安全建设的经典工程。打造平安工程的核心是突出"安全"。

大兴机场建设规模大，施工工艺技术水平高，工程项目数量多，项目相关方多，这些都会导致建设过程中面临的风险增多，成为安全隐患、出现安全问题。因此，大兴机场在建设过程中必须树立"施工安全零事故"的目标，坚持"安全隐患零容忍"，健全工程安全制度，强化施工现场管理，深化安全预案和措施，统筹各参建单位层层落实安全责任，确保万无一失。

在打造平安工程的过程中，大兴机场建立了全生命周期的安全管理、完善的安全管理体系、精细化的安全管理措施，实现了"施工安全零事故"的目标。（1）全生命周期的安全管理：引入项目全生命周期的安全、环保、健康管理服务单位，建立全流程"7S管理"制度。（2）完善的安全管理体系：包括安全生产风险管控、事故隐患排查治理管理、安全生产绩效考核管理、安全生产教育培训管理等20余项制度。（3）精细化的安全管理措施：设立消防监督巡逻和应急处置驻勤岗，完善消防安全责任制度。

4."廉洁工程"的内涵和实践成果

廉洁工程是"四个工程"的保障，是有效保障重大工程建设高质高效推进的关键。廉洁工程的核心内涵是在工程建设的全过程严格依照国家法律法规、基本建设程序运作，强化廉洁风险防控机制，有效避免腐败问题发生。打造廉洁工程的重点在于抓好"防控"。

大兴机场工程建设项目具有工期紧、周期长、项目多、资金使用量大、交易活动频繁等特点，客观上存在滋生腐败的土壤和条件，所有参与大兴机场的建设者面临着"被围猎"的风险。因此，大兴机场必须紧密结合审计署专项审计调查和主题教育要求，切实用好审计成果，同步抓好整改落实工作，营造"干干净净做工程，认认真真树丰碑"的廉洁文化氛围。

在打造廉洁工程的过程中，大兴机场努力做到廉洁教育有质量、风险管理有手段、廉洁制度有体系、精准监管有成效。（1）廉洁教育有质量：创新使用微党课、云课堂等多种宣教载体开展廉洁教育，及时通报违纪违法案例，组织集中观看警示教育视频。（2）风险管理有手段：建成新机场工程项目管理信息系统，利用信息系统实现对合同、财务、工程概算、设备物资、文档和竣工决算等全过程统一管理控制，实现全流程合同风险防控。（3）廉洁制度有体系：围绕工程建设管理、资金使用、内部管理等，制定、修订规章制度126项。（4）精准监督有成效：实施建设项目全过程跟踪审计，做到事前预防、事中预警、事后监督。

3.3　成就"四型机场"

工程活动的不同阶段具有不同的目标追求，因此，工程的运营阶段实践目标必然不同于建设实施阶段。对于一项工程的运营阶段来说，人工属性和社会属性较为突出，表现为运营活动以人工物为背景或对象、运营活动的手段需要符合社会规律、运营活动的结果是改造社会等。通常，工程在运营阶段的四大基本目标是安全、有序、高效、低污染，将这四大目标作为一个系统统筹考虑，反复协调和平衡，才能实现便捷、高效、优质的项目运营。大兴机场建设者以四大基本目标为基础，按照新发展理念的原则和要求，以更高的标准、更严格的要求、更实的举措进一步助力提升大兴机场运营阶段的目标追求。2019年9月25日，习近平总书记出席大兴机场投运仪式，他在讲话中强调指出"要把大兴国际机场打造成为国际一流的平安机场、绿色机场、智慧机场、人文机场"。为了深入贯彻和落实党中央和民航局的指示，大兴机场坚持把"四型机场"的目标与要求全面融入大兴机场运营全过程，助力于打造"四型机场"标杆，发挥示范引领作用。

3.3.1　"四型机场"的提出背景

随着全球经济一体化、产业结构的深加工化及人们生活水平的提高，大型枢纽机场已经不再是传统意义上的、只是为本区域经济发展提供空中交通保障的简单基础设施，而是逐步演变成为能够对周围地区发展模式和产业结构直接产生影响，从而推动区域社会经济发展的重要驱动因素，成为由完善、复杂的综合交通体系、综合性的企业集群所构成的城区，为机场旅客及机场周边区域的人们提供便捷、高效的社会服务。为了建设充分体现新时代高质量发展要求的机场，必须要注意以下四个方面的问题。

第一，安全是民航业的生命线，"安全第一"是民航永远的主题。这不仅关系到民航自身的建设和发展，而且关系到经济社会全面发展的大局，关系到人民生命财产的安危。机场因其区域分布广、人员流量大，历来属于突发事件多发区域，对安全的需求更为强烈。

第二，进入21世纪以来，全球面临着日益严峻的环境污染和气候变化挑战，世界各国都在积极寻找应对之策。随着我国民用航空业务量的快速增长，机场建设与运行对环境的影响越来越大，这就要求开展绿色机场研究与实践探索。

第三，从1993年开始，智慧城市理念在世界范围内悄然兴起，许多发达国家积极开展智慧城市建设，将城市中的水、电、油、气、交通等公共服务资源信息通过互联网有机连接起来。近年来随着人工智能和新一代信息技术的广泛运用，智慧城市建设已经逐步成为现实。由于机场是大中城市的重要组成部分，智慧城市建设当然离不开机场的智慧化。

第四，机场服务的核心理念就是"以人为本"，始终把"人"作为首要因素，让出行更加安全高效、消费更加丰富多彩、体验更加新鲜多样。同时，机场是一个城市对外交流的窗口，需要通过人文机场建设，让旅客感受到城市的文化形象和文化特色。

为建设现代化的先进机场，真正做到"引领世界机场建设"，大兴机场在规划设计之初，就融入了平安、绿色、智慧、人文等先进的设计理念，其中许多理念与"四型机场"的要求不谋而合。例如，2011年5月，大兴机场召开了"北京新机场绿色建设国际研讨会"，邀请国内外知名专家对大兴机场绿色建设目标和事实路径进行专题研讨，同时还委托机场工程民航科研基地、清华大学联合开展了"北京新机场绿色建设主体"研究，明确绿色建设目标及关键指标。

2018年12月，民航局出台《新时代民航强国建设行动纲要》，提出"高质量推进机场规划建设，建设平安、绿色、智慧、人文机场"，首次明确提出"四型机场"概念。同期，首都机场集团发布了《平安机场建设指导纲要》《绿色机场建设指导纲要》《智慧机场建设指导纲要》和《人文机场建设指导纲要》。

此时正逢大兴机场建设如火如荼之际，指挥部立即将"四型机场"的要求与"四个工程"要求及工程建设情况紧密结合起来，切实落实有关工作举措。2019年4月，根据民航局及首都机场集团的指导要求，成立了"四型机场"建设领导小组，对"四型机场"建设相关工作进行了认真细化梳理，发布了《北京大兴国际机场"四型机场"建设工作方案》，严格落实主体责任，强化督办与绩效引导，将"四型机场"理念落实到工程建设与运营筹备工作中。

3.3.2 "四型机场"的内涵和实践成果

"四型机场"是新发展理念引领下的机场运营管理的目标追求，是打造高质量工程的，体现了机场建设项目的社会属性。"四型机场"是以"平安、绿色、智慧、人文"为核心，依靠科技进步、改革创新和协同共享，通过全过程、全要素、全方位优化，实现安全运行保障有力、生产管理精细智能、旅客出行便捷高效、环境生态绿色和谐，充分体现新时代高质量发展要求的机场。"平安、绿色、智慧、人文"四个要素相辅相成、不可分割（图3-3）。平安是基本要求，绿色是基本特征，智慧是基本品质，人文是基本功能。要以智慧为引领，通过智慧化手段加快推动平安、绿色、人文目标的实现，由巩固硬实力逐步转向提升软实力[①]。

① 　中国民用航空局. 中国民航四型机场建设行动纲要（2020—2035年）[EB/OL]．[2020-01-03].https://www.docin.com/p-2292905542.html.

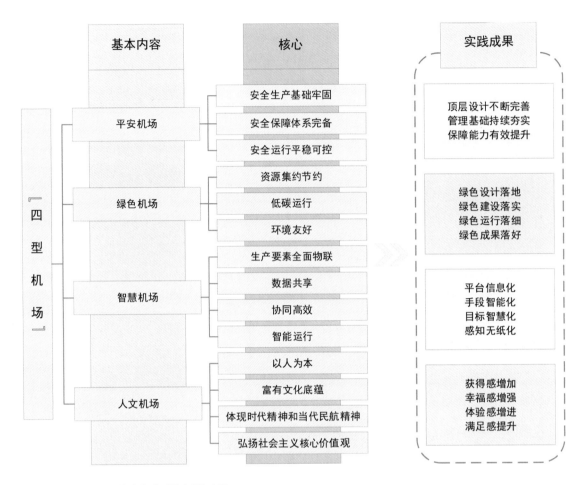

图3-3 大兴机场"四型机场"体系的内涵和实践

1."平安机场"的内涵与实践成果

平安机场是指安全生产基础牢固、安全保障体系完备、安全运行平稳可控的机场。大兴机场承担着服务国家战略的历史使命和责任价值，承载着党中央的关切和人民群众的期待，具有十分特殊的政治定位与业务繁重的运行特征。面临复杂严峻的外部形势，大力推进平安机场建设，保证大兴机场始终坚守安全底线，是贯彻总体国家安全观与民航强国战略部署的必由之路。

在平安机场建设过程中，民航人始终秉承"安全隐患零容忍"理念，以最强担当、最高标准、最严要求、最实措施打造平安机场，最终实现了顶层设计不断完善、管理基础持续夯实、保障能力有效提升。（1）顶层设计不断完善：完成了安全规划"白皮书"与"十四五"平安机场专项规划编制。（2）管理基础持续夯实：将机场安全"四个底线"指标体系细化分解，对安全底线指标进行动态监测。（3）保障能力有效提升：开发安全运行管理平台，实现安全工作的统一管理；率先启用毫米波门安检模式；推广人脸识别技术。

2.“绿色机场”的内涵与实践成果

绿色机场指的是在全生命周期内实现资源集约节约、低碳运行、环境友好的机场。随着大兴机场分阶段建设并投入运营，机场能耗持续增长，机场运行与周边环境的相互影响日益密切，资源环境的约束也日益明显。大力推进绿色机场建设，引领大兴机场在动态发展中坚持绿色发展路线，是贯彻国家生态文明建设战略部署与适应新常态的必由之路，也是落实民航局关于“四型机场”建设及促进行业可持续发展的工作要求。

在绿色机场的建设过程中，大兴机场树立从设计建设到运营管理的全生命周期管理理念，坚持绿色发展，达成绿色设计落地、绿色建设落实、绿色运行落细、绿色成果落好。（1）绿色设计落地：航站楼按照国家最新标准、最高要求设计，综合采用各类创新型节能举措，成为国内单体体量最大的绿色建筑三星级项目和全国首个通过节能建筑AAA级评审的建筑。（2）绿色建设落实：严格施工扬尘治理机制，制定施工扬尘治理工作方案，组织环境监理单位进驻现场并巡视，定期报送扬尘治理信息专报，落实各项治理措施。（3）绿色运行落细：建设地源热泵、太阳能光伏、太阳能热水三大可再生能源利用工程，利用率达到16%，为全国机场最高。（4）绿色成果落好：主导编制《绿色机场规划导则》《绿色航站楼标准》《民用机场绿色施工指南》等首批行业绿色标准，其中《绿色航站楼标准》成为首都向“一带一路”国家推荐的民航工程绿色建设标准。

3.“智慧机场”的内涵与实践成果

智慧机场指的是生产要素全面物联、数据共享、协同高效、智能运行的机场。大兴机场自立项之日起，就被赋予了树立行业典范和标杆的使命。当前新技术发展迅猛，技术变革日新月异，如何处理好技术选择和建设实施节奏，如何处理好机场稳定运行和信息技术不断迭代的需求，是摆在大兴机场面前的挑战。大兴机场需要从传统信息化建设以集成系统为核心转变为多业务支撑平台协同发展，实现全方位、全业务的智慧化管理，打造国际领先的智慧机场。

在智慧机场建设过程中，民航人全面应用云计算、大数据、移动互联网、人工智能等新技术，构建稳定、灵活、可扩展的数字平台，实现多方协同、信息共享、智能运行、智慧决策，最终实现了平台信息化、手段智能化、目标智慧化、感知无纸化。（1）平台信息化：打造机场数据底座，建成覆盖全场的信息基础设施，实现实时准确的运行监控。（2）手段智能化：整合机场数据信息，综合处理各类交通与航班信息，统一发布、协同调度，实现交通管理无缝衔接。（3）目标智慧化：实现离港控制系统、行李安全检查系统、安防视频管理系统、生产运行管理系统与安检信息管理系统一个平台集成。（4）感知无纸化：全流程信息化跟踪，自助值机设备覆盖率达到86%，自助托运设备覆盖率达到76%，"一证通关+面像登机"实现全流程无纸化。

4."人文机场"的内涵与实践成果

人文机场指的是秉持以人为本，富有文化底蕴，体现时代精神和当代民航精神，弘扬社会主义核心价值观的机场。大兴机场建设者积极践行"发展为了人民"的理念，以人民美好生活向往为中心提升旅客出行品质，逐步实现从满足旅客需求到超越旅客期待，最终引领行业发展。同时，大兴机场作为新国门，承担着展示国家形象、体现主流意识、展现文化自信的历史使命。人文机场建设是打造机场人文印记，塑造国门形象和"中国服务"品牌的重要举措，也是落实民航局关于"四型机场"建设及促进行业高质量发展的工作要求。

在人文机场建设过程中，民航人以真情服务为基础，以人本设计为主线，以文化浸润为依托，坚守"爱人如己、爱己达人"的服务理念和让旅客"乘兴而来、尽兴而归"的服务追求，推动服务范围从"家门"拓展到"舱门"，树立"中国服务"品牌形象，最终使旅客的获得感增加、幸福感增强、体验感增进、满足感提升。（1）获得感增加：推进科技赋能，确保核心运输服务高效便捷；保持航班正常优势，保证大兴机场高品质运行。（2）幸福感增强：全面升级商业空间、商圈品质、客户体验、协作共赢，提供令人留下美好回忆的商业服务愉悦新体验。（3）体验感增进：持续挖掘机场场景的人文表现力，充分展现行业文化、地域特色，致敬中华优秀传统文化，展示当代中国风貌。（4）满足感提升：以传统文化精髓、中国服务内涵、特色人文理念为精神源头，让人文关怀贯穿始终，将机场建设成为有活力有温度的温馨港湾。

3.4　全球标杆之为全球标杆

作为新时代我国民航高质量发展的标志性工程，在新发展理念、"四个工程"和"四型机场"的理念体系指引下，大兴机场建设伊始就确立了"引领世界一流机场建设，打造全球空港标杆"的目标。随着机场的建成投运，一座理念先进、新技术应用广泛、综合交通集成度高、用户体验便捷的机场精彩亮相，使我国在全球民航基础设施建设中从跟跑者、并跑者一跃成为领跑者，成为新时代的全球空港新标杆[①]，成为打造品质工程的现实基础和重要示范。

---

① 李德欣，郭宇靖，夏子麟. 力争打造全球空港新标杆——"五问"北京大兴国际机场建设指挥部常务副指挥长郭雁池[EB/OL]. [2019-09-25]. http://www.gov.cn/xinwen/2019-09/25/content-5433194.htm.

3.4.1　航站楼设计与建造标杆

大兴机场航站楼面积为70万平方米，不仅造型风格独具，仿佛"凤凰展翅"，而且在旅客步行距离、首件行李到达时间、"零距离"换乘等多个方面树立了全新标杆。

（1）适宜的旅客步行距离。大兴机场航站楼采用中央放射的五指廊构型，也就是俗称的"凤凰"造型。这种构型的最大特点是指廊短、空侧延展面大，在拥有更多近机位的同时，做到旅客安检后从航站楼中心到最远端登机口仅需步行约600米，最长时间不到8分钟，效率优于世界其他同等规模机场。

（2）全球首创双层出发车道边。为了更好地保障7 200万旅客量的陆侧交通需求，航站楼在全球首次采用双层出港车道边（四层、三层）以解决陆侧交通压力，每层车道边衔接航站楼不同的功能分区，有效保障了不同类型的旅客快捷出港。

（3）高效的行李运输系统。航站楼采用国产化的世界一流行李自动处理及信息管理系统，大大提高了行李传送效率。出港行李到近机位的平均距离约230米，提高航空公司行李处理设备及人力周转率，有效缩短值机结柜时间；进港行李平均运送距离为550米，首件进港行李可在13分钟内到达，避免旅客长时间等待，行李传送效率优于世界一流的中国香港机场（20分钟）和韩国仁川机场（17分钟）。

（4）一流的中转效率。航站楼的部分机位采用国内国际可转换的机位，设立中转手续集中办理区，中转流程更加便捷。在全球4 000万旅客量以上的机场航站楼中，新机场中转效率居于世界前列，旅客最短中转衔接时间（MCT）与排名第一位的德国法兰克福机场（45分钟）持平。

（5）全球首个"零换乘"综合交通枢纽。大兴机场秉承零距离换乘理念，引入了高铁换乘，成为世界上首个高铁下穿的机场航站楼。机场的地下东西两侧是城际铁路和高铁，中间三条是机场专线和地铁。五个线路站台区总宽度约275米，相当于把整个北京火车站塞进航站楼，这在全球都堪称壮举。

（6）全球最大单体隔震建筑。由于高铁以300千米/小时的时速从航站楼下方穿过，为了有效缓解由此带来的震动对航站楼运行的影响，核心区共设置1 152个隔震支座，160个黏滞阻尼器，使航站楼地上结构通过隔震层与地下结构隔开。隔震层面积达18万平方米，使得地上结构的抗震设防烈度降低1度，节约建设资金约2亿元，有效减小了高铁高速通过对航站楼的影响，从而解决了超大平面混凝土收缩应力和温度应力引起楼板开裂的关键技术难题。

3.4.2 绿色低碳建筑标杆

大兴机场建设者将"资源节约、环境友好、运行高效和人性化服务"的绿色理念贯彻落实到机场规划、设计、建设、运行的全生命周期中，致力于打造具有世界一流水准的绿色新国门，持续推进绿色机场的实践力度，用可持续发展方式造就了资源节约、环境友好的绿色示范样板。

在机场选址阶段，指挥部在国内首次组织开展了"绿色选址专题研究"。2009年，通过对机场的位置、运行、设施等方面比选，大兴南各庄场址最终从众多方案中脱颖而出。2011年5月，国内外知名专家齐聚"北京大兴国际机场绿色建设国际研讨会"，对大兴机场绿色建设目标和实施路径进行了专题研讨。同时，指挥部还委托机场工程民航科研基地、清华大学联合开展了"北京新机场绿色建设主体研究"，明确大兴机场绿色建设的五大目标，即低碳机场先行者、绿色建筑实践者、高效运营引领者、人性化服务标杆机场、环境友好型示范机场。

为确保绿色理念的贯彻落实，指挥部成立了绿色建设领导小组与工作组，建立了一套"指导—复核—优化—确认"的绿色建设实施程序，编制并印发了《北京新机场绿色建设纲要》《北京新机场绿色框架体系》《北京新机场绿色指标体系》《北京新机场绿色专项设计任务书》等系列绿色机场研究成果。受民航局机场司委托，指挥部从2014年6月开始，牵头承担了行业标准《绿色航站楼标准》的编制工作。2017年2月，该标准完成报批并正式施行，后入选中国向"一带一路"国家推荐的10部民航标准，充分体现了大兴机场对于行业绿色发展的引领与示范带动作用。

绿色机场指标体系共包括"资源节约、环境友好、高效运行、人性化服务"4个方面提出了54项绿色建设指标，机场运行效率、旅客的人性化服务等指标的引入，进一步丰富了绿色机场的内涵和外延。大兴机场在建筑节能、噪声与土地相容性规划、最短中转时间、自助服务设施等21项指标达到国际先进水平。

基于绿色航站楼标准建成的大兴机场航站楼达到了国家绿色建筑三星级标准（最高标准）以及国家节能建筑3A级标准，其建筑节能率比国家公共建筑节能设计标准要求提高30%，比同等规模的机场航站楼能耗降低20%，年单位面积能耗控制在29.5千克标煤以内，每年约可节约8 850吨标煤，减少二氧化碳排放2.2万吨，相当于种植119万棵树。

这些建设成果推动了民航业绿色工程标准进一步发展，其建设经验已面向全球推广。

3.4.3 智慧机场标杆

大兴机场面向未来航空发展趋势，在数字化机场的基础上，致力于建设智慧机场，打造出全球超大型智慧机场建设标杆。其技术架构包括19个平台（9大应用平台，6大基础平台，4大基础设施）及下属的68个系统，实现了对机场全区域、全业务领域的信息化覆盖和支撑。具体来看，大兴机场在智慧机场领域取得了如下成就：

（1）前端感知设备提供了丰富的一线业务数据采集。通过部署前端感知设备、应用传感技术，实现了对航空器、行李、机坪车辆的实时监控和状态感知。

（2）强健的基础设施平台保障了全面的信息互联。通过数据服务总线平台，建立了数据交换标准，实现了有效的数据整合和信息互联互通，避免了信息"孤岛"，初步形成内外部单位协同的数据基础，为进一步的数据分析和应用奠定了基础。

（3）共享的基础设施服务提供了高效的信息资源。基于云计算平台，搭建虚拟云环境，实现虚拟计算资源的快速部署和高可用性；基于地图及定位平台和移动管理平台，各类应用得以快速实现管理对象的定位跟踪以及基于机场地图的可视化展现，建立了地图及跟踪相关功能的统一标准。

（4）业务管理的全面信息化。机场的运行、安全、服务、商业、经营管理、能源、货运、综合交通等各方面，都根据业务需求实现了信息化应用，功能比较完善，能够支持业务的高效开展，同时还建设了九大业务主题的协同管理平台，业务管理人员能够及时掌控业务主题的整体情况，迈出机场业务全面可视的第一步。

（5）智慧化新技术的广泛应用。通过自助设施、面相识别等技术的应用，实现旅客全流程无纸化，大大优化了旅客出行体验，提升旅客出行效率；通过射频识别（RFID）等技术应用，实现行李全流程追踪，并为旅客提供行李状态查询服务；通过前端人流监测传感设备和商业智能分析，帮助业务人员实时感知运行服务现场情况；通过提供机场电子地图统一共享服务，推动跨业务领域的空间数据协同，实现"一张图"的可视化管理。

标杆之为标杆，有其深刻的工程理念基础。工程理念根源于人们的生活需要和社会需求，来自人类对未来的理想和人的创造性思维，也立足于现实同时又适度"超越"现实。工程理念可谓是现实与理想、可能性与创造性的辩证统一。大兴机场建设者之所以敢于打造全球空港标杆、引领世界机场建设，其根本原因在于从一开始就以服务国家战略为目标，自觉践行了作为工程理念的新发展理念。新发展理念的核心是以人为本，使人与自然、人与社会协调发展，这对破解工程发展难题、增强工程发展动力、厚植工程发展优势具有重大指导意义。大兴机场建设者大力弘扬和落实新发展理念，决策、规划、设计、建造和运行都以此为遵循，达成了打造"四个工程"和助力建设"四型机场"的预期目标，通过机场建设实践实现了人、自然与社会的"和谐"。

第 4 章

工程复杂性：如何达成「工程自身」

　　大兴机场是中国民航人不走寻常路、凭借自身能力、运用最新技术所创作出来的"艺术品"。作为空地一体化交通枢纽工程，大兴机场建设工程高标定位，地跨京冀，军民融合，总投资巨大，涉及专业众多，各个环节之间以及各类要素之间存在着密切的交互作用，因而位于一个复杂的工程生态之中。在面临多重约束的条件下，大兴机场建设体现出很强的工程复杂性，不仅投资主体和参建单位众多，而且还涉及周边环境问题、社会问题、空域问题、省界问题、军队问题等，协调难度极高。在这种情况下，还要打造"四个工程"，其难度可想而知。既然如此，将大兴机场建设界定为巨型复杂工程应该是无可争议的事情。那么，如何把握大兴机场建设的工程复杂性，如何克服这种工程复杂性以实现"化繁为简"，就成为建设者必须首先考虑的基本问题。

4.1　大兴机场建设作为巨型工程的内在复杂性

大兴机场建设工程的起点，是此前中国民航百年奋斗积累下来的基业。依托中国百年民航积累下来的工程能力，面对新时代的召唤，大兴机场建设者践行新发展理念，打造出举世瞩目的"四个工程"，并助力成就"四型机场"。"四个工程"是建设路径，"四型机场"是建设方向。两者结合起来，就形成了新时代我国重大建设工程的新标杆，也是世界机场建设的新标杆。

这当然是很不容易的一件事。之所以不容易，是因为大兴机场建设工程是一项创新性的巨型复杂工程。大兴机场远期规划占地规模约4 500公顷，近期规划占地规模约2 700公顷，航站楼单体建筑面积70万平方米，航站楼总建筑面积约143万平方米（图4-1）。不仅如此，大兴机场建设不单单是机场本身的问题，而且是一体化综合交通枢纽的建设问题，要求机场、高路、公路等运输方式之间的"无缝对接"。

除此之外，随着时代的发展，机场已经不再是单纯的交通枢纽，而是具有了城市的功能。建设一座机场，就形同建设一座城市。在机场城市建设中，原有土地的使用方式和机场单一功能的用地模式已经不再适用，需要形成全新的土地复合、功能复合和空间复合的发展模式。既然是机场城市，就要在规划层面梳理多层级的道路系统，创造机场与城市之间更多的连接，打造机场城市核心地标，创造连续的开放空间，并以公共的建筑界面塑造街道空间，以满足乘客、居民等不同人群的使用需求。对于这些问题，大兴机场建设者都不得不加以认真考量并将其纳入建设规划之中。

这些都充分说明大兴机场建设是一项特殊的巨型综合交通枢纽建设工程，乃至一个综合的城市建设工程。而这种特殊的巨型工程本身就具有自身特殊的内在复杂性，主要表现为组织复杂性、技术复杂性、环境复杂性三个方面。

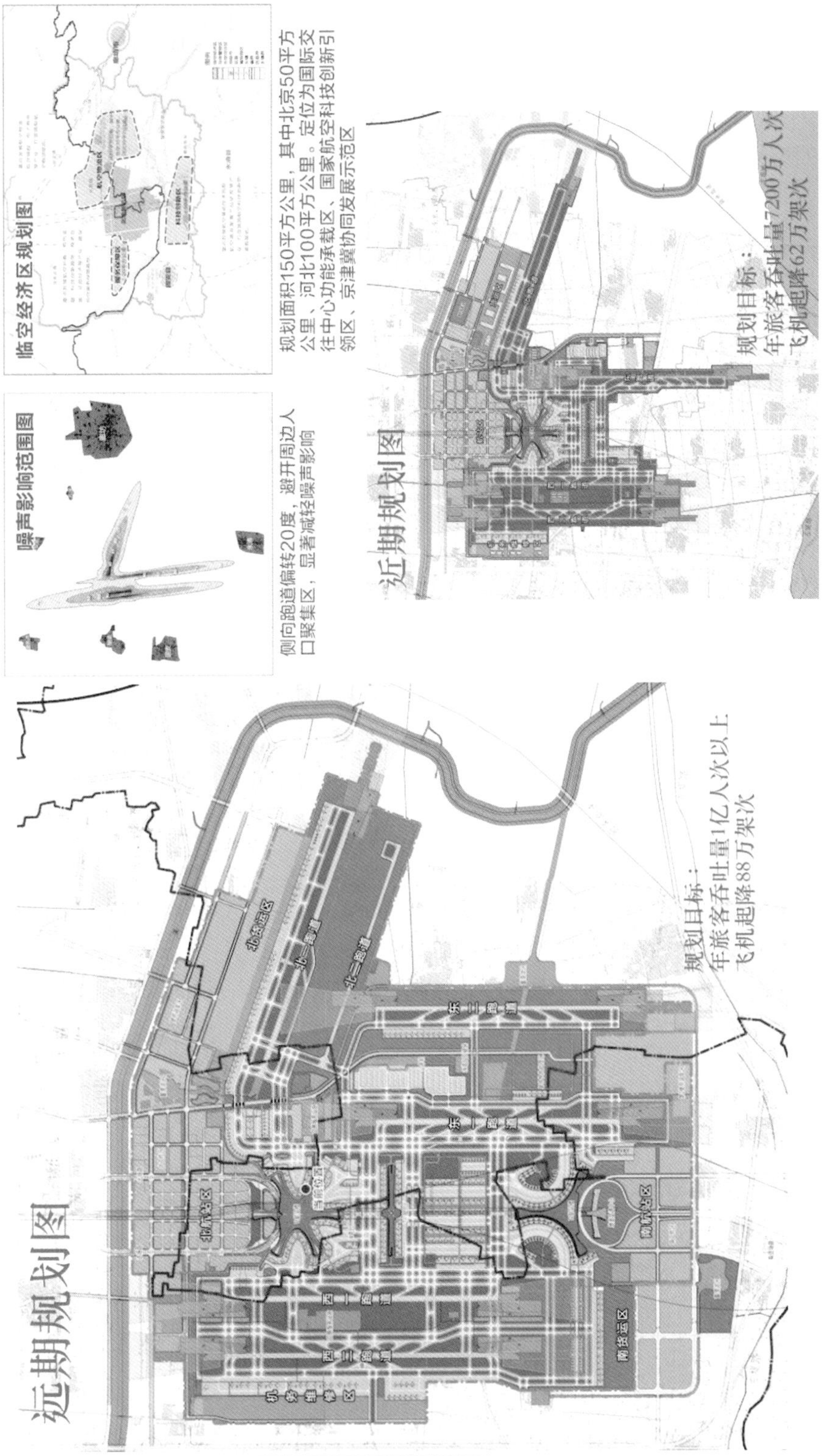

临空经济区规划图

规划面积150平方公里，其中北京50平方公里，河北100平方公里。定位为国际交往中心功能承载区、国家航空科技创新引领区、京津冀协同发展示范区

噪声影响范围图

侧向跑道偏转20度，避开周边人口聚集区，显著减轻噪声影响

近期规划图

规划目标：年旅客吞吐量7200万人次飞机起降62万架次

远期规划图

规划目标：年旅客吞吐量1亿人次以上飞机起降88万架次

总体规划
北京新机场

图4-1 大兴机场总体规划图

4.1.1 组织复杂性

工程实践的主体是组织，组织内的不同要素、不同层次之间往往存在着密切相互作用，从而使组织整体行为表现出多样性、变异性、不可预见性等特征。工程规模越大，工程建设的组织复杂性也就越强。这是因为，随着工程规模的扩大，组织规模也会相应扩大，组织要素就会成比例扩大，而组织内部各要素之间互动关系的总量势必会呈几何级数增长，组织结构也就会变得更加复杂，由此就会大大增加组织管理的难度①。

大兴机场项目投资巨大，涉及众多政府部门、众多企业和其他利益相关者，其间需要进行复杂的分层次和跨越边界的组织协调工作。大兴机场建设项目主要包括民航工程和非民航配套工程，建设相关方包括众多政府部门、各类企业及周边居民等。在政府层面，涉及中共中央、国务院、中央军委、国家发展改革委、交通运输部、中国民航局、自然资源部等中央政府部门以及北京市、河北省等地方政府部门。在民航层面，首都机场集团、华北空管局、中航油、南航、东航等公司为主要项目法人，而各类施工单位、设计单位、供应单位、咨询单位等更是超过了1 000多家。由此可以看出，该项目相关方众多且政府部门、项目法人及各类参与单位之间关系复杂，同时该项目综合性高，多种交通系统复杂交错，不同行业之间壁垒高，不同投资主体和参与单位之间责任界面复杂，不同利益主体的利益诉求会有这样那样的错位甚至冲突，故而项目各相关方之间的协调难度很大（图4-2）。

巨型工程建设离不开工程建设指挥部的指挥。鉴于大兴机场建设工程及配套工程是一个由若干重大建设工程组成的"工程群"，而所有这些重大工程都需要工程建设指挥部，而这些工程建设指挥部就构成了一个"指挥部群"。北京新机场建设指挥部在大兴机场工程的组织管理体系中居于核心位置，需要协调包括空管指挥部、基地航空公司建设指挥部（东航、南航）、航油工程建设指挥部等在内的多个工程建设指挥部。在机场建设后期，还成立了投运总指挥部。众多的指挥部给大兴机场建设的组织管理和协调工作带来了极大挑战。由于各个指挥部的工作性质不同，面临的问题不同，利益诉求也有差异甚至还会有利益冲突，因此要在各个指挥部之间形成良好的沟通协调关系，并不是一件容易的事情。

如果将大兴机场建设的各参与单位所构成的群体看作工程共同体，那么这个工程共同体在纵向上是分层的，而在横向上是跨界的，无论是纵向分层的"高度"还是横向跨界的"幅度"，在民航领域都是前所未有的。从民航内部看，既包括机场、空管、航空公司、航油等多家建设单位，又涉及民航局几乎所有司局，再加上华北管理局、北京监管局、华北空管局，可以说是面面俱到。从民航外部看，不仅涉及国家发展改革委、财政部、军方、铁路总

---

① 何清华，罗岚，陆云波，等. 项目复杂性内涵框架研究述评[J]. 科技进步与对策，2013，30(23): 158.

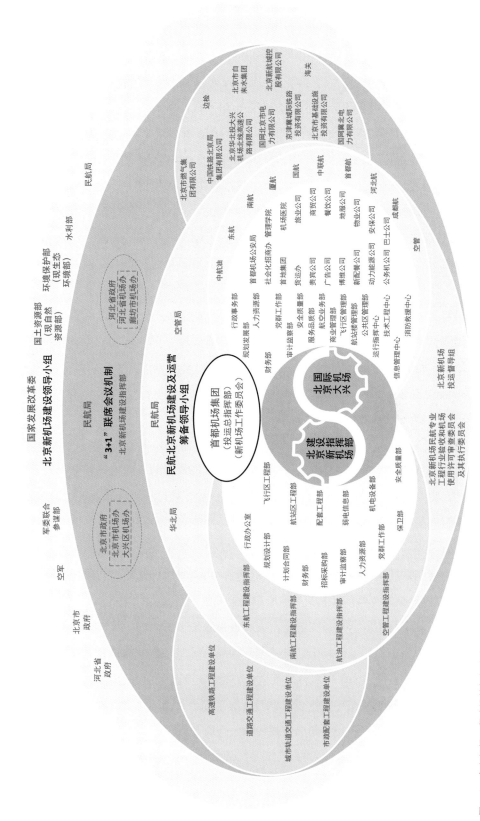

图4-2　大兴机场工程建设的组织生态

公司、海关总署等多个部门和单位，还涉及北京市和河北省的各级地方政府以及大量村民。在建设过程中如何做好分层治理和横向协调，就成为大兴机场建设的关键。

不仅如此，随着工程建设的推进，许多未知的因素有可能介入，许多现场问题可能发生，这些都很有可能超出预想，因而会增加组织协调的复杂性。随着大兴机场建设进入攻坚期，工程建设面临的问题和矛盾也将越来越突出，需要彼此协调的问题也会越来越复杂，而且各项工作之间往往需要压茬推进，中间任何一个环节出问题，都会引起后续一系列连锁反应。只有及时做好各个工程项目的投资主体、建设单位、运营单位及相关部门之间的统筹协调，才能第一时间处理遇到的矛盾问题。面对这种组织协调工作的挑战性，管理者必须具备对上对下、对左对右、对前对后的立体化沟通协调能力。

此外，在以往的机场建设中，建设与运营的融合不够充分，双方团队的沟通不足、配合不到位，常常导致建设阶段对运营的需求分析不足，而且机场的建设人员很少会转到机场的运营工作中，会导致工程运营成本增加、运行效率不高等问题。采用"建设运营一体化"方式，有助于解决此类问题，但是又必然会带来一系列新的问题——如何在巨型工程中进行恰当的组织协调，将运营关切真正体现在机场设计和建设过程之中。这就对大兴机场建设工程的组织管理创新提出了更高要求。

4.1.2　技术复杂性

既然是巨型机场，就会有巨型机场注定存在的特殊技术问题，因而就会带来方方面面的技术复杂性，其中航站楼的技术复杂性最具代表性。例如，航站楼综合体建筑面积143万平方米，其地下设立的轨道交通站规模相当于"北京站"并有高铁穿行，中心区域形成的无柱空间可以完整地放下一个"水立方"，每个月浇筑的混凝土相当于25座18层高楼。高峰时，每天需要完成一座18层高楼的建筑量，按照工期计算，10个月所绑扎的钢筋量可以建造30座埃菲尔铁塔[①]，这些高要求都增加了施工难度和技术复杂性。

作为世界级的机场工程，大兴机场建设项目也带来了世界级的工程技术难题。大兴机场航站楼面临许多史无前例的设计和工艺复杂性。大兴机场航站楼结构超长、超大，航站楼屋面顶点标高50米，航站楼中心区域混凝土楼板长518米、宽395米、总面积18万平方米且不设缝，是国内最大的单块混凝土楼板，可以将"鸟巢"置于其上。尺度巨大的混凝土结构，需要重点解决裂缝控制和温度作用问题。这是因为，混凝土会热胀冷缩，难免出现裂缝，其面

---

① 宋正亮,刘时新.凤出东方，凰鸣四海——北京大兴国际机场航站楼核心区建设侧记[J].国企管理,2019(19):62-67+3.

积越大，裂缝控制也就越难。如果混凝土板处于自由伸缩的状态，就不容易裂，如果一直处于受约束状态，薄弱环节就会出现问题。航站楼屋盖呈现为不规则自由曲面，屋盖流动的曲线造型，最高点和最低点高差约30米，高低绵延起伏。屋盖总投影面积达34万平方米，大约相当于44个标准足球场，结构复杂，施工难度极大。不仅如此，航站楼的巨型屋顶主要靠8根上宽下窄的C形柱托起，这要求C形柱不仅要"撑起来"，还要在地震等自然灾害面前"撑得住"。由于大兴机场航站楼核心区的屋盖是不规则的自由曲面，C形柱的柱高存在较大差异，致使每根C形柱开口截面的形状不尽相同，其抗侧刚度也迥异，因此对C形柱的竖向和水平承载力，抗连续性倒塌能力和抗震能力的要求都非常特殊，但现行的设计规范、规程都还没有涉及[①]。

这些都意味着技术复杂、施工难度大，而施工难度大不可避免地需要使用特种设备，而不同类型的特种设备在运行管理时需要注意的维保细节和潜在的安全隐患也迥然有别。不仅如此，特种设备还直接关乎生命财产安全，既是设备管理的重点也是运行安全的重要方面，这些都增加了安全运行管理的难度。

事实上，大型的单体航站楼本身就必然带来特殊的安全问题。跨度巨大的钢结构建筑物需要重点防范钢结构本身的变形、大跨度空间的防火和疏散，尤其是支撑航站楼的C形柱更是整体结构中的关键点，一旦发生火灾，可能造成重大人员伤亡、财产损失和严重社会影响。这就对结构和材料提出了特殊的安全要求。

此外，对于巨型工程，在保证绿色施工标准的前提下如何提高施工效率也是一个重要问题，这就需要克服常规质量控制手段受人为因素干扰大、管理粗放等弊端，同时还需要减少施工人员、减少返工、节能节材。如何优化资源配置、提高施工效率并实现绿色施工，都对施工技术提出了更高要求。

4.1.3　环境复杂性

任何工程建设都会受到外部环境的制约，同时也将对周围环境造成影响。无论工程的效果如何，工程都只是"自然—人—社会"大系统中的一部分，工程活动作为人与自然相互作用的中介，能够对自然产生最直接的影响[②]。工程外部环境的易变性和工程环境影响的不确定性都决定着工程的环境复杂性。大兴机场作为巨型空地一体化综合交通枢纽，既要满足各个利益主体的诉求并与周边既定工程相对接，又要预先探究可能会对枢纽周边的社会环境和生

①　赵一苇.揭秘北京新机场[J].中国新闻周刊,2018(8):23.

②　殷瑞钰,汪应洛,李伯聪 等.工程哲学[M].第2版.北京:高等教育出版社,2013:248.

态环境产生的不利影响以便做出应对。因此，在工程的立项和设计阶段，就要把工程与经济社会环境的和谐作为工程建设管理的重要目标，把工程建设与经济建设、社会建设、政治建设、文化建设和生态建设协调起来。大兴机场建设的环境复杂性主要包括自然环境、社会环境和政策法规环境等带来的复杂性。

机场选址是一项极其复杂专业的工程，除了要统筹考虑空域、地面、地下等众多技术因素，还要考虑机场作为公共物品的产业聚集效应和辐射带动效应。机场选址涉及条件众多，大兴机场选址条件就更为复杂。选址论证比较了北京、天津、河北境内的10多个场址，这些都需要数据支撑，为此需要做大量调研。2008年，国家发展改革委牵头成立了一个由北京、河北、天津地市组成的选址领导小组，把相关地方政府和国家部委，包括涉及空域调整的军方组织起来论证，表明天津、河北都有可能，不一定就在北京境内。整个选址过程的复杂性集中反映了大兴机场工程从天上到地上的环境复杂性。

大兴机场建设的环境复杂性还突出地表现在如何保护周边居民切身利益的问题。要建大兴机场，就必然涉及征地拆迁、产业疏导等问题，就必然带来环境噪声、污染排放等问题，这些都直接关系着周围群众的切身利益，都需要充分了解他们的意见和心声。为此，2014年2月17日和3月19日，相继启动大兴机场建设的环境影响评价和社会稳定风险评估工作。当时群众关切的主要问题包括：征地拆迁补偿和生活保障问题、环境影响问题（例如噪声影响及防护）、机场建设信息公开问题以及一些机场周边规划建设与未来发展问题。此外，河北有村民反映希望能划归北京管辖，而个别公众还对机场建设项目提出了异议。鉴于北京和河北两地的相关政策、标准和程序存在差异，在解决这些问题的过程中两地政府的配合和协调工作都面临重大挑战。

在所有问题中，征地拆迁问题最为突出，因为机场征地范围红线内涉及34个村、2万余人，人数众多，时间紧迫。与征地搬迁相关的村民回迁房问题，更是关乎搬迁千家万户的切身利益。其次是噪声问题。由于机场涉及噪声区，在机场正式启用之前都要进行治理，有的建筑需要拆除，有的需要进行噪声防护。噪声区治理的资金巨大，涉及村庄比较多。另外还有永兴河改造问题，永兴河位于机场的北部，原来叫天堂河，直接穿越机场用地，如何对其路由进行迁改也是当时面临的一大难题[①]。同样重要的是防洪排涝问题。大兴机场所在区域位于永定河滞洪区西北部，场址占压永定河泛区一分区的部分区域，大兴机场整体地势低洼，场地平坦，雨水径流量大，而允许外排流量小，机场内雨水无法自流排出，这就使泄洪排涝成为工作的重点和难点。面对这些复杂问题，如何基于系统思维和生态思维，在经济发展与社会稳定之间、在经济效益与环境承载力之间乃至在环境现状和环境优化之间进行恰当权

---

① 张振东，韩旭.北京大兴国际机场筹建工作口述纪实[M]. 北京：中国书店出版社，2019：23-24.

衡，做好矛盾的疏解和化解，获得人民群众的拥护和认同并营造出良好的发展氛围，就显得十分重要。

此外，大兴机场选址区域以基本农田、林地和果园等为主，所有市政设施几乎都需要从零开始建设。永兴河的改造以及500千伏高压线迁改等都是极具挑战性的难题。500千伏高压线覆盖固安至北京安定，跨越北京两个镇、廊坊五个区。迁改路由规划是首要的重任，明确迁改规划路由需要对接空军、地方政府、铁路局、交通局等几十家相关单位，对接调整工作十分复杂。

总之，大兴机场建设因其规模巨大带来了很高的环境复杂性，这种复杂性很有可能对大兴机场建设造成重大影响，特别是增加安全管控的难度，从而对相关责任部门提出了更高的要求。

4.2 大兴机场作为创新性工程的内在复杂性

4.2.1 高标定位驱动工程创新

大兴机场建设工程之所以复杂，最根本的还在于高标定位。如果不是高标定位，大兴机场就只是常规机场，规范标准通常是现成的，技术也基本上是现成的，因而大体上可以相对容易完成建设。正因为大兴机场建设者试图将"创新、协调、绿色、开放、共享"新发展理念全面融入工程的全生命周期，大兴机场建设的总体目标是打造"四个工程"，助力建设"四型机场"，因此就必须在吸收国内外先进机场建设经验的基础上进行前瞻性思考和规划，从而定下更高的机场建设指标。指标高就意味着超前、引领，要超前和引领，就必须全面集成新技术并开展自主创新，这就意味着无处不在的探索过程。尽管有一部分工作可以效仿以往的工程，但是必然存在无法效仿的东西，那就必须自己去探索、研究、实验、学习，而且还要不断迭代学习，这势必会大大增加工程的复杂性。

理念创新、科技创新、管理创新，这些要求不是口号，都要有具体的计划。按照国家基本建设程序，如果不创新，不敢担负重任的话，就会寸步难行。创新有时是逼出来的，定的目标高了，涉及问题多了，就必须创新。我们花了大量时间，不断讨论、研究、决策。在这个过程中，建设标准也就慢慢提升了①。

---

① 本部分为采访内容，全书余同.

这就不难理解，大兴机场建设工程必然是一项创新性工程。事实上，工程创新通常是包括技术创新在内的综合创新过程，既涉及人与自然的关系的重建，也涉及人与人的关系的重建，其结果是具有新特质的"工程系统"和新的"生活方式"的出现。作为国际航空枢纽建设运营新标杆、世界一流便捷高效新国门、京津冀协同发展新引擎的工程，大兴机场是我国从民航大国迈向民航强国的重要标志。大兴机场建设是世纪工程，也是几代民航人的共同梦想。为了建设现代化的先进机场，真正做到引领世界机场建设，大兴机场在规划设计之初就融入了平安、绿色、智慧、人文等先进的设计理念。

我们这一代机场人走南闯北，梦想和理想全部寄托在大兴机场上，一定要体现全球的最好理念、最高科技、最新水平、最强管理，要把前人这么多年的积累和中国民航、全球机场荟萃起来的最高智慧放进去，把没有实现的理念都容纳进去，基于这个理念，打造一个非常好的作品。

大兴机场项目定位高、要求严。在战略层面，大兴机场作为国家的新国门，从建设到运营，各项标准要按照国门的标准去考虑；作为首都的新航空枢纽，各项标准要按照大型国际枢纽机场去考虑；作为京津冀的重要机场，各项标准要按照充分发挥新动力源的作用去考虑。这就要求大兴机场的设计必须走出国门，面向全球征集设计方案，遵循了大型国际枢纽机场的理念，在各项功能指标上走在世界最前列。在建设层面，大兴机场建设伊始就确立了"引领世界机场建设，打造全球空港标杆"的定位，如此高的定位意味着大兴机场必然与众不同、独树一帜，意味着我们已经积累了能够构想、设计并建造世界一流便捷高效新国门的技术底气和工程自信。在技术层面，大兴机场按照"尽可能多的近机位、尽可能短的旅客步行距离、高效的跑滑系统、高度的信息化集成、便捷的综合交通体系、充足的设备和人力储备"等好机场的六个标准进行规划。所有这些，都势必要求机场建设者进行全方位创新和全流程创新。也只有这样，大兴机场工程才能展现世界一流水准，建设成为精品工程、样板工程、平安工程、廉洁工程。

大兴机场项目集航空、高铁、城铁、地铁、公路等多种交通方式于一体，旨在形成以航空交通为核心的综合交通枢纽。本期一次建设四条跑道，红线内初期开建面积400余万平方米，其中航站楼70万平方米，航站楼综合体143万平方米，在航站楼下设高铁、城铁、地铁站，实现无缝衔接、立体换乘，形成世界上集成度最高、技术最先进的综合交通枢纽，具有规模庞大、结构复杂、功能众多、信息分散等特点。这一复杂工程系统是人、机、环境和运输过程的有机综合体，需要事先认真考量不同交通方式之间的建设协调和运营协调问题，并据此设定工程管理组织架构、运营管理组织模式以及应急管理流程等一系列问题。

大兴机场地跨京冀两地、三条轨道交通贯穿场区，其中京雄城际铁路正线从航站楼穿越最高时速达250千米/小时，这尚属首次，施工难度极大。机场内的建设主体有10多家，施工总包单位有100多家，子项目庞杂且相互之间存在复杂的搭接关系，易于相互干扰，配套设施和规划设计在确保工程质量的前提下需要广泛采用各种新材料、新技术、新设备、新工艺，施工界面极其复杂。

不仅如此，如此庞大的建设规模，建设时间却非常紧张、建设任务异常繁重，例如航站楼工期39个月，相较于国内建设速度较快的首都机场3号航站楼的42个月，时间更短，这对科学组织、合理施工和科技创新提出了更大的挑战和更高的要求。进度管控难度极大。为了按期完成建设任务并实现机场工程的宏伟目标，大兴机场建设还必须进行相应的管理创新实践，需要全面融入百年民航发展智慧和我国民航自主创新的最新成果。为了提升工程建设管理水平，并克服常规质量控制手段受人为因素干扰的管理粗放弊端，保证和提高施工质量，大兴机场建设还有必要采用BIM（建筑信息模型）技术进行数字化设计、数字化施工。为了建设精品工程、样板工程，大兴机场建设还需要在更大范围内配置创新要素、集成创新资源，尽可能选用清洁能源，以提高太阳能、地热能等可再生能源使用比例，真正建成绿色机场。

大兴机场的高标定位还涉及安全方面的极高要求。这就意味着要在机场安全设计和机场建设安全管理上进行创新，以满足安全施工、安全运行、安保、安检、反恐、制暴等需求，从而达成机场的本质安全和机场建设的过程安全。

4.2.2　工程创新导致工程复杂性

工程创新是人们利用物理制品对周围世界进行重新安排的过程，也是知识与社会力量的物质化过程，其中包括问题界定、解决方案的提出和筛选、工程试验和评估、实施和运行等环节。通过这个过程，社会要素、技术要素和环境要素等各类异质性要素彼此关联，集成为一个复杂的工程系统[①]。因此，工程创新绝不等于技术创新，而是技术创新、组织创新、管理创新等各类创新的聚合。工程的创新程度越高，创新者面临的不确定性就越强，将各类创新集成起来的复杂性也就会越高。

作为创新程度很高的巨型工程，大兴机场无疑具有特殊的创新复杂性。为了达成"四个工程"，助力建成"四型机场"，建设者不仅要集成一系列技术创新，还要在组织管理上进行全方位的创新，也只有这样，才有可能成为全球机场建设的引领者。在这个过程中，需要在各个层面上求得人、技术和制度的恰当匹配。任何局部的不适应都有可能对整体工程形成大的冲击，并直接影响到整个工程的进度、质量和安全。

---

① 王大洲.试论工程创新的一般性质[J].科学中国人，2006（5）：31-34+21.

大兴机场空域复杂，跑道数量多，航站楼综合性强，技术难点多。航站楼建设涉及多达五种不同类型的轨道，包括高铁、地铁、城际铁路等，在航站楼下设站并纵穿航站楼，这就提出了空铁一体化的重大技术难题。空铁一体化设计是目前世界机场建设的发展趋势，轨道交通在航站楼正下方贯穿并越过站台，能够真正实现"立体换乘、无缝衔接"的目标。但这势必会带来建筑功能衔接及结构设计的复杂性，特别是高铁对基础沉降严苛的要求及对建筑震动、列车风冲击和噪声的影响。高铁不减速穿越航站楼属于世界性难题。这是因为，高铁穿越时产生的振动，应控制在旅客能接受的合理范围内，产生的列车风不应对地下室的围护结构产生破坏，这就要求对顶棚、侧墙进行特殊设计，使他们能够经受列车风的冲击。为此，结构设计者就要开展专门的列车振动影响、列车风、噪声等专项研究，并据此开发新技术，以大幅提高航站楼结构的抗震性能[①]。

作为一项巨型复杂工程，大兴机场建设工程实际上是一个"工程群"，包括机场工程、空管工程、供油工程、航空公司工程等，而机场工程又主要分为飞行区、航站区、配套工程区。这些工程之间必须具有良好的接口和匹配关系，因此任何子工程的创新活动都要求相邻的子工程进行相应的创新，任何两项子工程之间前所未有的关联都会催生出重大的技术创新问题或组织管理问题。这就要求各个子工程主体之间以及各创新环节上的行为主体之间进行良好的沟通和交互。只有这样，工程创新活动才能顺畅地展开。例如，"绿色机场"是大兴机场建设的一大目标，为此就要求进行全方位的创新，并在各个子工程之间形成匹配关系，才能达成这个总体目标。否则，只是在某个局部实现了"绿色"，没有相关配套，最后也只能徒劳无功。

这种各个局部创新之间的关联性特别是可能存在的"非线性相互作用"，势必给工程建设增加额外的复杂性。特别是这种格局对安全管理体系的设计提出了非常高的要求——要在"全面创新"的情况下确保机场建设的"总体安全"。这几乎就相当于将"水火不容"的局面转变为"水火交融"，其难度可想而知。

总之，高标定位带来的创新要求大大提升了大兴机场建设工程的复杂性，如何"用创新方式来应对创新带来的复杂性"，将各类异质性要素有效匹配、调和、集成从而实现预期工程目标，就成为了根本性挑战。

① 赵一苇.揭秘北京新机场[J].中国新闻周刊,2018(8):23-24.

4.3　大兴机场建设作为跨界工程的特殊复杂性

大兴机场是跨界工程，既跨越京冀省界，也跨越军民边界，这就要求规则之间的协调和执法行动之间的协调，从而增加了额外的复杂性，这也是其他工程很少遇到的事情。

4.3.1　跨地域合作的复杂性

土地是机场的核心资源，机场及其临空产业的规划与建设、本期工程与未来发展，无一不与土地资源管理紧密相关。大兴机场位于北京市大兴区榆垡镇、礼贤镇和河北省廊坊市广阳区之间，地跨京冀两省市。大兴机场占地总面积27平方千米，其中北京占地15.6平方千米、河北占地11.4平方千米，独特的地理区位意味着建设项目协调工作难度很大，北京和河北各有自己的政府和立法机构。两地政府在管理体制、行政执法等方面存在差异，由此造成了诸多难题。

大兴机场项目建设规模大，需要征用大量土地，征地拆迁社会关注度高，顺利推进土地征用、规划、供应等问题需要付出巨大努力，这也是民航局、首都机场集团与国家发展改革委、自然资源部以及京冀两地政府共同关心的重点、难点。首都机场集团曾就国内民用机场用地情况进行研究，发现国内主要机场的用地、规划和管理都需要大量的协调工作，而大兴机场地跨北京和河北，两地的土地政策、管理措施等存在差异，这必然要求多主体、多单位协同推进。同时，大兴机场的建设涉及众多单位，不同单位由于立场和认识不同，对于相关问题的决策有着各自的出发点和衡量标准，这中间产生冲突与矛盾就在所难免。例如，各驻场单位纷纷提出项目用地需求，远超工程可行性，落实国家集约节约用地要求的难度极大。不仅如此，民航和军方之间、地方和民航之间、北京市与河北省地方政府之间都有各自的诉求与考量，而且各个建设主体之间都存在大量需要协调解决的问题。如何协调解决这些冲突，是大兴机场建设面临的重要问题。

大兴机场地跨京冀两地，两地政府在管理体制、机构设置、审批程序、行政执法等方面存在差异和分歧。首先，北京、河北的区域发展差距大，双方在平衡整体利益和地方利益过程中需要不断磨合，有赖于中央政府行政指令以更好实现区域协作，决策事项层层传递和协调会导致重大项目建设进程放缓。其次，现行的法律制度基本按照行政区划进行政府管理事权，而跨区域经济合作管理立法较为少见，制度性安排缺乏法制性的约束，府际合作从整体上来看尚处于浅层合作的状态。尽管现行的《宪法》《地方各级人民代表大会和地方各级人民政府组织法》和《立法法》等相关法律对地方政府的法律地位和法定职权进行了规定，但并未对地方政府间的横向府际关系及府际合作进行明确规定。管理权责不明确，势必会影响机场质量监督管理、安全监管和应急管理等各个方面，从而给整个机场建设带来不确定性。再次，两地在各自行政区划范围内考虑本地法治要求并制定相关法律法规，客观上对双方协同形成掣肘作用，加上两地执法标准和处罚方式的差异，容易让违法违规者有机可乘，同时也给执法机构对违规行为的判别、处罚带来一定难度。最后，两地机场管理模式不同，北京市制定了地方性机场管理办法，细化了机场的管理制度，明确了机场管理机构的主体职责及机场行政执法模式，而河北省以《民用机场管理条例》作为机场管理的主要依据[①]。所有这些，都对大兴机场建设提出了挑战，增加了工程建设的复杂性。

4.3.2　军民协同的复杂性

大兴机场建设带来的空中和地面上的最大问题，实际上是军民合用的南苑机场的去与留。北京南苑作为京畿军事防务重地的地位，是由明清以来历史发展形成的。南苑机场见证了中华民族的航空发展历史，见证了新中国经济社会和国防建设的光辉历程。新中国成立以来，南苑机场承担着重要的军事行动任务，在保障首都空中安全、维护社会稳定、支援地方经济方面发挥了重要作用。南苑机场的去留，既关乎军事保障的要义，又关乎人们的历史记忆，周密万全的考虑和安排当然是必需的。

既然选定了大兴，那么南苑机场搬迁就成为北京新机场建设的重要先决条件。北京空域情况复杂，二环附近都是禁飞区，净空无限高不能有任何飞机进入；周边机场多，西部有一个机场链，部队机场飞行较多。鉴于军航和民航在飞行指挥协同、航空器运行规则等方面存在诸多差异，大兴机场与南苑机场在空域上的确无法兼容，致使军方和民航主管部门对南苑机场的去与留产生了很大意见分歧。在民航局看来，关闭和搬迁南苑机场千难万难、有待时日，而新机场运行初期，旅客吞吐量的培育和发展需要一个过程，同时南苑机场的军事飞行任务现阶段可以通过采取统一空管调配、统一调整飞行程序和飞行高度等措施，解决两个机场的空域矛盾，倾向于暂时选择保留南苑机场方案。但是，需要对南苑机场空管及导航设备进行升级改造，以适应更加严格的飞行条件，因此军民航在飞行动态通报、军民航飞行协同指挥以及军民航净空管理交叉等方面还需要重点评估。而用于改造升级的费用，需要北京市与新机场投资主体协商解决。空军则一直认为，大兴机场对南苑机场的影响是致命的，而选址阶段的论证结果也表明两个机场难以共存。换言之，军方支持北京新机场建设，但机场的

① 首都机场集团公司法律事务部.机场跨地域发展的法治协同研究——以北京大兴国际机场跨地域运营和京津冀机场协同发展为视角[J].北京航空航天大学学报(社会科学版),2019,32(6)：105-106.

选址应该另择地点。根据北京市的意见，保留南苑机场的方案利益主体少，协调起来相对简单且成本低，缺点是军地空域矛盾仍然存在——尽管两场物理围界分开，但军民空域使用同一片天空，形成"天合地分"的格局，因而无法彻底解决问题，不利于新机场的长远发展，不利于首都新的发展规划和建设。因此，南苑机场关闭、搬迁势所必然。关于南苑机场是否关闭、搬迁，北京市、军方、民航之间进行了长达数年的沟通、协商和磨合，其中的各种艰苦不言而喻[①]。

4.4　大兴机场建设者构想复杂工程的能力源泉

党的十八大以来，在以习近平总书记为核心的党中央领导下，我国交通运输事业取得了历史性成就，正阔步迈向交通强国。中国民航人之所以能够和敢于"舍简入繁"，不走"简单"的寻常路，构想出如此先进、如此"复杂"的机场建设方案，并用实际行动坚定迈向民航强国，得益于中国民航机场建设积累的大量经验以及我国集中力量办大事的制度优势。

4.4.1　中国民航机场建设的经验积累

工程能力植根于工程实践的历史。长期以来，我国机场建设总体上处于模仿学习阶段。20世纪90年代之后，通过与国外设计公司进行交流与合作，中国民航人积极引进国外优秀设计方案，借鉴国外先进技术和设计理念，如上海浦东、广州白云等机场都采用了国外知名设计公司的设计方案。尽管在设计过程中中方一般只做辅助性工作，但中方还是学到了新的项目运作模式乃至新的文化观念[②]。

大兴机场的建设有赖于中国民航机场建设特别是首都机场建设的经验积累。首都机场的扩建史见证了我国机场建设从小到大，从简单到复杂，从模仿到创新，从满足当下需求到主动建构未来的跨越式发展过程。首都机场自1958年建成至今连续进行了三次扩建，每一次扩建都为我国机场建设树立了标杆。在这个过程中，一批适应我国机场建设特点的新技术、新工艺、新设备和新材料得到了广泛应用，机场设施设备的现代化水平在不断提高。其结果，

---

① 林明华.中国大兴——北京大兴国际机场诞生记[M]. 北京：中国民航出版社，2021:37-38.
② 徐维平.关于北京首都机场T3航站楼项目(合作)设计的解读及思考[J]. 时代建筑,2008(4):76-83.

不仅提升了机场的安全保障能力、运行效率，同时也促进了机场运营管理和服务水平的提高。首都机场建设所积累的经验为之后的机场建设奠定了坚实基础。大兴机场的设计构想正是在吸取中国民航机场建设经验基础上进行的。在技术层面，钢结构的采用、无柱空间的设计、航站楼设计以功能为先等在大兴机场建设中都得到了吸收。在组织管理层面，建设者充分考虑了过去机场建设与运营两张皮所带来的问题，践行了"建设运营一体化"理念，开辟了机场建设新范式。

不仅如此，中国民航机场建设还造就出一批高素质的机场建设人才，特别是具有很强的工程能力的将才。他们的领导力主要体现在：（1）对未来趋势的预判能力。工程领导者对未来趋势的预判有时不是定量研究能做出来的，而是靠其长期工作经历形成的感觉甚至直觉。（2）处理意外事件的应变能力。在复杂工程实施过程中，经常会遇到各种各样的意外事件，工程领导者能够带领团队成功处理这些意外事件。（3）信息不充分时的判断能力。在复杂工程中，工程领导者拥有的决策信息通常是不充分的，这就要求其具有判断力。（4）敢于拍板的决策能力。复杂工程在实施过程中一定会遇到各种困难，在这种情况下，工程领导者要有敢于拍板的勇气和能力。（5）鼓舞团队士气的能力。复杂工程有处于顺境的时候，但更有处于逆境甚至感觉跨不过去的时候，此时工程领导者就要善于鼓舞士气，带领工程团队走出低谷或困境。（6）拥抱创新的能力。在复杂工程中，遇到的大量问题来自现有认知的局限性，即使经验丰富的工程领导者都会在负责的复杂项目上遇到很多新问题，所以工程领导者一定要具有持续的创新热情。

正因为拥有这样一批具有领导力的工程管理人才，作为法人单位的首都机场集团才拥有了世界眼光，才能放眼全球博采世界先进机场之长，才敢于构想大兴机场这样一个巨型复杂工程，才能够很快组建出高水平的指挥部。指挥部组建伊始就从首都机场集团建设、运营及专业公司三个板块选拔具有丰富机场建设或运营经验的骨干人才。这样，就把运营需求和可能遇到的问题第一时间带入规划、设计和施工之中，从而使全局最优成为可能。在整个建设过程中，根据工程项目规模、周期及运营的实际需求，大胆尝试两类成员的交叉挂职，以提升"建设运营一体化"的总体效能。正是这样一个指挥部，才能够对行业发展有较好的把握，才能在建设伊始就沉下心来做大量前期研究，也才有可能在工程建设全生命周期中追求卓越，充分彰显了工程师情怀、工匠精神。

当然如果没有作为工程"基因"的新兴科学技术特别是新兴信息技术的支持，大兴机场建设的构想也是不可想象的。而在所有这类科学技术中，数字技术又占据着一个突出位置，毕竟只有依靠数字技术，才有可能成就智慧机场。事实上，自从中国民航提出"智慧机场"概念以来，国内民航机场围绕智慧发展纷纷展开信息化、数字化工作，在智慧机场建设上进行了有益探索。不论是新建机场还是改扩建机场，甚至是一些老机场，都已经从信息化建设规划入手谋划智慧机场建设。智慧机场的智慧主要体现在智慧生产、智慧安防、智慧服务、智慧管理、智慧物流、智慧交通、智慧商业、智慧节能八个方面。要实现这些智慧，就要综合运用电子化、数字化、网络化、平台化、可视化、云计算、物联网、移动互联、大数据、智能化多种信息化手段。2017年8月，首都机场与百度签署战略合作协议，以人工智能技术共同打造智慧机场。国内智慧先行的民航机场及行业内外专业机构在数字孪生领域、信息化建设的经验和研究成果，为大兴机场的建设和运营提供了实践经验、技术支持。

4.4.2　中国特色社会主义的制度优势

集中力量办大事，是中国共产党带领人民长期实践探索的智慧结晶。新中国成立初期，我国建设156项大型工程、研制"两弹一星"、全力勘探和开发大庆油田等，都是集中力量办大事的成功范例，这些都为国家发展打下了坚实基础，也奠定了新中国的大国地位。可以说，集中力量办大事这一显著优势，是中国特色社会主义制度优势性的最直接体现，也是新中国成立70多年来取得辉煌成就的重要法宝。

"积力之所举，则无不胜也；众智之所为，则无不成也"。集中力量办大事既是我国的体制优势，同时也是解决发展问题的现实需要。其原因在于目标的多样性和资源的有限性之间的矛盾。资源总是有限的，有限资源首先要满足关键领域、行业的发展需要。缺乏资源或资源不足，就难以办大事。集中力量办大事，就是要将有限的人力、物力、财力资源用于急需的领域、行业，以确保重大项目的突破。大兴机场能够在不到5年时间里就完成预定建设任务，充分彰显了中国精神和中国力量，彰显了集中力量办大事的政治优势。

集中力量办大事首先要集中人民的力量，赢得人民在舆论上、行动上的支持，这也是社会主义"以人民为中心"的必然要求。面对如此复杂的机场工程建设，需要上到国家部委、省市政府、民航局，下到区属部门、镇、村等各个单位以及各个参建企业，各司其职、同心协力。事实上，大兴机场从最初的概念方案、设计方案到如今的巍然屹立，始终离不开人民群众的支持和拥护，而维护广大人民群众的根本利益，是大兴机场建设得到人民群众支持的原因所在。不仅如此，大兴机场建设还得到了社会公众的大力支持和帮助，例如航站楼方案、跑道构型、综合交通规划、设备运用等，许多有识之士提出了很好的参考建议。大兴机场的设计理念、建设成果、运营筹备都蕴含着人民的聪明才智。因此，凡事"依靠人民"也是"以人民为中心"价值取向的重要体现。

中国特色社会主义制度优势还在于独立自主与对外开放的辩证统一。民航产业发端于西方国家，而中国民航百年历程是一个不断学习西方并持续寻求自立自强的历史。无论是封闭保守、夜郎自大，还是妄自菲薄、盲从国外，都是要不得的自戕之路。大兴机场航站楼的设计方案融合了中西方智慧，但更多是中国智慧的体现，其背后就是海纳百川的工程自信。以航站楼设计为例，从方案征集、设计招标到不断优化，再到初步设计、施工图设计，历时6年多，整个过程就是一个展示大国工程自信的过程。在航站楼的概念方案完成之后，初步设计由国内设计单位联合体负责，并开始方案的优化调整，近300名设计师日夜鏖战了3个月，完成初步设计文件。纵观航站楼设计的全过程，群策群力、精益求精、以我为主、博采众长的中国智慧体现得淋漓尽致。大兴机场工程建设者不排斥国外先进技术和经验，但主要依靠自己的力量攻坚克难，也只有这样，才能以自信的心态学习世界上一切先进经验，也才能在学习的基础上更上层楼、开出新局。

总之，大兴机场建设者之所以能够构想并建设出如此辉煌的工程，离不开集中力量办大事的制度优势，离不开习近平新时代中国特色社会主义思想的科学指引，离不开广大人民的大力支持与配合，离不开多年来全中国积累下来的雄厚技术实力以及由此带来的工程自信，当然也离不开全体民航人"精诚团结、精益求精、敢于攻坚、敢为人先"的精神追求。

4.5　达成"工程自身"的基本思路：化繁为简

工程活动是人类之"想""能""应"这三个方面的综合体现。工程涉及众多利益相关者，然而工程实践并不是"完全透明"和"完全可掌控"的，特别是那些重大创新性工程实践，无论工程规划设计多么细致入微，工程的各个阶段依然充满了各种不确定性。对于巨型复杂工程而言，其要素之间会有更多的"非线性"关联，因而会随着时间的变化涌现出很多"意想不到"的新问题。要达成"工程自身"，就离不开工程能力、工程精神和工程智慧所支撑起来的工程自信，离不开与工程自身特点相适应的特殊的宏观治理架构和组织指挥体系，离不开工程全生命周期中的迭代学习。只有这样，巨型复杂工程才能够达成"工程自身"，而其基本思路无非是通过各种创新策略实现的"化繁为简"。

第一，着眼于宏观治理。鉴于大兴机场是顶级工程，具有很强的政治属性，因此要对这样的工程进行"化繁为简"，就必须首先在宏观层面着眼，那就是建立一种立体化的治理体系，这也是大兴机场之所以能够达成"工程自身"的首要因素。立体化治理体系既包括特定平面的跨边界治理，也包括纵向的跨层次治理。作为一项顶级工程，大兴机场建设不仅仅是一项民航领域的机场工程，而且是国家发展战略的有机组成部分。大兴机场建设工程的政治属性还涉及军民融合问题、京津冀地方政府及多个国家部委的参与问题。鉴于大兴机场工程突出的政治属性，而由大兴机场建设工程的参与者们所组成的"工程共同体"，就有了自身的特殊性。这个共同体的共同目标就是将大兴机场打造"四个工程"，助力建成"四型机场"，但是其结构非常复杂，既包括纵向的分层，也包括横向的跨界，因而构成了立体网络。其中不仅有跨界问题，更有跨层次问题，许多重大问题都是在层次之间的穿越中实现协调的，这就要求形成分层治理和跨界治理相结合的立体化治理体系。这个体系也应该将大兴机场建设的独有策略"建设运营一体化"包含在内。"建设运营一体化"策略初看好像增加了复杂性，但是站在全生命周期的角度，这种策略同样降低了复杂性，因为它降低了运营阶段出现问题的可能性。这个立体化治理框架是大兴机场之所以能够"化繁为简"的总体架构。

第二，着眼于指挥体系。任何工程都是脚踏实地干出来的，都需要团队作业，而团队作业就要有指挥者，因此工程指挥是整个工程建设的枢纽和灵魂。重大建设工程的指挥者都不大可能是一个人，而是需要建立一个高效运行的指挥部，甚至是"指挥部群"。大兴机场建设"化繁为简"的主要实施者就应该是大兴机场建设的组织指挥体系，而北京新机场建设指挥部在这个指挥体系中发挥着神经中枢的作用。正是这样一个组织指挥体系才能够将立体治理体系的"治理"真正落实到工程之中。为此，就需要分析北京新机场建设指挥部以及指挥部群何以能够高效运行。事实上，根据项目总体目标，作为神经中枢的指挥部，通过建立以目标为导向的工作分解体系和责任分配体系，制定了任务分解结构和责任分配矩阵，将目标逐层分解到各部门及相关方，其中包括项目总目标、总承包企业管理目标、分项管理目标及具体工作指标等四级目标，由此把完成项目目标的责任通过总承包合同、项目章程、项目计划书、项目任务书等形式传递给各总承包商、相关部门及个人，并纳入各方绩效考核指标。同时，指挥部以最新的信息技术和智能技术作为支撑，及时、准确地发出声音，运用自身优势就各主体关心的焦点和难点问题答疑解惑，运用手中的话语权把权威解读传播出去，由此形成的"目标导向+需求牵引+问题驱动+技术推动"的综合集成办法，为项目落实提供了良好的氛围，全方位地推进了大兴机场工程建设及运营筹备工作。指挥部之所以高效地进行运筹帷幄、协调管控，不仅有赖于指挥部中每个人都是精兵强将，都有丰富的经验积累，而且有赖于领导者能够将这些精兵强将凝聚在一起，"同心建构未来"。这就要求进行相应的制度建设和文化建设，而指挥部"党建业务深度融合"的特色做法在这方面就发挥了独特作用。党建作为一种制度化手段，唤起了每个人的责任意识，使得大家都把事情做到位。同样重要的是文化的力量。工程文化建设就是要通过各种活动，帮助建立自发秩序，把更多的人"化"入工程、"认同"工程目标并自觉凝聚在一起，其实质就是塑造参与者的"价值感"。惟其如此，才能降低制度实施的压力和监督的压力，正式制度也才能落实到位。

第三，着眼于迭代学习。理解工程有两个基本维度：在空间维度上，复杂问题可以在工程共同体中通过跨界、跨层机制解决；在时间维度上，通过学习过程，可以逐渐增进知识，降低不确定性。工程当然必须在时间维度上运作，需要把过去吸纳到当下，进而建构未来。对于工程人来说，只有着眼未来，才有方向感，才能进行组织、集成和建构。但是，主体的能力是有限度的，任何情况下都不可能一开始就拿出完美的工程方案。无论是国内还是国外，大型机场建设都不可能一开始就把所有事情算定，也不可能在工程进展的某个时点上就把所有事情搞定，都需要经历迭代学习过程。大兴机场的迭代学习发生在从规划设计到施工，再到运营筹备乃至正式运营的全生命周期之中。大兴机场"建设运营一体化"实践本身就是迭代学习过程，在这个过程中，指挥部中主管运营筹备的人员逐步增加，而主管施工的人员适当减少或自身变为运营筹备人员，最后运营筹备人员分化出去，接管大兴机场的运营工作，在此过程中，建设项目库、研究课题库、复合人才库、督办问题库一直不断升级并发挥重要作用，推动了"建设运营一体化"的内涵不断延伸。迭代学习必然包括"问题前置"，就是要提前思考复杂的东西，预先识别问题，并预先开展研究，而不是临时抱佛脚。当然，提前解决这些问题的前提又在于队伍水平高、有各方面专家、问题识别能力强。抓住全生命周期中的迭代学习，就是在时间维度上把握"化繁为简"的逻辑。通过这种迭代学习，能够做到前瞻，能够主动建构未来。事前看得清的，就牢牢抓住，而事前看不清的，就进行研究、实验，在这个过程中逐渐把事情搞定。靠着进化性的迭代学习，工程建设的复杂性在很大程度上就能得到化解。迭代学习的有效性要求处理好"他组织"和"自组织"之间的辩证关系，而这也是"化繁为简"的诀窍所在。自组织意味着要营造个体和底层自主行动的空间，让他们发挥主动性和能动性。只有当领导的领导力和群众的创造力有机统一起来，才能成就创新性的复杂工程。

第四，着眼于数字化的力量。任何工程都离不开适当的制度和技术治理机制，制度要真正起作用，大多要靠技术来支撑，只有通过技术将制度固化起来之后，制度才具有更强的可执行性。在信息技术时代，数字化是固化制度的主要手段，而这在大兴机场建设和运营中显得特别突出。数字化的作用有很多，既可以固化相关专业知识从而便捷应用，也可以固化"组织记忆"从而利于协调。数字化设计和数字化施工固化了设计和施工的规范、标准，增加了制度的可执行性。在这个过程中，通过数字监控，又让整个劳动过程变得透明。固化使得规则固定下来变得可执行，而透明化让是否执行了制度变得可见。这样，既能固化规则又能让规则执行情况变得透明，那规则就更加具有可实施性。如此一来，整个工程就会变得易于协调和管控。实际上，任何工程面临的最大问题，就是相关制度规范难以落实。制度固化之后就变成一种刚性机制，对于整个大兴机场建设的"化繁为简"起到了根本作用。通过数字化实现制度体系的固化、劳动过程的透明化和随之而来的管控的精准化，大大降低了复杂性和交易成本，让工程管控变得简单和廉价。数字化就是一种新型治理文化，也是一种新型工程秩序的建立过程。如果说作为智慧机场的大兴机场超越了首都机场，在很大程度上是数字化技术广泛应用的产物。数字化从哲学意义上来说就体现了新型治理机制，有助于固化知识、固化规则，形成一种以数字技术为基础的特殊的信任机制和协调机制，从而带来更加可控的设计、施工和运营。这种微观机制支撑着立体化治理体系和学习型组织指挥体系的运作，成就了全生命周期的迭代学习过程。

第 5 章

立体化治理体系：集中力量办大事

　　工程是一种从"非存在"走向"存在"的实践活动，而工程实践者只能在不确定的环境中构建关于工程未来之构想。而在由构想走向现实的复杂过程中，工程的治理体系发挥着统领全局的关键作用。大兴机场在决策、规划、设计、施工和运营筹备过程中都遇到了很多困难和挑战，工程治理环境极其复杂。立体化的治理体系是大兴机场能够达成"工程自身"的首要条件，也是大兴机场建设能够实现"化繁为简"的总体架构。立体化治理体系既包括特定平面的跨边界治理，也包括纵向的跨层次治理。在化解工程复杂性、解决工程困难的过程中，各级政府与民航业相关部门坚守本心、密切配合，对重大工程问题实现综合优化，鲜明体现了我国集中力量办大事的政治优势。

5.1 顶级工程及其政治属性

工程并非孤立存在，而是处于复杂的内外部环境之中。其中，外部环境所确立的工程定位对工程内部系统的复杂性有直接影响。因此，要从整体系统的角度看待工程，探索外部环境赋予工程的定位及内在属性。大兴机场是党中央着眼新时代国家发展战略需求而做出的重大决策，是国家重大标志性工程。作为国家"十二五"和"十三五"重点建设项目，大兴机场建设承载着我国民航发展的决心和信心，承载着中国由民航大国向民航强国跃进的期待与厚望。从提出建设动议到确定选址，再到党中央、国务院决定建设，前后历经21年，体现了国家对大兴机场建设的高度重视。因此，大兴机场建设工程的特殊性就在于它是一项顶级工程，具有突出的政治属性。作为顶级工程，大兴机场建设不仅仅是一项民航领域的工程，更是国家发展战略的有机组成部分。大兴机场以综合交通枢纽及临空经济区为依托，以振兴北京南城经济及促进京津冀一体化为目标，为京津冀地区长远发展奠定良好基础。

5.1.1 在国家战略中定位大兴机场

在城市和区域规划中，关键性重大基础设施往往起着"支点"作用，可以撬动城市经济，带动周边区域发展，甚至影响整个国家[①]。因此，城市往往依托最先进的交通方式而发展，如18世纪的水运、19世纪的铁路和20世纪的汽车，分别带动了威尼斯、芝加哥和洛杉矶等城市的崛起。

随着全球化的稳步推进，航空业在经济社会发展中的重要性日益突出，有人甚至将21世纪称作航空世纪[②]。研究表明，当机场客流量达到每年1 000万人次以后，机场就将由单一的航

---

① 刘武君.综合交通枢纽规划[M].上海:上海科学技术出版社,2015.
② 胡赵征.临空产业与空间协同规划研究[D].清华大学,2014.

空交通设施变身为城市发展的"火车头"。近年来，中国更是致力于打造航空大都市，使之成为国家经济社会发展的强大引擎[①]。

北京作为首都，其机场建设对城市乃至国家发展都至关重要。首都机场位于北京市顺义区（归朝阳区管辖），距市中心（天安门广场）的直线距离约25千米，是新中国成立以来兴建的第一座大型民用运输机场。1958年建成之后又先后进行过三次扩建，但仍然无法满足国内外旅客的出行需求。在这个过程中，北京第二机场的建设早早就在谋划之中。从20世纪90年代初提出设想到2019年最终实现，跨越了将近30年时间。大兴机场的定位也在这个过程中逐步走向清晰，大兴机场与其他机场的关系以及与区域发展之间的关系，也逐渐得以明确。大兴机场工程不仅是为了缓解首都机场的运行压力，而且还肩负着建设一座国际大型航空枢纽的使命，以实现"一市两场"的"双枢纽"格局，为北京"世界城市"的建设目标提供基础支撑。

早在2004年，《北京市城市总体规划（2004—2020）》就明确提出"到2050年北京将建设成为世界城市"，集"国家首都、世界城市、文化名城和宜居城市"于一体。2005年1月，国务院常务会议通过了此项规划，同时明确要求北京市"深入推进京津冀协同发展，打造以首都为核心的世界级城市群"。如果说"国际城市"的重点是"引进来"，寻求与世界城市体系对接并融入其中，那么"世界城市"的重点则是"走出去"，大幅提高城市在世界城市体系中的地位，强化对其他城市的影响力。21世纪的北京不再满足于被动接受全球化浪潮的影响，而是开始谋求在全球化进程中扩大自身影响。2010年8月23日，时任国家副主席习近平在北京市调研时指出，北京建设"世界城市"，要按照科学发展观的要求，立足首都的功能定位，发挥自身优势，突出中国特色，努力把北京打造成国际活动聚集之都、世界高端企业总部聚集之都、世界高端人才聚集之都、中国特色社会主义先进文化之都、和谐宜居之都，充分体现人文北京、科技北京、绿色北京的特征[②]。

要建成世界城市，当然要具备有世界意义的空中交通枢纽体系，全方位扩大与世界的"连通性"。不仅如此，世界城市无法依靠单个城市的力量建成，而是需要所在区域的共同繁荣作为支撑。世界城市背后是一个在世界经济发展中极具活力、市场容量与经济潜能巨大的区域，同时也是最终需求和外贸出口增长快、引进技术与国际资本数量巨大的区域。这个区域既是世界经济发展的增长极，也是世界城市产生的动力源[③]。

2013年9月和10月，习近平总书记出访中亚和东南亚国家期间，先后提出共建"丝绸之

---

① （美）约翰·卡萨达，格雷格·林赛. 航空大都市：我们未来的生活方式[M]. 曹允春，沈丹阳 译. 郑州：河南科学技术出版社，2013：393.

② 齐心. 北京的城市地位 基于世界城市网络的分析[M]. 北京：经济日报出版社，2016：11.

③ 连玉明. 世界城市的本质与北京建设世界城市的战略走向[J]. 新华文摘，2010(16)：4.

路经济带"和"21世纪海上丝绸之路"的重大倡议，简称"一带一路"倡议。这个倡议也涵盖了"空中丝绸之路"，其关键就是形成多层次、多维度、多平台的网络，而网络的基础是以机场为代表的基础设施[①]。这样，大兴机场就成了"空中丝绸之路"建设的关键节点之一。2014年，京津冀协同发展上升为国家战略。同年9月4日，习近平总书记在审议北京新机场可行性研究报告时强调，建设北京新机场是北京市发展的需要。大兴机场的建设有助于北京建设成为全国政治中心、文化中心、国际交往中心和科技创新中心。同时，大兴机场在疏解非首都功能以及京津冀协同发展战略中扮演重要角色，在"一带一路"建设中也处于关键地位。从这个意义上说，大兴机场建设不仅是一项民航领域的机场工程，更是区域发展战略乃至国家发展战略的有机组成部分。

这就不能不强调雄安新区规划带给大兴机场千载难逢的机会。规划设立雄安新区，是我国继深圳经济特区和上海浦东新区之后的第三个"中央级新区"，是以习近平总书记为核心的党中央对深化京津冀协同发展、疏解北京非首都功能做出的又一项重大决策部署。雄安新区对于承接北京非首都功能、探索人口密集地区优化开发模式、调整优化京津冀空间结构以及打造经济社会发展的新引擎，都具有重大现实意义和深远历史意义[②]。雄安新区与北京、天津正好构成一个距离约105千米的等边三角形，大兴机场刚好处于这个等边三角形的中心区位：距天安门直线距离约46千米，距首都机场约67千米，距天津机场约85千米，距石家庄机场197千米，距廊坊市中心26千米，距河北雄安新区55千米，距北京城市副中心54千米，距天津市中心82千米，距保定市中心110千米。如此，大兴机场又在雄安新区规划中找到了自己的新定位。如果说雄安新区规划成了大兴机场建设的有力论据，那么反过来，大兴机场则为雄安新区高标准高起点开发建设提供了关键支撑（图5-1）。

为了更好地支撑雄安新区建设，大兴机场与雄安新区的总体规划对接，积极研究地面交通规划，并结合国家战略的实施，进一步完善分期建设方案，并最终实现了"高标定位"。2018年发布的《河北雄安新区规划纲要》提出，"要加快建立连接雄安新区与北京新机场之间的轨道交通网络。"[③]根据这一纲要，指挥部在卫星厅局部地下工程的预留方案中，已经统筹考虑了北京至雄安大兴机场线的预留问题。大兴机场线南延后，将在雄安规划建设城市航站楼。一个立体、高效、便捷的交通网络正在形成，由此为雄安新区"发展高端高新产业"和"扩大开放新高地"的城市定位提供了强有力支撑。

① 汤伟.城市与世界秩序的演化[M].上海:上海社会科学院出版社,2019: 204-205.
② 中共中央政治局常务委员会召开会议 听取河北雄安新区规划编制情况的汇报 中共中央总书记习近平主持会议[EB/OL]. [2018-02-22]. http://www.xiongan.gov.cn/2018-02/22/c_129814827.htm.
③ 河北雄安新区规划纲要[EB/OL]. http://www.xiongan.gov.cn/2018-04/21/c_129855813.htm.

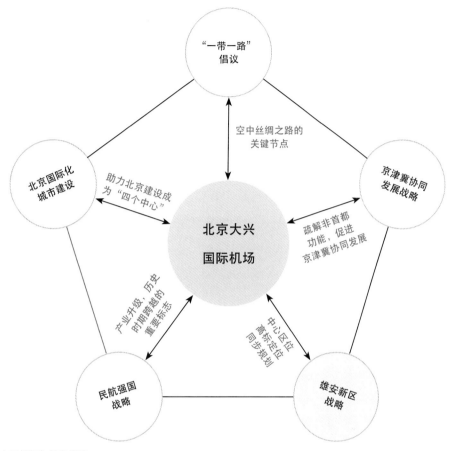

图5-1 大兴机场与国家战略

5.1.2 大兴机场作为顶级工程的政治属性

以服务国家发展战略为使命，大兴机场被赋予了鲜明的政治属性。正是因为大兴机场事关国家发展大局，涉及因素众多，论证工作要求很高，因此决策和选址周期很长。从决策到规划、设计、建设运行，大兴机场建设项目一直得到社会各界乃至国家最高领导人的高度重视。开工之后，在不到5年时间里，大兴机场就顺利投入运营，并以其独特的造型设计、精湛的施工工艺、便捷的交通组织、先进的技术应用，创造了许多世界之最，代表着我国民航基础设施建设的最高水平，充分体现了中国精神、中国智慧和中国力量，充分体现了我国社会主义制度集中力量办大事的政治优势。

在亚里士多德看来，"人是天然的政治动物"。人不能离开他人求生存，而只能在一起生存，这种"共在性"的实质就是政治性。这是因为"共在"必然涉及公共决策问题，包括公共目标的确定、达成公共目标的方式方法的选择、确定和实施等，所有这些都需要通过共同协商化解矛盾并达成共识，因而也都是政治过程。从这个意义上说，像任何公共工程一样，大兴机场当然具有内在的政治性。但是，大兴机场建设项目的政治性又是"高度"的政治性。这是由大兴机场在城市、区域乃至国家发展战略中的定位决定的。

可以说，新时代民航强国建设、京津冀协同发展和雄安新区建设是大兴机场建设项目的重要机遇，也是大兴机场建设项目具有极高政治地位及政治属性的重要来源。大兴机场建设处于我国民航业从基础性产业转变为战略性产业、我国从民航大国向民航强国跨越的历史时期，担负着服务于国家发展战略的历史使命。因此，大兴机场的规划建设也理应成为机场建设的一个代表作，成为中国民航跨越式发展的重要标志。而这又进一步推动了其政治价值、经济价值、社会价值乃至文化价值的实现。可以说，大兴机场的政治属性与其顶级工程的地位互为因果。

在选址、规划、命名、建设、运营全过程中，大兴机场始终承蒙全国人民关心爱护，受到党中央、国务院的领导和关怀，得到国家发展改革委、交通运输部、民航局等单位的全力支持。鲜明的政治属性是大兴机场建设的根本优势，这也就决定了大兴机场建设需要独具特色的治理结构。

5.2 工程治理的立体架构

人类通过工程实践塑造工程实体，在塑造过程中也就同时意味着对人类自身的塑造。在工程与人的双向塑造过程中，工程治理实践也得以迭代创新，不断走向精细和完善。大兴机场建设项目定位高、规模大、单位多、时间紧，难度在中国民航建设史上前所未有。面对这一局面，大兴机场建设者建立了纵向领导有力、横向协调顺畅、整体覆盖全面的领导组织协调体系，推动相关工作稳妥、有序、高效地开展。

5.2.1 工程治理立体架构的形成

大兴机场建设项目是由党中央、国务院审批同意，并由北京新机场建设领导小组领导和推动实施的。2013年2月26日，国家发展改革委根据国务院、中央军委关于大兴机场建设的批复要求，专门成立了由军方、国家发展改革委、国土资源部（现"自然资源部"）、环境保护部（现"生态环境部"）、水利部、民航局、北京市政府、天津市政府、河北省政府等中央及地方政府部门的有关领导组成的北京新机场建设领导小组，负责机场建设过程中的重大事项协调解决和总体任务部署，统筹协调中央和地方之间、不同省市之间以及各城市和不同部门之间的关系。北京新机场建设领导小组的主要职责包括三个方面：一是管大事，即研究审定北京新机场总体规划、主要建设目标、年度工作计划和有关重大事项。二是抓协调，即协调新机场前期工作和建设过程中的重大问题，包括部门与部门、地方与地方、政府与企业之间以及相关军事设施迁建等重大问题。三是解难题，即研究解决指挥部、有关部门和地方难以解决或存在分歧的重点难点问题。

由于大兴机场地跨北京市与河北省两地，工程建设的各个环节离不开两地政府的协调配合。2013年7月11日，在北京新机场建设领导小组统筹部署下，民航局、北京市、河北省联合建立了北京新机场三方协调联席会议机制，与指挥部组成"3+1"工作机制，制定议事规则，定期召开联席会议，协商推进新机场建设的相关工作。联席会议的工作任务是在北京新机场建设领导小组的领导下，具体实施、推进北京新机场建设各项工作；对于北京新机场建设领导小组确定的事项，负责督办和检查落实，务实、高效地解决工程建设中的实际问题。联席会议由民航局牵头，北京市、河北省及指挥部参加，会议可视情况邀请其他有关单位参加。会议的主要工作内容是协调解决有关征地拆迁、环境保护、社会稳定风险评估、水土保持、防洪水利、拆改配套项目和项目跨区域报建程序等问题。

2013年12月19日，为加强大兴机场筹建工作的组织领导，民航局成立了民航北京新机场建设领导小组，这是民航局内设的临时机构。2018年，为保证大兴机场按时完成建设任务并顺利投入使用，民航局党组决定在此基础上成立"民航北京新机场建设及运营筹备领导小组"，全面负责协调地方政府、相关部委以及民航局机关各部门及局属相关单位，统筹做好新机场建设运营筹备等各项工作。民航北京新机场建设及运营筹备领导小组的成立，既体现了"建设运营一体化"理念，适应了大兴机场从工程建设为主转变为建设和运营筹备并进的形势要求，同时也充分表明了"举全局之力""举全民航之力"做好大兴机场建设和运营筹备工作的决心和信心[①]。

在首都机场集团层面，还成立了北京大兴国际机场工作委员会，对首都机场集团内有关部门和有关工作进行内外部统筹。自该委员会成立以来，集团层面机场建设和运营筹备工作中遇到的问题及时反映、及时解决，内外部协调有力有序，工作成效显著。此外，指挥部牵头北京新机场建设工作联席沟通会，负责协调大兴机场红线内的建设工作。在投运总指挥部正式成立后，该会议职能被并入投运总指挥部联席会，且参与单位由从工程建设单位扩大到

---

① 孙继德,王广斌,贾广社,张宏钧.大型航空交通枢纽建设与运筹进度管控理论与实践[M].北京：中国建筑工业出版社,2020：115-116.

了工程建设单位与运营单位。专业公司建设及运营筹备工作沟通会由大兴机场管理中心（现"大兴机场"）牵头，负责协调专业公司的各项工作。

大兴机场建设除了机场、空管、航油、东航、南航等民航投资项目外，还有水、电、燃气、高速公路等市政配套项目，京雄城际铁路、新机场快线等轨道站线项目，以及海关、边检等驻场联检单位的项目。在民航内部，由北京新机场建设指挥部牵头，机场、空管、航油、东航、南航等建设项目的五个指挥部有一个定期或专项指挥长联席会议制度，进行项目间的沟通协调。北京新机场建设指挥部与其他建设主体或指挥部也会就工程进展进行定期或不定期的协调沟通。例如，施工后期航站楼北侧市政道路、管线与轨道等交叉施工多，指挥部就此联络相关工程管理主体，制定航站楼前北侧区域人防工程、市政工程（道路、东南航管道）交叉施工进度计划并进行协调，保证了各家施工协同推进，收到了预期效果。大兴机场管理中心（现"大兴机场"）与专业公司就建设及运营筹备工作定期举行沟通会，确保"建设运营一体化"落到实处①。

多年来，首都机场集团与国家有关部委、民航局、北京市及其他省市政府持续建立多层次协调联动平台，创新融合发展模式，解决了工程建设面临的一系列重点、难点事项，有力推动大兴机场工程建设（图5-2）。

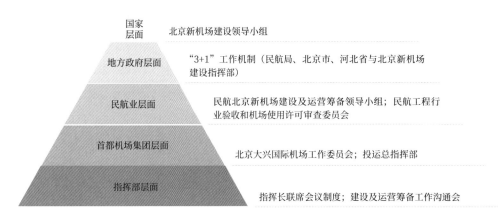

图5-2 大兴机场工程治理组织结构图

① 孙继德,王广斌,贾广社,张宏钧.大型航空交通枢纽建设与运筹进度管控理论与实践[M].北京：中国建筑工业出版社,2020：125-126.

5.2.2　立体架构中的分层治理

大兴机场建设项目涉及面广、协调难度大。以问题为导向、统筹协调为手段的多层次统筹协调机制可以有效推动相关问题的解决。为了解决大兴机场建设与运营中已经出现或者可能出现的问题，从国家、地方政府、民航局、首都机场集团、指挥部各个层面都成立了新机场建设运营相关的工作协调小组，分别协调解决不同层面的问题。

国家层面以国家发展改革委为主要牵头组织，省市层面主要由北京市政府与河北省政府主导，由北京市、河北省、民航局及指挥部共同参与的"3+1"协调机制。民航局层面建立民航北京新机场建设及运营筹备领导小组，统筹新机场建设运营筹备等各项工作。首都机场集团层面建立了北京新机场工作委员会、投运总指挥部等。指挥部层面有北京新机场建设指挥部以及航油公司、航空公司、空管项目建设指挥部参加的指挥长联席会议等。这五个层面的协调组织从各自层级解决问题，解决不了则进一步上报，共同发挥作用，保障了大兴机场工程的成功建设与投入使用。

第一，国家层面。由国家发展改革委会同自然资源部、生态环境部、水利部、民航局、北京市和河北省人民政府，以及中央军委联合参谋部、空军成立了北京新机场建设领导小组，组织召开10次领导小组会议和多次专题会议，重点协调解决了综合交通、跨地域建设和运营管理、场外供油工程建设、航空公司入驻、用地手续办理、提高机场工程资本金比例等跨部门、跨行业、跨地域的难点问题。

第二，地方政府层面。北京市和河北省各自成立北京新机场建设领导小组及其办公室，负责本区域内大兴机场外围配套设施的建设，在土地环保、综合交通、水电气热等方面共计投入超过3 000亿元资金用于机场保障体系建设。除去"3+1"工作机制外，民航局还分别与北京市、河北省建立"一对一"工作沟通协调机制，加强协调力度，提高沟通效率，为推动征地拆迁、场外能源设施保障、进出场道路运输保障、加快工程验收等急迫问题的顺利解决，打下了坚实基础。

第三，民航局层面。民航北京新机场建设及运营筹备领导小组在民航北京新机场建设领导小组的基础上成立，全面协调新机场建设相关组织及单位的建设及运营筹备工作。领导小组以"6·30"及"9·30"两个时间节点为总目标，统筹安排及规划新机场建设运营相关工作。同时，民航工程行业验收和机场使用许可审查委员会的成立，对大兴机场顺利通过民航工程行业验收和取得机场使用许可起到了重要作用。

第四，首都机场集团层面。首都机场集团成立新机场工作委员会，构想并践行了"建设运营一体化"理念，建立"统筹决策—组织协调—板块执行—全员支持"的运营筹备架构体系，集中优势资源，发挥专业优势。全集团全部参与，各层级同步行动，推动集团公司内部形成一盘棋。首都机场集团以北京大兴国际机场工作委员会为统筹决策平台。新机场运营筹备办公室负责前线的全面协调和运筹任务。新机场运营筹备办公室业务板块、集团直管业务板块、专业公司业务板块分别执行各自任务。

第五，指挥部层面。大兴机场工程建设过程中形成了包括北京新机场建设指挥部、基地航空公司建设指挥部（东航、南航）、航油工程建设指挥部以及空管指挥部在内的五大指挥部统领，共包含17个指挥部的指挥部群，其中北京新机场建设指挥部居协调中枢地位。北京新机场建设指挥部以高度自觉的大局意识和整体意识，积极协同其他指挥部共同解决工程建设过程中的重重难题，体现了集中力量办大事的中国智慧。

5.2.3　立体架构中的跨界协调

大兴机场的建设，涉及众多单位，不同单位由于立场和认识不同，对于相关问题的决策有着各自的出发点和衡量标准，这中间发生一些冲突与矛盾在所难免。比如民航和军方之间、地方和民航之间、北京市与河北省地方政府之间都有各自的诉求与考量，甚至在民航内部，机场与空管之间、机场和其他的综合交通的配套部门之间也都存在大量需要协调解决的界面冲突。如何协调解决这些冲突，是大兴机场建设面临的重要问题。

在整个大兴机场的建设与运营过程中，各个层面都需要进行跨组织边界的沟通与协调。国家新机场建设领导小组、"3+1"工作机制、北京新机场建设及运营筹备领导小组等，负责对不同层面的跨界问题进行协同，体现了集中力量办大事的制度优势。

大兴机场建设的跨边界协调不光跨越组织的边界，还跨越地域的边界。大兴机场地跨京冀两地，位置上处在雄安新区与通州副中心的中点。围绕大兴机场这一核心规划建设的大兴机场临空经济示范区占地面积150平方公里，其中北京50平方公里、河北100平方公里。独特的地理区位意味着吸引北京城南、雄安新区及津冀腹地旅客和货物运输的先天优势，但也正因为如此，建设项目协调工作难度很大。

面对此难题，有关部门创新跨地域建设和运营管理模式，实现了京冀两地对大兴机场的共建共管。在行政事务管理方面，大兴区与廊坊市在管理体制、机构设置、审批程序、行政执法等方面存在一定差异，跨地域的新机场建设与运营也带来一些敏感且棘手的问题。为保障大兴机场顺利开航、平稳运营，经北京市、河北省、民航局多轮沟通，由国家发展改革委向国务院提交跨地域运营管理有关情况的报告并获得批复，确立了大兴机场创新的跨地域运营管理模式。在国家发展改革委领导的北京新机场建设领导小组办公室的推动下，针对地方管理的26项重点行政事务，如工商注册、税收、土地手续办理、日常行政执法、外币兑换、出租车管理等，最后双方达成一致——按照"依法行政、高效顺畅、统一管理、国际一流、利益共享、权责对等"的原则，大兴机场红线范围内河北的地方行政管理事权原则上"交由"北京市统一管理。北京市、河北省针对综合交通、应急管理等跨地域运营管理相关具体事项持续对接并形成方案，确保了各地方行政事项可操作、可实施。

除了组织跨界、地域跨界外，大兴机场也涉及军民航融合发展的跨界治理。大兴区选址最初与军用机场南苑机场的空域环境存在冲突，为此，在选址过程中，北京市、民航局多次与军方主动联系沟通，最终建立军民航融合发展协调工作机制，推动签订民航、军方、北京"三方协议"，解决了南苑机场的搬迁问题，实现了军民航"一址两场"同步建设。与此同时，建立了军民航联席会议制度、工作月报制度、关键问题库制度，为及时通报各自工程进展、协调推进、确保大兴机场按期建成投运创造了条件，成为军民航融合发展的标杆。

5.2.4 立体架构中的合规问题

工程就是"工+程"，其中"工"的本义就是"矩尺"，而"程"的本义就是过程、准则、程序的意思。可见，讲究"规矩""合规"是工程活动的内在要求。所谓"规矩"，就是各种行为规范、规则、标准，可以分成两大类：一类是技术规范或标准；另一类是社会规范或准则，具体包括法律、法规、伦理规范等。由于各类规范的层次性、交叉性以及适用范围的有限性，工程人在工程实践中应该遵守哪些规矩，又应该如何遵守规矩，特别是在规矩之间存在冲突以及特定规矩制约紧迫事项的时候如何解决问题，都是工程建设者必须面对的现实问题。

大兴机场航站楼于2015年9月开始建设。当时指挥部与河北省商谈交地事宜，确认哪些工程比较紧迫，哪些地方可以稍微缓一缓，决定按照工程的紧急程度由地方政府依次交地。这样，机场用地并非一次性交齐，而是按照次序依次交付。大兴区分了三批才把这些地交完，廊坊市也分了三批。这体现了工程建设过程中的"合规"与"随机应变"。

"建成、建好、合规"六字是成功的工程或者说是好工程的重要标准。大兴机场也以这六字为标准严格要求自己。作为大型跨区域建设的重点工程，大兴机场在遵循现有规矩与保证工程按时按质完成的基本矛盾上，充分发挥主观能动性，在合规基础上进行创新，就成为工程治理实践的重要组成部分。事实上，合规的"规"包含方方面面的内容，只要用了新技术或者遇到新情况，原来的规矩可能就得改变，而规矩与规矩之间的冲突也需要去协调。

大兴机场南航基地办公楼的建设就遇到此类问题。按照消防技术规范的要求，办公楼如果设有连廊，就应在每一个走廊的端点设置一个独立的防火门。但是在特定情况下，执行此项规范也有不尽合理之处，会带来高成本、低效率。为此，廊坊市消防支队走访天津乌里木消防研究所，就南航基地办公楼拿出了一个专门的消防融合方案，解决了现有规范带来的问题，成功降低了成本，提高了建筑效率。天津乌里木消防研究所在消防系统中具有较高的权威性，根据具体情况制定的防火设施方案得到了他们的认可，既切合实际，防火效果也毫不逊色。

除此之外，建设过程中还面临着工期紧迫造成的各施工单位工作面出现冲突的情况。无论哪个单位提出问题，指挥部都积极配合解决，包括免费修临时路、保障临水临电等。指挥部从大局考虑，以按时按质交付为首要目标，尽可能为其他工程建设创造便利条件。为了保障施工期间交通便利，大兴机场采用"以久代临"的做法，即该区域的道路虽在设计范围内，按程序不应该现在施工，但是为了全场路况良好，在工人一进场就先把道路修好，预埋管线。除此之外，飞行区的大外环以及航站楼的内环、外环等设置都做类似处理，大大方便了工程施工。

以上案例也表明，在大兴机场建设过程中，虽然有立体化指挥体系推动工程建设，发挥主导性作用，但在具体建设活动中，依然面临着各种复杂的现场情况。指挥部树立大局意识从项目整体考虑，上下贯通，协调各方，既能严守规矩，又能适度创新，充分体现了工程建设者的实践智慧。

5.3 以人为本与地方政府的治理作用

工程活动是最基础、最重要的人类实践活动。工程现实地塑造了自然的面貌、人与自然的关系，塑造了人类的生活世界和人本身，塑造了社会的物质面貌，并且具体体现了人与人之间的社会联系[1]。人是工程活动的最终目的，人在工程活动中居于主体地位，工程活动要体现对人的尊重和爱护[2]。民航的根本任务是满足广大人民群众的出行需求，提供优质的航空运输服务，因此必须坚持"以人民为中心"的发展原则和价值取向。以人为本、人民至上是大兴机场工程治理原则的真实写照。大兴机场作为我国从民航大国迈向民航强国的关键一步，在选址决策及建设过程中，始终坚持以人为本的根本理念，坚决维护人民群众的切实利益。

① 殷瑞钰，汪应洛，李伯聪，等. 工程哲学[M]. 第3版. 北京: 高等教育出版社，2018: 15.
② 何继善，等. 工程管理论[M]. 北京: 中国建筑工业出版社，2017: 29.

北京市大兴区政府与河北省廊坊市政府作为直接与人民群众沟通的行政主体，充分发挥各自的治理作用使以人为本真正落到实处，也使得大兴机场成为真正的人民工程。

5.3.1 筹划选址

机场建设不仅是一个投资比较大的项目，还是地方经济社会发展的强大引擎。长期以来，北京南城在北京发展格局中，无论是城市建设还是经济发展都相对滞后。如果新机场能落户大兴，对大兴而言无疑是千载难逢的重大机遇。航空经济是流量经济，本身效益就高，产业带动性更强。从国内外综合枢纽机场建设的经验看，机场建设都伴随一个与机场相适应的临空经济区与产业集群。无论是政治担当还是思想情怀，无论是岗位职责还是地方利益，争取新机场落户大兴，迅速成了全区上下的共识。

2008年3月，为了争取将新机场场址落户大兴，大兴区发展改革委成立新机场建设服务中心，开展前期准备工作。准备工作先从调研课题开始，包括三个方面：一是委托国务院发展研究中心从宏观战略布局上探讨新机场建在大兴的必要性；二是委托中国民航大学开展新机场产业关联和区域关联研究；三是委托研究机构开展相关空域研究。在邀请权威机构开展课题研究的基础上，大兴区还积极邀请城市规划、区域经济和民航空管等领域的权威专家进行课题评审和选址论证。

专家论证会大概是7月在国务院发展研究中心组织的，当时大兴区领导也参加了，整个专家论证会下来我们就松了一口气，全部专家都同意在大兴建新机场①。

尽管此次专家论证会并不是决定性论证，但对于新机场选址大兴仍然发挥了积极作用。作为区一级地方政府，大兴区政府没有被动等待，而是主动作为，积极谋划，为当地百姓谋利益，无论结果如何，这都是难能可贵的。事实上，大兴区选址面临的主要问题是与南苑机场的空域冲突问题。这个问题只能靠北京市和空军的沟通协调才能得到解决。

5.3.2 征地拆迁

大兴机场工程投资规模大、影响范围广，涉及征地拆迁、生态环境、社会环境、居民出行等与人民切身利益息息相关的问题。从机场规划到建设、运营的整个过程中，各级政府兼顾眼前利益和长远利益，协调重重矛盾，坚决践行以人为本的治理原则，从人民群众的实际

---

① 张振东,韩旭.北京大兴国际机场筹建工作口述纪实[M].北京：中国书店出版社,2019: 12.

利益出发，为老百姓办实事，使大兴机场成为老百姓满意的工程。

大兴机场工程本期红线内征地拆迁涉及34个村，其中北京19个（搬迁10个，只征地不搬迁9个），河北15个（搬迁10个，只征地不搬迁5个），而需要搬迁的20个村庄共涉及人口23 423人。在机场征地拆迁方面，地方政府发挥了重要作用。

按照大兴机场的初步规划，除机场本身建设之外，还有一些基础设施、产业配套、经济园区等建设都需要土地支撑。在国家还未正式批复新机场建设之前，大兴区政府首先对新机场可能用地的村庄建设进行控制，提出"抓管控就是抓发展"。相关村庄一律不准私搭乱建，抢盖抢种。针对群众抢盖和违法占地盖房的情况，经过调查研究、集思广益，大兴区政府进行政策创新，对不盖房的村民实施奖励政策——资源节约奖、垃圾减量奖等，既没有违反国家拆迁条例，合法合规，又照顾了老百姓的利益，合情合理。政府通过广泛宣传将这一政策详细讲解给当地村民，村民在自家宅院竞相盖房的现象明显减少。

但是利益问题的博弈还是客观存在的。区政府在文明村民的举报下，对少数村民抢占村中公共用地、非法加盖房子以图获得更多拆迁款的行为进行查实，查实一处拆除一处，遏制了违法抢占和加盖之风。拆迁队坚决遵守文明执法，不与老百姓发生冲突，维持了拆迁的公平、公正。此外，政府还严厉打击了村民在耕地上抢种经济作物和树木等以图获得更多补偿的行为，尽最大可能维护普通群众的合法权益。

除此之外，大兴机场的复杂性与其跨区域建设密不可分。尽管北京大兴和河北廊坊两地政府对这个项目都很重视，但是在整个征地拆迁过程中采用的方法是不一样的，老百姓得到的补偿也不同。从2011年8月24日正式接到启动大兴机场、地方配合的指令，大兴区政府和廊坊市政府都成立了新机场办公室来全力配合大兴机场的工程建设。围绕大兴机场建设，两地政府主要开展了三个方面工作：一是提升老百姓的认知，这是最普通也是最直接的手段；二是提升地方各级干部对大兴机场工程重要性的认知；三是搞好利益平衡，做好配套设施，例如天堂河改造、高压线迁改。这些工作，为大兴机场建设奠定了基础。

5.3.3 协调与管控

大兴机场航站楼工程施工总承包单位为北京城建集团有限责任公司、北京建工集团有限责任公司、中国建筑第八工程局有限公司；机场飞行区施工分为31个标段，由中国航空港建设总公司、北京金港场道工程建设股份有限公司以及中国铁建股份有限公司、中国交通建设集团有限公司下属公司等31个施工单位承建；轨道交通、高速公路、城际铁路等连接线及配套设施的建设任务，则分别由中国中铁、中国铁建、中国交建、中国中冶、北京城建、北京市政、北京住总、邢台路桥等建筑单位承担。中国民航六大集团公司都参加了机场建设。据不完全统计，参加大兴机场红线内建设施工的单位接近1 000家。

建设前期，指挥部作为建设主体责任单位与大兴区、廊坊市两地政府进行了1年多的沟通，20多次专题对接，制定了详细的应急方案和群众搬迁补偿实施方案。在编写《北京新机场项目环境影响报告书》的过程中，进行两次大规模的公众参与工作。公众参与采取了环境公示、发放公众调查表、座谈会等方式，调查对象包括政府和有关部门、直接受影响人群、关注本项目的人群等。通过对不同的调查对象采用不同的调查方式，保证了公众参与的质量。最终针对工程所涉及的590个村（包括征地拆迁的村庄）下发了7 912份个人问卷、564份团体问卷，结果表明99.1%的个人、98.8%的团体支持机场项目，认为本工程建设将有利于当地的经济发展，而工程建设带来的社会问题可以按照国家现行法律和政策加以解决。多年来，大兴、廊坊两地政府从各方面对机场项目予以绝对保障。在这个过程中，他们真正把为人民服务这一宗旨放在第一位。

机场建设和运营整体上对周边地区的就业有重要促进作用，可以推动区域城镇化建设。但是大兴机场作为一项工程，注定是对自然环境和社会环境的改造，而这种改变对于特定人群而言具有一定的负面影响。例如，在安置过渡期内，在工作未落实的情况下，当地百姓可能因失地、就业困难等产生一定负面情绪；机场建成后，大量高端人才进驻，物价房价抬升，当地村民在竞争上属于弱势群体；大兴机场的运营会给城南带来交通压力、噪声污染以及大气污染等问题。2014年9月，国家北京新机场建设领导小组第五次会议要求"要科学谋划，站得高、看得远、要稳妥推进，积极回应群众关切，妥善处理群众关心的征地拆迁、噪声影响、就业安置、岗位培训等事宜"。指挥部与当地政府协作，制定了一系列解决办法与补偿措施，同时做好机场建设宣传工作，切实维护百姓利益，获得了百姓的理解与支持。

在机场前期及建设过程中，两地政府积极沟通，既为当地人民群众谋利益，又为国家整体发展谋出路。在机场建设关键阶段，面对政府职能重叠的情况，比如说综合执法、交通职能管理和环保监督检查等，两地政府采取"联合执法"的办法，解决了消防、治安管理等一系列具体问题，对保障大兴机场建设具有重要作用。廊坊市机场办工作人员说：

如果我们要采取某项措施或做法，一定会跟大兴区提前沟通，同样大兴区采取某项措施或做法之前也会通报我们，这样就实现了地方政府的无缝对接。北京市机场办跟河北省机场办之间，以及大兴区机场办和廊坊市机场办之间做到了无缝衔接，大家共同想办法打破地区行政壁垒。

5.3.4　谋划临空经济区

临空经济区被认为是继航空业务开发阶段、机场商业开发阶段之后的机场经营发展的第三阶段。在机场完成商业开发阶段后，即机场商业收入足以弥补公益性亏损，非航空性业务收入开始超过航空性主业收入。临空经济区将进入快速发展时期。这一时期，机场管理已经成熟，机场业务多元化，形成了商业生态体系，因此，机场资源开发向更大区域渗透，机场对其周边地区产生的直接或间接的经济和社会方面的影响，促使生产、技术、资本、信息、人口等要素在机场周围聚集，形成的多功能区域，区域范围内设置临空经济产业，主要包括运输业、民航综合服务业、物流配送、商务餐饮、住宅开发和高新技术产业等。机场发展带动临空经济的发展，而临空经济的发展又反过来促进机场客货运输的增长。因此，如果说机场是城市经济发展的重要引擎，那么机场临空经济区就是机场的经济腹地，为其源源不断地输送"营养"。

京津冀协同发展的构想已提出多年，但现实情况却是难以形成合力。大兴机场临空经济区是促进京津冀协同发展的具体切入点。在大兴机场全面开工的同时，大兴机场临空经济区规划也启动了研究制定工作，以实现临空经济区与大兴机场同步建设。2009年，廊坊市便全面启动"临空港经济区"的谋划工作，抓住首都新机场启动建设的有利时机，研究廊坊如何借助大兴机场谋求自身发展，建立空港新区。2012年10月23日，北京新航城控股有限公司成立，承担临空经济区开发、投融资、城市运营以及资源整合的职能[①]。2013年12月，北京市协调推进新机场建设工作办公室委托中国生产力学会创新推进委员会承担"北京新机场临空经济区发展战略研究"课题[②]，以支撑相关规划的制定工作。

在地方政府的积极参与和推动下，经国务院批准同意，国家发展改革委2016年印发了《北京新机场临空经济区规划（2016—2020年）》。为充分发挥大兴机场作为大型国际航空枢纽的辐射作用，北京市将与河北省合作共建新机场临空经济区，以促进京冀两地深度融合发展。北京大兴机场临空经济区位于北京市大兴区与河北省廊坊市毗邻区域，总面积约150平方千米，包括四大功能分区：（1）航空物流区约80平方千米，其中北京30平方千米，河北50平方千米，重点发展航空物流、综合保税、电子商务等产业。（2）科技创新区约50平方千米，全部位于河北，重点发展航空工业产品研发、技术创新等。（3）服务保障区约20平方千米，全部位于北京，重点发展综合保障、航空科教、特色金融等。（4）按照总体管控、适

①　张振东,韩旭.北京大兴国际机场筹建工作口述纪实[M].北京：中国书店出版社,2019：206.

②　中国生产力学会创新推进委员会.北京新机场临空经济区发展战略研究课题[EB/OL] . [2017-11-29]. http://www.capsc.org.cn/ketichengguo/2018/0423/309.html.

度发展的原则，临空经济区外围为规划总体管控区。总体管控区东至廊坊西环路，西至永定河、固安镇西侧，北至北京市大兴区魏善庄镇北侧，南至固安镇南侧，南北长约35千米，东西宽约30千米，总面积约1028平方千米。大兴机场临空经济区计划到2030年，建成基础设施和公共服务国际一流，资金、人才、技术、信息等高端要素聚集的开放型临空经济区，成为具有较强国际竞争力和影响力的重要区域，可望为京津冀和国家经济社会发展提供源源不断的动力。

大兴机场临空经济区不仅是产业目标，还意味着港、产、城的融合，通过对接雄安新区规划，有望为雄安新区发展高端高新产业和扩大开放新高地等定位提供强有力支撑。

5.4　建设运营一体化

从工程全生命周期的角度来看，建设与运营是具有紧密耦合关系的两个阶段。只有作为供给侧的建设和作为需求侧的运营相互贯通、相互衔接，才能建成真正满足用户需求的工程。为此，就需要针对建设和运营进行恰当的"界面治理"。

在以往机场建设经验的基础上，大兴机场建设者提出了基于工程全生命周期的"建设运营一体化"理念。根据这一理念，对建设与运营实行统一管理，根据设施和运营需求来确定建设内容和规模，最大限度地实现建设和运营目标的协调统一。在项目的决策、设计、施工过程中充分考虑运营的需要，通过建设项目决策、设计、施工、运营等环节的充分结合，实现相关参与方之间的有效沟通和信息共享。在项目实施的不同阶段，各参与方提前介入项目管理中，及时进行好信息沟通，使各参与方充分了解项目情况，为相关计划的制定和调整提供信息支持[1]。作为立体化治理体系中直接与工程实践活动相关的治理环节，"建设运营一体化"策略从全生命周期的角度将运营阶段可能出现的问题前置并解决，降低了工程建设复杂性，使建成的工程能够更顺畅地投入运营。

5.4.1　建设运营一体化的动因

由于机场工程的复杂性和建设工期紧迫等多种原因，机场工程建设通常由临时组建的指

---

① 李金明.机场建设应贯彻建设运营一体化[J].民航管理,2018(10)：3.

挥部负责管理，而运营管理则由机场运营公司负责。这样的组织模式容易造成机场工程建设和运营管理脱节。首先，建设阶段可能对运行需求考虑不足。机场工程建设和运营是两个不同的阶段，机场建成后才能交给运营团队进行管理。机场工程建设时主要以航空业务量预测来确定设施需求，如果在建设阶段缺乏对运行需求的充分重视和周密考虑，或没有对运营需求进行提前分析判断、对运营需求关注不足，可能会导致机场功能不足、运行不便、运营成本增加、运行效率低下，实施过程中的变更可能大幅度增加，机场总体进度控制困难。其次，建设与运营团队人员沟通常常不够充分。现阶段许多机场建设依靠临时性的指挥部，项目完成后指挥部撤销，大多数指挥部人员不参与建成后的运营管理，这就不可避免地造成建设和运营的脱节。我国大部分机场的建设管理人员较少转入机场的运营，大多数都是继续投身于新的建设工作中。由于建设工期紧张、缺乏换位思考、对需求分析不够重视等原因，建设人员和运营人员常常沟通不充分、配合不到位。其结果，征求运营需求的工作衔接不够甚至断档，在前期论证中对需求的合理性甄别不到位，以需求为导向的机场建设理念就难以得到落实[①]。

2008年底，首都机场集团召开项目总结会，决定今后进行机场建设必须采用"建设与运营一体化"方式推进以避免机场建设与运营分离导致的相关问题；建设团队与运营团队如何进行高效的一体化协作，从工程建设一开始就要考虑周全。因此，从大兴机场建设伊始，首都机场集团从组织架构上着眼，要求建设人员和运营人员同时进入指挥部。基于"建设运营一体化"理念，指挥部从首都机场集团建设、运营及专业公司三个板块选拔具有丰富的机场建设和运营经验的骨干人员组建队伍。的确，实现"建设运营一体化"的根本着力点在于人才，必须要有懂建设的人和懂运营的人同时参与到建设团队当中，一开始就要把运营中可能遇到的困难以及未来运营方面的要求带入初期规划中。

2011年，指挥部开始大规模补充人才，同时补充建设与运营人才。在建设初期，以建设人才为主体，运营人才为辅。当建设进入后期，逐渐过渡到运营筹备阶段，则以运营人才为主体，建设人才逐渐调整到其他建设岗位。在整个项目进展过程中，根据工程建设及运营的实际需求，落实建设和运营管理两个团队人员的交互介入和动态有序流动机制，大胆尝试两个团队管理人员交叉挂职，提升建设运营总体管理效能。同时，在建设过程中，还邀请中外专家共同研讨，优化流程，对每一项设计、每一道工序、每一件设施，不断进行审视和检验，力求达成"零缺陷"工作目标。

---

① 孙继德,王广斌,贾广社,张宏钧.大型航空交通枢纽建设与运筹进度管控理论与实践[M].北京：中国建筑工业出版社,2020：3.

5.4.2　建设运营一体化的重点

机场建设与机场运营互相关联、相互作用，机场运营筹备可以为机场建设全过程提供精准的运营需求，而机场工程建设可以逐步为机场运营筹备工作提供实物环境和条件。机场建设离不开运营需求的引导，机场运营筹备离不开建设的支撑。机场工程建设和机场运营筹备同属于大兴机场工程系统的重要组成部分，机场运营筹备工作融合于机场工程建设全过程。为此，要处理好两类关系：

第一，机场建设机构与机场运营机构的关系。随着全面深化国有企业改革的推进，建设单位在基础设施建设过程中需要担负起更多责任。目前，我国国家投资的运营性项目都必须实行项目法人责任制。项目法人责任制要求项目法人按规定承担项目策划、资金筹措、组织实施工程建设、竣工投产运营或验收、债务偿还、资产管理及保值增值等责任，在项目建设中全面考虑运营已成为项目法人责任制管理理念的一部分。落实项目法人责任制要求，就要从企业集团层面统筹同一法人下各建设项目的规划建设及运营管理，提高资源配置效率。有力的管理组织结构及高效灵活的管理机制是实现"建设运营一体化"的保障。

第二，机场建设机构与其他运营单位（航空公司、空管、联检单位、驻场单位等相关利益方）的关系。项目决策和规划设计等前期工作要以满足机场运营的目标、任务和功能需求为导向，统筹考虑机场运营的要求、标准和方案，实现设施设备资源的合理配置和运行安全高效。只有以运营需求为导向，以优化资源配置为前提，以建设运营成本低、运行效率高、服务品质优、经营效益好、产权关系明、建设运营持续安全、绿色协调可持续发展为目标，以深化项目前期研究为抓手，以强化建设过程管理为手段，才能最大限度地实现"建设运营一体化"目标。

5.4.3　建设运营一体化的实践

大兴机场建设不是一个工程，而是由一系列子工程构成的工程群。机场、航司、空管、航油等民航设施，地铁、高铁、高速公路等交通配套设施，水、电、气、热等外围能源保障设施，均需在开航前完成建设并投入运营，缺一不可。公共区内所有驻场单位的办公及生活设施必须按期正常投运。为如期完成建设目标，就需要将前期手续办理、建设、验收和移交、运营筹备四个阶段按"建设运营一体化"理念同时展开。

（1）前期手续办理。紧盯用地手续办理，紧跟用地审批进度，力争尽快取得批复。尽快完成所有项目规划审批手续，并联合南航、东航、空管、航油项目建设方，协商推进征地手续办理。持续做好基础测绘、规划验收等技术保障工作。

（2）工程建设与运营筹备双线并进。制定交叉事项专项计划，重点协调，全力推进。坚持"开门"建机场，始终围绕"四型机场"目标，适时优化组织机构设置，打破人员编制局限，搭建双跨机制，部分工程建设和运营筹备业务人员双向交叉。在建设过程中开展流程优化，在研究运营方案中结合工程建设，力求"一次性把事情做对"。

（3）验收与移交。认真细致做好各验收项目的整改工作，不留死角，不留盲区，精益求精，抓好细节。严格落实规定，按照"验收一批、盘点一批、接收一批"的原则分步实施，明确"谁使用、谁接收、谁管理"的职责界面，建立资产移交方和接收方的全面对接，分批次、分类别、分系统、分区域开展资产盘点确认。借助信息管理手段，确保账实相符、账账相符，实现管理权责的有序移交。

（4）运营筹备。以确保"9·30前开航投入运营"为核心目标，积极对接工程建设，明确领导班子，确定岗位体系设计方案，持续补充人才；全面整章建制，搭建核心制度体系，严格落实总进度综合管控计划，同心协力保障校飞、试飞等重点任务；做好综合演练和联调联试，通过行业验收并获得试用许可，确保投运仪式圆满成功；扎实细致做好开航各业务保障工作，全力推动航空公司顺利入驻，力保投运时商业同步开张，统筹完善各区域基础运行环境，使机场顺利投入运营。

为了做好建设运营一体化工作，还专门成立了北京大兴国际机场建设运营一体化协同委员会，委员单位包括与大兴机场建设、运营协同相关的驻场单位，各单位本着自愿加入、动态管理、科学民主、高效务实、统筹推进的原则共同搭建组织机构。其目标是打造一个平台，推动四种融合，设立四个抓手，深化五项机制（图5-3），由此奠定了建设运营一体化实践的组织基础。

"建设运营一体化"理念的提出体现了从全生命周期看工程建设的思路，突出对工程建设宏观治理的把控，体现了工程建设理念的变革。究其实质，是把工程的最终需求提前反映到

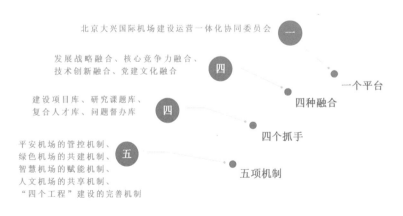

图5-3　北京大兴国际机场建设运营一体化协同委员会工作目标

工程规划、设计和建设过程中，真正做到以人为本。这不仅从总体上降低了工程建设的复杂性，更使大兴机场成为用户满意的"人民工程"。在大兴机场建设经验的基础上，首都机场集团在行业内进一步提出了以全生命周期管理为特征的"规划投资融资建设运营"一体化理念，在推动解决"建设运营脱节"问题上迈向了新的高度。

第 6 章

组织指挥体系：协调、凝聚与管控

任何工程都是团队作业，面对工程问题，不同行动者的感知和解读通常不会一样，对于客体"不完备性"的感知和解读通常各不相同，对于究竟如何改造现实，也会见仁见智。因此，团队作业离不开指挥者，就像交响乐离不开指挥家一样。工程指挥是整个工程建设的枢纽和灵魂，指挥者灵活运用行政手段、市场机制等方式，来平衡工程中的各种价值冲突和利益之争，是工程实践的题中应有之义。重大建设工程更是需要建立指挥部或指挥部群，发挥工程建设神经中枢的职能，并在实践过程中化解价值观差异和利益冲突可能带来的各种风险。在立体化治理体系的统摄下，指挥部全力打造学习型组织指挥体系（图6-1），紧紧围绕"四个工程"建设的总目标，通过制度建设和文化建设，打造出了自愿合作的"工程秩序"，有效发挥了管控、协调和凝聚作用，在安全控制、质量控制、进度控制、成本控制等方面达到了预期目标，彰显了中国速度，创造了中国标准，贡献了中国智慧。

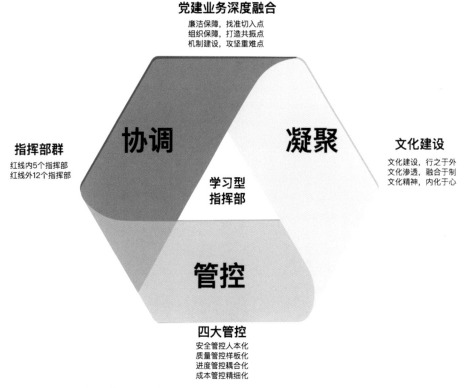

图6-1 大兴机场建设的组织指挥体系

6.1 指挥部与指挥部群

大兴机场立体化治理体系是国家集中力量办大事逻辑的一个具体体现，而要将这种治理逻辑贯彻到工程建设的全生命周期之中，就必须有一个坚强的战斗堡垒，这就是大兴机场建设的组织指挥体系。正是这样一个组织指挥体系，发挥着协调、凝集和管控的作用，保障了大兴机场建设工程的顺利进行。

6.1.1 指挥部模式的历史渊源

大兴机场建设组织指挥体系的核心是工程建设指挥部。事实上，针对重大建设工程，我国很早就形成了行之有效的"指挥部模式"，正是这种模式支撑起了中国重大工程建设的辉煌成就。

工程建设指挥部发端于我国计划经济时期，一般由政府主管部门指令各有关单位（地方政府、建设单位、设计单位、施工单位等）派代表组成有权威的领导班子，对工程设计、采购、施工进行全面协调和管控，待项目建成后移交生产管理或运营机构使用。在20世纪50-60年代开始出现工程建设指挥部，主要承担建设现场施工组织和指挥的职能。从1965年开始，"指挥部模式"得到全面推行，当时由中央部委和地方政府牵头组建的重大工程建设指挥部还往往承担区域协调职能，对区域内所有工业项目建设进行总体领导和统一管理[①]。"指挥部模式"对于集中资源、加快工程建设发挥了积极作用，但由于其过多采用行政手段而忽视其他管理办法，常常导致工程项目"工期马拉松，投资无底洞"的现象。

改革开放之后，随着工程建设市场化改革不断深化，"指挥部模式"也随之转型发展，项目法人责任制、招标投标制、工程监理制和合同管理制等都得以确立并发挥了关键作用[②]。政府重点关注项目决策、投资安排、监督管理、全过程审计，而施工企业由自管自建变成了合同乙方，实现了基本建设体制由行政管理向市场化运行的转变[③]。如果说传统意义上的"指挥部模式"是行政化的纵向指挥结构，那么市场经济条件下的"指挥部模式"则更加强调分权、扁平化和市场化，因而更加适应变动不居的竞争性市场环境。

由于其建设规模大、利益相关方众多、目标多元化的特殊性，重大建设工程都离不开指挥部的组织指挥。在社会主义市场经济条件下，正是依靠强有力的行政手段和灵活的市场机制的有机结合，指挥部才能协调各方，及时解决现场问题，稳步推进工程建设。指挥部作为组织指挥体系的核心，其眼界能力决定了项目的品质高度，其专业能力决定了项目的专业精度，其组织能力决定了项目的工作进度。

6.1.2　大兴机场建设中的指挥部群

作为巨型复杂工程，大兴机场的建设也离不开强有力的工程建设指挥部。更恰当地说，是离不开一个强有力的组织指挥体系。只有建立起纵向领导有力、横向协调顺畅、贯通全生命周期的组织指挥体系，相关工作才能稳妥、有序、高效开展。

由于大兴机场建设的定位之一是综合交通枢纽，因而涉及众多工程项目，可以看作"工程项目群"，因此相关工程建设指挥部也就不可能只有一个，而是由若干个工程建设指挥部构成的"指挥部群"。在这个指挥部群中，北京新机场建设指挥部发挥中枢作用，主要负责机场

① 杨德向、张俊杰、刘毓山. 钢铁工业工程现代管理方式研究[M]. 北京：经济管理出版社，1993：369-387.
② 胡毅、李永奎、乐云、陈炳泉. 重大工程建设指挥部组织演化进程和研究评述——基于工程项目治理系统的视角[J]. 工程管理学报，2019，33（1）：79-83.
③ 乐云，黄宇桢，韦金凤. 政府投资重大工程组织模式演变分析及实证研究[J]. 工程管理学报. 2017，31（2）：54-58.

自身（航站楼、跑道等）的建设。大兴机场建设"红线内工程"还涉及基地航空公司建设指挥部（东航、南航）、航油工程建设指挥部以及空管指挥部（图6-2）。

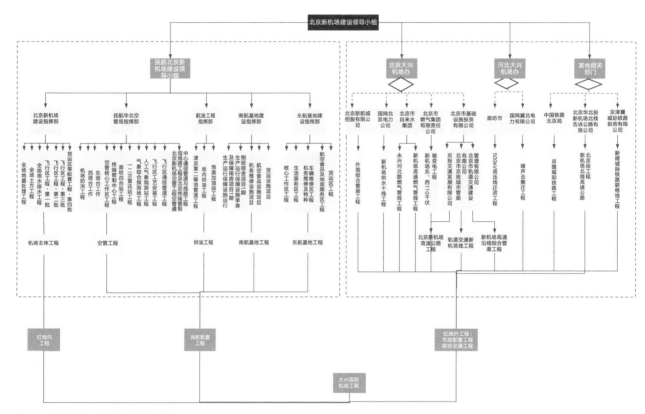

图6-2　大兴机场工程群与指挥部群

参与大兴机场建设运营的所有指挥部构成了大兴机场建设的"指挥部群"，可称之为组织指挥体系。面对大兴机场建设这个世纪工程，各个指挥部组成了一个"一荣俱荣、一损俱损"的命运共同体。在这个组织指挥体系中，北京新机场建设指挥部发挥中枢作用，尽管这些指挥部之间并没有直接的上下级关系。北京新机场建设指挥部同时对作为项目法人的首都机场集团、作为行业主管部门的民航局和作为国家级统筹协调机构的北京新机场建设领导小组负责，在整个建设过程中发挥着不可替代的指挥中枢的作用。

北京新机场建设指挥部是"大指挥部"，除了完成自己负责的项目以外，还要对大兴机场相关项目进行协调与同步。北京新机场建设指挥部把国家层面的、行业方面的、地方的、市场的各种有利因素通过一个链条整合到一个平台上，形成拳头效应，充分发挥集中力量办大事的优势。

北京新机场建设指挥部运行的基本原则是集体与分权结合，与其他指挥部积极沟通，既保证统一指挥、最佳运用有限资源，又能有效决策、各有侧重。在实践过程中，合理吸收行政指挥、施工管理总承包、联合指挥部等管理模式的优点，紧扣大兴机场工程项目实际，围绕"建设运营一体化"，聚焦重大难点和突出问题确立建设管理模式，充分发挥市场机制的积极作用。北京新机场建设领导小组、民航局和首都机场集团等进行总体协调，北京新机场建设指挥部则集中精力抓工程的统筹，保障工程按计划推进，管控好施工质量、安全和成本。原则上，一般性问题包括技术性问题和具体工作层面的问题在北京新机场建设指挥部内部解决；事关方向性的问题，需上报首都机场集团解决。

6.1.3　作为命运共同体的指挥部群

"共建、共治、共享"是各个参建单位的共同心声。为此，北京新机场建设指挥部着力营造独特的工作平台并与各个参建单位实现协同，针对工程建设过程中出现的大事小情进行高效、合规的决策，由此打造出了围绕大兴机场建设的命运共同体。

北京新机场建设指挥部的全体干部员工观大势、思大局，心怀"国之大者"，协调好参建单位，走高质量发展之路。指挥部与驻场单位（空管、航油、航司）建立联席会议制度，召开月例会，解决相关问题。同时，积极推动各个指挥部之间的交流互鉴、协同运作。在这种氛围下，各个指挥部、各个参建单位乃至每个人都牢固树立了共同体意识，共筑风险防线，确保工程建设的顺利进行。

维系指挥部群这个命运共同体的根本精神是中国传统智慧。"大道之行也，天下为公"表达了中华民族对以人为本、以民为根、天下大同的根本认识和精神追求，而"和而不同"则强调，既要承认事物的多样性与差异性，又追求整体的和谐性与统一性。正是基于"天下为公""和而不同"的理念，北京新机场建设指挥部才能营造出学习型的组织文化和工作机制，将各个员工凝聚在一起，将其他几个指挥部团结在一起，从而形成了一个高效协同的组织指挥体系。

6.2　学习型指挥部

大兴机场建设定位高、工期紧、任务重，如何确保如期交上满意答卷，是摆在全体建设者面前的重大政治任务。北京新机场建设指挥部作为协调中心和指挥中心，通过制度建设和文化建设，打造出一支善于学习、敢打硬仗的工程指挥队伍，在异常复杂的工程建设中运筹帷幄，充分发挥协调、凝聚和管控作用，力求"化繁为简"，为打造"四个工程"和助力建设"四型机场"发挥了中流砥柱的作用。

6.2.1　标杆意识，以知促行

为了适应生存环境并生存下来，任何一个物种群体都必须有能力发明新的行为，从而以新的行为方式来利用环境[①]。首都机场集团也不例外，为了达成组织目标，从一开始就树立标杆意识，以更高的站位、更宽的视野、更严的标准，统筹做好各项工作。基于建设"新国门"的政治定位，建立了一个由经验丰富、专业能力强的员工组成的指挥部，具体指挥整个工程建设。指挥部坚持把贯彻落实习近平总书记重要指示批示精神作为首要政治任务，不忘"为人民谋幸福、为民族谋复兴"的初心，时刻牢记自己担负的历史使命，树立选人用人的正确导向。

指挥部是工程建设的领军者，要建设智慧机场，指挥部得先有智慧。只有将那些具有丰富经验、专业能力和责任意识的人召集过来，才能形成有战斗力的组织。

指挥部的最初人选是从首都机场集团建设、运营及专业公司三个板块选拔过来的业务骨干，他们具有丰富的机场建设或运营经验，具有很强的学习能力、领悟能力和适应能力，也都认同首都机场集团的企业文化。这样，遇到任何事情，究竟该怎么做，做到什么程度，他们很快就能建立起概念，沟通与合作都会比较顺畅。

指挥部刚开始组建的时候不过十余人，之后按照同样的标准逐步扩大，高峰时将近200人。部分指挥部成员在施工接近完成时直接加入大兴机场管理中心（现"大兴机场"），从而缩短了建设与运营对接的磨合期。负责建设工作的指挥部和负责运营工作的管理中心均为首都机场集团的成员单位，主要领导两边同时任职，保证了决策的协调性。这就从组织上摆脱了过去那种工程建成投用后，多数成员从哪里来回哪里去，机场投用时重新四处招录运行管理人才，以至于项目部成员和新进人员"两面夹生"的尴尬局面。

但是，对于这批善打硬仗的骨干力量，如何将他们的积极性充分调动起来，合作共事，就成为了重中之重。为此，指挥部从成立之初就设计了用人制度，力求让员工实现自我价值，干出崇高的事业。他们能够从历史、现实和未来的角度，审视自己所从事的工作，清醒认识到每一项工作都是在参与历史、创造历史，要讲政治、讲大局、讲奉献。正是依靠这批当代中国民航建设领域的顶尖管理专家，靠着他们开放、共享和包容的态度，指挥部才能充分

---

① 陈国权. 学习型组织的过程模型、本质特征和设计原则[J]. 中国管理科学. 2002（4）：87-95.

调动和配置国内外最先进的资源、知识、技术为我所用，才能以"钉钉子"的精神跑赢工程建设"最后一公里"，成功冲刺投运目标。

6.2.2　高效运转，应时而动

当前，整个行业对民用机场建设的要求越来越高，外部环境、技术发展日新月异，需要投入大量精力保证工程品质。在这种情况下，传统的适应于"静态管理"的金字塔组织形态的指挥部，其局限性越来越明显。与此相比，北京新机场建设指挥部以扁平化理念进行组织设计，将职能部门与项目任务进行有机结合，形成了由纵向的各职能部门与横向的工程部交叉而成的矩阵式组织结构。在这种格局下，可以更加灵活地调配人员，集中精力做好统筹、组织、协调工作，同时借助外部专业机构和专家团队支持具体业务，让专业的人做专业的事，真正做到精力有侧重、术业有专攻、品质有保障。

为了避免纵向和横向工作部门指令矛盾对工作的影响，采取以横向为主的工作原则，如果纵向工作部门不同意横向工作部门的指令，则应由纵向工作部门提出，由指挥长协调。这样，指挥部就将权力分散至直接负责业务的每位技术人员、管理人员，减少了信息传递的延迟时间及降低信息损失率，提高了决策与执行的速度和准确性。

随着工程向纵深推进，指挥部的职责、组织结构、人员配备都进行了相应调整，特别是运营筹备工作得到不断加强。指挥部的人员组成，一开始就包括了建设人员和运营人员，只是运营人员占比很低，随着建设工作展开，运营人员占比不断提升，并最终从指挥部分化，参与运营大兴机场。比如，大兴机场的总经理也担任指挥部的总指挥，大兴机场的信息管理部大部分源于指挥部的弱电信息部，大兴机场的规划发展部员工也大部分源于指挥部的规划设计部。如此"相互融合、相辅相成"的组织方式支撑着指挥部的高效运转，支撑着"建设运营一体化"理念的落地。

随着大兴机场的建成投运，指挥部组织机构设置及人员配备情况发生了比较大的调整。这个不断对组织架构进行调整的过程，实际上也是一个组织学习过程。

6.2.3　知行合一，自我更新

制度是把个体聚集成社会的纽带，传达着建立合作关系、采取共同行动必需的共同信息①。制度包括信念、规范、规则等表现形式。为了不辱使命，指挥部基于强烈的规矩意识，

---

① 李建德. 制度及其演化方法与概念[M]. 上海：格致出版社，上海人民出版社. 2019：488+491.

树立了一切按制度办事的指导思想。正是依靠制度建设，指挥部才能将个人学习扩展到团队学习，将团队学习扩展到组织学习，甚至穿越组织边界，将学习成果扩展到其他相关组织，从而达成知行合一、不断自我更新的工作状态。

为了建好大兴机场这个复杂巨型工程，从北京新机场建设领导小组到指挥部层面，都有一套有序的定期沟通协调制度。在建设过程中，国家发展改革委、交通运输部、海关总署、北京市政府、河北省政府、空军、武警总队等相关部门帮助协调解决了一系列重大问题，民航局则积极推动跨地域管理、空域规划、飞行程序批复、投运方案的编制及审核、空域容量评估、"两场"资源配置方案等一系列重点、难点事项。

为了统筹、管理、协调机场建设的方方面面，指挥部搭建出一套制度体系。2012年，当时还未开工，指挥部就发布了46项管理规定，确立了指挥长办公会和党委会议事规则、招标管理规定、工程计划管理规定、资金支付管理规定、质量安全管理规定等制度规范。到整个建设期间，制订、修订136项核心制度，做到工作全覆盖。就安全管理来说，指挥部建立了全流程HSE（安全、环保、健康）管理体系，具体涉及安全生产风险管控、事故隐患排查治理、安全生产绩效考核、安全生产教育培训、工程发包与合同履约等20余项制度。针对这些制度，指挥部专门举行宣贯会，以求真正做到人人学习制度、人人掌握制度、人人执行制度。

指挥部还通过会议、教育培训、领导议事和业务小组学习等方式，督促员工向用户学习、向合作伙伴学习、向同事学习，从而造就出具有"六感"——历史感、时代感、未来感、层次感、价值感、现场感——的员工和团队。事实上，任何工程都必须扎根历史、呼应时代、建构未来，这就要求指挥者具有很强的历史感、时代感和未来感，懂得社会大势。任何工程都要求扎根现场、协调各方、随机应变，这就要求指挥部有很强的层次感、价值感和现场感，以便第一时间发现问题并以最快的速度解决问题。这"六感"是学习型指挥者的必备素养，也是工程实践逻辑的内在组成部分。

指挥部按照"出成果、出人才、出效益"的要求，加强创新能力建设，形成了指挥部与科研单位之间的良性互动机制。指挥部设立科研课题，从政策上引导大家提升自己，主动参与到各类课题研究当中。当机场竣工投运的时候，绝大多数人的能力和职位有所提升。也正因为如此，在首都机场集团对成员单位的"科技创新"考核中，指挥部表现优异。

在这种浓厚的学习氛围中，包括指挥部在内的大兴机场建设有关单位已经获得60余项国家级、省部级奖项。其中，航站楼、停车楼、信息中心及指挥中心等7个项目分获全球卓越项目管理大奖金奖、中国土木工程詹天佑奖、国家优质工程金奖、中国钢结构协会科学技术奖特等奖、全国绿色建筑奖一等奖等。此外，东航、南航、空管、航油项目还分别获得中国钢结构金奖、北京市结构"长城杯"等奖项。可以说，指挥部做到了以知促行、以行促知、知行合一。

6.3　党建业务深度融合

党的十八大以来，习近平总书记就国有企业改革发展和党的建设作出一系列重要指示批示，他强调要加强和改进党对国有企业的领导，充分发挥企业党组织的领导核心和政治核心作用；各级党委和政府要牢记搞好国有企业、发展壮大国有经济的重大责任，加强对国有企业改革的组织领导，尽快在国有企业改革重要领域和关键环节取得新成效。为此，国有企业开始明确将党建工作要求写入公司章程，把党的领导融入公司治理[①]。指挥部学习国有企业党建业务相融合的做法，走出了独具特色的党建业务深度融合之路。搞建设是业务工作，而把党建带进去，实现党建业务深度融合，有利于打造出"政治、专业"双过硬的工程建设队伍。这样，就从组织层面降低了工程活动的复杂性，推动工匠精神更好地落实到最基层。事实上，党建就是一种制度化手段，能够唤起每个人的责任意识，自觉地把事情做到位。

6.3.1　廉洁保障，找准切入点

指挥部着力解决突出问题，注重强化理想信念、规范工作程序、完善体制机制，坚持标本兼治。指挥部从问题入手，研究党建工作和业务工作融合必要性的同时，找准切入点，并挖掘影响两者融合的因素。

把支部建在项目上是我们的法宝。当时我们琢磨了近两年时间，从个人的认识转化为主要领导的认同，进而成为大家的共识并大力推进，最终走上了人民大会堂进行经验交流，实际上中间走了很长一段路。我们借鉴的就是中国共产党在最艰难的历史时期所提出来的"党指挥枪""支部建在连队上"的工作方针。通过将支部建在项目上，各种指令传达到每个人的时候，就能够真正发挥作用。

---

① 仲祖文. 推动基层党建全面进步全面过硬——以习近平同志为核心的党中央抓基层强基础纪实[J]. 党建研究. 2017（7）：35-39.

在机场建设、运营的不同时期，有上百家施工单位、数十家驻场单位、数万名驻场员工，如何让他们拧成一股绳？党建和业务的深度融合就是重要法宝。指挥部始终把政治性放在党建和业务工作的首位，把强化廉洁意识作为切入点，教育引导指挥部员工进行思想建设。指挥部从行动上抓党建，从业务上考核党建，对党建和业务进行统一谋划、统一部署、统一考核，并一以贯之地抓紧抓好。

对机场政治性的领悟会让人心理得到升华。我们在2019年的时候，真的很累，这个时候靠的是信念，就是要为党和人民交上一份满意答卷。面对世纪工程，精神上由党建引领，会让人有钢铁般的意志，会觉得自己在做一份伟大的事业。

众所周知，工程建设领域历来是腐败易发多发的"高危领域"，特别是重大建设工程，规模大、周期长、资金使用量大，每个建设者都面临着"被围猎"的风险。要杜绝工程腐败，建设廉洁工程，就离不开党建的引领和保障。2015年，中央八项规定出台，国家加强了大型建设工程的廉政建设。指挥部紧抓工程廉政不松手，弱化了物质奖励，强化了精神鼓励，注重塑造员工的职业荣誉感。针对一些党员认为党建是领导的事、就是走形式、党建工作非工程建设的任务等思想认识，以及干部配置相对不足、专业知识系统性学习不够等实际困难，各支部认真设计党建工作方案，突出党建和业务工作实际，努力让每个党员由被动转变为主动，成为党建实践者、参与者、受益者、推动者。这样，也就激活了党建"神经末梢"，打通了党建"最后一公里"。

6.3.2　组织保障，打造共振点

大兴机场建设工程参建主体多、涉及专业多、建设协调难度大，在面临诸多挑战的情况下，指挥部明确树立抓基层、打基础的导向，打造上下贯通、执行有力的组织体系，坚持工程项目推进到哪里，党的组织就覆盖到哪里，党的工作就延伸到哪里。

指挥部运用支部这个纽带将指挥部和施工单位连在一起，成功搭建起"指挥部党委—5个工程党支部—各参建单位党组织"三级组织架构，制定了"领导联系部门、部门联系工程标段、标段联系参建单位、党员联系具体项目"的"四联系"工作机制。具体有四个基本特征：(1) 发挥基层党组织战斗堡垒作用。根据机构、人员变化以及实际工作需要，以提升基层组织力为重点，动态优化基层党总支（支部）、党小组与团支部、班组相融合的模式，充分发挥基层党组织在攻坚克难中的战斗堡垒作用。(2) 贯彻落实党管人才原则。突出政治标准，激励广大党员干部积极投身机场建设运营，以实际行动践行对党忠诚。(3) 发挥榜样带头作用。将是否真抓实干、动真碰硬作为体现忠诚、担当的评判标尺，激励广大党员做到"日常工作看得出来，关键时刻站得出来"。（4）打造党建品牌。以设立党员示范区、党员示范岗以及组建党员突击队、开展承诺践诺、推进党建创新课题研究等为抓手，打造基层党建示范点、基层党建创新项目和"一消一控两创"试点支部①。

通过组织机制打造共振点，使得每个人都自觉树立正确的世界观、人生观、价值观、道德观，改进作风，提升能力。这样，党建和业务的深度融合就不会成为简单的"机械捆绑"，而是你中有我、我中有你，自然而然地发挥作用。

6.3.3 机制建设，攻坚重难点

指挥部认真研究党建工作与业务工作在融合方面存在的实际问题，具体分析产生问题的原因并提出相应的解决措施，依靠机制建设，攻坚重点难点，增强了党建工作与业务工作互相带动的合力。相关机制建设主要包括如下几个方面：

（1）建立党组织参与重大决策的制度规范。决策前，各级党组织参与调研和谋划，主要行政领导充分听取党组织的意见；决策中，各级党组织积极参与、出谋划策、当好参谋；决策后，各级党组织运用多种手段做好思想政治工作，调动各方力量保证决策顺利实施。

（2）落实组织生活会、民主评议党员等制度，履行好党政同责和"一岗双责"。立足此类机制，各个参建单位大力协同，力求在合规基础上把工程建成、建好。

（3）建立干部双向交流机制。选拔既懂党建又懂业务，且综合能力强、素质高的人才加入党务干部队伍中来。这样，党务干部懂业务，行政领导熟悉党务，可以相互"把准脉""跟上步"。

（4）深化运用督导考核系统。督促各级党组织履责尽责，明确全面从严治党考评加分项与否决项，实行党建业务"双乘法"考核，即单位绩效得分为战略执行绩效考核得分乘以全面从严治党考核得分，二者互为系数，并与单位绩效考核结果、"四好"领导班子考评、全面从严治党考评、党委和纪委书记评优挂钩，实现了评价一个单位、一名干部既看经济账又看党建账，推动两者互促共进。

（5）充分发挥考核指标的引导作用。营造"抓好党建是本职、不抓党建是失职、抓不好党建是不称职"的舆论氛围和用人导向，真正实现以考评促党建的效果。

---

① "一消一控两创"试点支部："一消"，即坚持安全隐患零容忍，消除一切可能影响生产运行稳定的安全隐患；"一控"，即防控生产经营管理中的政治、安全、廉政等重大风险；"两创"，即以党支部为主体，带动党员、群众创新创效。

基于上述制度安排，指挥部力求做到党建与业务工作同时计划、同时研究、同时部署、同时考核、同时总结，从而形成"思想上同心，目标上同向，工作上同步"的局面。

6.4　文化建设与认同的力量

在大兴机场建设过程中，重要的还有文化建设。文化建设与党建有关，但又不同于党建。"文化"具有丰富的内涵，将其作为动词理解，更能抓住其精神实质，这就是"以文化之"，即建立"自愿合作秩序"的过程。大兴机场建设工程的成功离不开文化建设所塑造的价值感。有了价值感，才会有对工程的认同、对组织的认同。唯其如此，正式制度也才能落实到位。

6.4.1　文化建设，行之于外

文化就是"文+化"。"文"的本义是各色交错的纹理、花纹，引申为修饰、和美、秩序，而"化"指的是事物形态或性质的改变，因此文化的本义就是"以文教化"，或与天造地设的自然对举，或与无教化的野蛮对举。周易有云："观乎天文，以察时变；观乎人文，以化成天下。"意思就是通过观察天象，可以了解时序的变化；通过观察人类社会的各种现象，可以用教育感化的手段来治理天下。可见，文化的基本功能就是建立人与人之间的合作秩序，形成和平、稳定与连续的合作社会①。任何国家、任何组织都需要文化来建立合作秩序。

指挥部非常重视文化建设，工作伊始就着手建立自己的企业文化体系。2011年4月，指挥部党委组织开展了指挥部宣传口号有奖征集活动。2012年开展"指挥部文化理念体系设计方案征集活动"。在广大员工积极参与下，总结出自己的文化体系：其愿景是"引领世界机场建设，打造全球空港标杆"（图6-3）；其使命是"建设精品国门，助推民航发展"；其精神是"勇担重任，团结奉献，廉洁务实，追求卓越"。这种企业文化激励着每个员工养成忠诚担当的政治品格、严谨科学的专业精神、团结协作的工作作风和敬业奉献的职业操守。作为无形资产的企业文化发挥着强大的凝聚作用，成为指挥部拥有巨大合力、保持活力的内在根据。

事实上，企业文化建设的基本目标，就在于通过各种活动，把更多的人"化"入工程，

① （美）乔纳森·H. 特纳. 社会学理论的结构[M]. 邱泽奇、张茂元 等译. 北京：华夏出版社. 2006：101+106.

图6-3 指挥部外景

使他们"认同"工程目标并自觉地凝聚在一起，其核心乃是塑造参与者的"价值感"，将工作变成值得自豪的事情。在这个过程中，好的领导者能够凝聚共识，形成向心力，让更多的人成为企业文化的追随者、执行者和创造者，从而形成文化自觉。

工程从无到有，从一片阡陌纵横，到现在变成一个航空枢纽，每个团队、每个员工都有自豪感、成就感，尤其是2017年习近平总书记视察大兴机场，将大兴机场定位于"国家发展一个新的动力源"，这给了大家莫大的激励。

在指挥部党委的直接领导下，指挥部文化建设领导小组组织开展文化口号、文化理念设计等征文活动，并多次召集文化专题研讨会，凝练具有自身特色的文化理念体系。同时，指挥部重视内外宣传工作，充分利用集团公司报刊、《指挥部之窗》等宣传媒体，强化信息传递、工作交流和经验成果分享，宣传工作亮点、典型人物及先进事迹，营造积极向上的文化氛围。特别是在对外宣传上，制定了《新闻宣传管理规定》，规范了新闻宣传管理流程，围绕工程进展、工作亮点推出相关报道，为大兴机场建设营造了良好舆论环境。

指挥部运用环境布置、释义撰写、手册制作、故事征集、专题宣讲等方式，加强文化理念落地推广，将大兴机场在建设、运筹及开航后的宝贵经验和成果转化为企业高质量发展的精神动力。在这个过程中，领导层特别是总指挥的言行起着导向作用。总指挥专业能力强，遇到困难沉着镇定，善于集思广益，那么员工也就会有更强的组织认同感，就会有更强的实现奋斗目标的信心和决心。

我们总指挥专业水平高，善于营造相对宽松的环境，让大家就专业问题各抒己见。这样，大家一直有着高昂的斗志，没有什么内耗。这个项目从立项到开工还是有点曲折的，但是总指挥扛得住，信心足够大，耐得住寂寞，受得了委屈，带着我们这帮人一步一个脚印干。他特别善于发挥每个班子成员的特长，尊重人的价值和作用，能够创造一种和谐民主的氛围，把每个人的积极性调动起来，善于把干好一个项目变成大家共同的目标，这就是工程智慧。

正是在指挥长的带领下，指挥部提炼出了"勇担重任，团结奉献，廉洁务实，追求卓越"的十六字精神和"安全第一，质量为本，科技创越，诚信至善"的管理理念，并力求实现"引领世界机场建设，打造全球空港标杆"的美好愿景，履行"建设精品国门，助推民航发展"的崇高使命。凭着这种文化力量，每个员工都能做到面对责任不逃避、面对困难不退缩，而各个参建单位也都勇担重任，践行承诺，求真务实，锲而不舍。这样，大家齐心协力，共同铸造出了精品工程、样板工程、平安工程和廉洁工程。

6.4.2　文化渗透，融合于制

制度是文化建设的载体和基础。文化要起作用，就必须有相关制度的配合，并通过这些制度将价值追求落实到工程的全生命周期。《诸葛亮·兵要》上说："有制之兵，无能之将，不可以败；无制之兵，有能之将，不可能胜"，可见制度的极端重要性。指挥部围绕工程建设管理、资金使用、内部管理等，制定、修订了126项规章制度，以规范员工的行为并形成长效机制。而在所有这些制度安排中，都渗透着企业文化精神。

"以人为本"是文化建设的旨归。因此，在所有相关制度安排中，人才的选拔、任用、评价和晋升制度是核心。在这方面，指挥部完善了岗位体系、选拔程序、职业通道、考核要求，制定了兼具对内公平性和对外竞争性的薪酬政策。对于那些在工作中干实事、出实绩的人员，在职称评审、薪酬待遇等方面，给予更多的政策支持和资源倾斜，由此促进了指挥部与员工的共同发展。其薪酬制度的基本特点是：其一，结合市场水平、地区水平、行业水平和集团公司相关成员企业水平，制定具有竞争力的薪酬制度，实现同岗位、同业绩、同资历的员工薪酬一致，保证薪酬管理的内部公平；其二，按照首都机场集团人工成本管理要求，建立员工工资正常增长机制，随着建设任务的推进，动态调整薪酬，持续鼓舞员工士气；其三，薪酬政策与其他政策相配套，统筹规划，整体联动，确保团队业绩与员工价值的共赢；其四，指挥部领导班子成员（含总指挥、执行指挥长、党委书记、常务副指挥长、副指挥长、总工程师、财务总监、指挥长助理）实行年薪制，执行首都机场集团规定的标准和管理办法，其他人员实行岗位绩效工资制。

文化建设的有效性取决于员工是否直接参与。为此，指挥部从一开始就鼓励各级员工积极参与企业文化建设工作，倡导"终身学习"，将培训体系覆盖全体员工，并贯穿员工职业发展的始终。所有这些制度安排，其要旨就是在员工激励和员工培养两个方面齐头并进，使大家在工程建设中实现自我提升，同时为工程建设做出自己的独特贡献。

6.4.3 文化精神，内化于心

文化建设行之于外，融合于制，内化于心，才会有勇担使命的自觉行为。鉴于施工过程是众多团队以并行方式或串行方式协作进行，因此需要相互之间的实时协调。大兴机场建设任务的复杂性使得施工过程的协调和管控难题重重，在这种情况下，基于共同愿景的"心理契约"发挥着关键作用。这种"心理契约"不仅导源于企业文化建设，同时还植根于中华民族的"和"文化。

复杂巨型工程的参建单位众多，各有自己的组织文化，客观上存在着相互之间发生冲突的可能性。为此，指挥部努力通过文化建设进行协调，倡导发挥中国传统文化在工程建设中的作用，在尊重各参建单位文化建设独特性的基础上谋求文化精神的统一性。在指挥部的引领下，各参建单位都尽心尽力将文化精神内化于心。

指挥部员工最突出的特点就是讲究实干、执行力强。工程人的思维导向就是一定得成、一定得行，而不是说一定要很好或者技术很先进。也就是说，安全性、稳定性、可靠性和经济性才是首要标准，而这些与工匠精神息息相关。

机场供电服务中心秉承"一切源于客户、一切为了客户、为客户创造价值、与客户实现共赢"的价值理念，将工匠精神落到实处，就是一个突出例子。机场的配电网络是由一根根粗细不同的电力电缆连接起来的，10千伏电缆一共由9层构成，制作接头时，每一层怎么割、留多长都有明确规定。负责连接的工人将接头制作过程录像，并在电缆里的一层铜箔上刻上自己的名字，同时在做好的电缆接头处挂上写有电缆规格、制作时间等内容的铭牌。在一线施工人员看来，工匠精神就是"工艺+手艺"。所谓工艺，就是电缆的施工工艺、技术参数；所谓手艺，就是肌肉与大脑的条件反射[①]。只有手脑并用，心物相和，才能发生工艺和手艺的"化合"，才能成就精品。

把事情做细，精益求精，就是工匠精神。施工现场，地板拼缝不能超过2毫米。一堵墙如果砌得不好，就打个叉，让工人拆了重新做。这些细微之处的管控是工匠精神的体现。工程建设中有很多规范，包括设计规范、施工规范、验收规范，这些东西要熟读、熟记、

① 张友良，张恩领，赵迪.放飞"钢铁凤凰"——"全国工人先锋号"北京大兴国际机场供电服务中心风采录[J].国家电网，2019（6）：74-77.

熟知。但是，仅仅满足于符合规范是不行的，而是要做得更好。只有这样，才能打造出标杆工程。

正因为指挥部以及各个参建单位对于文化建设的重视，才有各参建单位之间的大力协同，才有挫折之后的毅然奋起，才有磨难面前的百折不挠，才有机场建设的匠心巨制。

6.5　四大管控托举"钢铁凤凰"

工程是一个由目标、资源、约束和规范构成的行动系统，既关乎"物理"，更关乎"事理"。所谓事理，就是应该如何办事的道理。施工就是变"应该如何"为现实的具体过程。这个做事的过程是过去、现在、未来三者的紧密呼应，需要调动迄今为止积累的所有经验，以解决不断出现的问题。施工面对的就是当下，而当下就是现实，但它是在由过去、现在、未来叠加在一起的境遇中展开的，因而总是意味着生成的可能性。

发现问题就是成绩，解决问题就是提升。很多会议重复地开，其实是在分阶段解决问题，由量变到质变，直到迎来解决的方案。指挥部刚性原则兼具柔性适应，能在外部环境、任务变化时作出高效反应，提前预判一些问题的出现，快速衔接后续发展，集中力量突破难点、精准发力、重点突破。但是，针对工作中出乎意料的问题及后续工作中的重点难点，各单位在指挥部的总控下理清事项、备好资料，争取外部制约条件解除后能够立即开展工作。就此而言，将指挥部的工作比作行军打仗，并不过分。

大兴机场是全球目前为止施工技术难度最高的机场之一。"最"意味着高度，更意味着难度；"最"意味着机会，更意味着挑战。为了及时发现问题、解决问题，实现机场各类资源的集约化管理和利用，指挥部及时精准地解决突出问题，统筹促进联动发展。在这个过程中，指挥部强调百年大计、安全第一、质量为先，增强服务意识，帮助解决不同单位面临的问题。

机场建设要平衡好建设速度、品质、效益、安全之间的关系，更加关注交付价值，而非纯粹的交付成果。机场建设安全是不可突破的底线，是项目品质的基础和前提，降成本不能忽视安全投入，抢进度不能降低安全标准，抓效益不能压缩安全裕度；机场建设速度与品质、效益是相辅相成、辩证统一的，所以要"算大账""算总账"，一味地片面追求某一方面都是不可取的。

6.5.1　安全管控人本化

施工过程充满着各种各样的挑战，因此所有施工规范都把安全置于优先位置上。指挥部始终坚持大安全观，强调以人为本，注重系统思维，将安全管理的范围从施工扩展到社会治安、灾害治安，并贯穿于工程全生命周期的各个阶段，从制度、文化和技术三个方面入手制定管控措施，确保风险防控无死角、事故隐患零容忍、安全防护全方位，确保"平安工程"建设万无一失。

我们在施工现场从来避免提抢工期、赶工期。我们一直说稳步快跑，一定要把安全、质量放在前面，任何时候安全、质量都要放在进度和资金之前。

指挥部委托国家安全生产监督管理总局职业安全卫生研究中心建立安全生产运行体系，针对本项目的特点，帮助梳理相关的法律法规，形成自己的安全管理制度，据此制定了风险管理办法——《北京新机场建设指挥部安全生产管理手册》，明确了安全风险管理体系。与此同时，由指挥部牵头，各参建单位参加，按照"谁建设，谁管理；谁施工，谁负责"原则，设置了北京大兴机场建设安全生产委员会，层层签订安全责任书，确保安全责任落实到岗位、到个人。

要像关心自己的亲人那样关心工人，关心他们的安全。安全不到位，那就停工培训；一个人违章，一个班组都得培训；一个班组违章，一个区域都得培训。我们有容纳700人的专用培训教室，有专门的培训师和专门的培训计划。我们工程建设高峰期有8 000多工人同时在场，如此大的工程量没出过安全事故。

事实上在项目策划阶段，项目部就组织业主单位、驻场单位、承包单位、施工单位等相关方识别可能出现的风险因素，评估风险发生的概率及其对质量、工期的潜在影响，针对关键因素制定防范和应对措施。在施工之前，指挥部又与各总承包企业签订了安全质量责任书，总承包企业则与驻场单位签订安全质量责任书。鉴于施工人员多、人员流动性大，指挥部与各参建单位各司其职，做好岗前安全培训，确保持证上岗。

为了将安全培训做到位，指挥部专门设立了"北京新机场安全主题公园"，要求施工人员入园进行"体验式学习"。该主题公园坐落于大兴机场建设施工现场航站楼东北方位，总占地面积约4 700平方米，建筑面积3 700平方米，包括个人安全防护体验、现场急救体验、安全用电体验、消防灭火及逃生体验、交通安全体验及VR安全虚拟体验等9大类近50项安全体验项目和观摩教学点。主题公园内设置安全培训师驻场，担负所有施工人员的安全教育培训任务。未参加体验式安全培训教育及安全教育考核不合格的施工人员均不得上岗。将施工安全教育与体验式安全培训相结合，使得安全理念更加深入人心，提高了施工人员的安全素质，做到了防患于未然。

在施工过程中，指挥部坚持"安全隐患零容忍"原则，强化施工现场管理，统筹各参建单位层层落实安全责任，确保万无一失。为了落实安全生产委员会及相关政府监管部门的工作要求，指挥部每月召开一次安全质量讲评会。政府监管部门、指挥部领导、指挥部工程部、指挥部安全质量部、监理单位、第三方检测单位与施工单位参会①。指挥部每半年组织所有在场施工单位进行一次综合性应急演练，创建安全体系完备的施工环境。与此同时，指挥部还完善消防安全责任制度，设立了消防监督巡逻和应急处置驻勤岗；积极使用智能化技术，引进数控自动化钢筋加工机械、焊接机器人、卫星定位的RTK、放样机器人、三维扫描仪等先进设备，使施工操作更简捷安全。

通过这些做法，指挥部牢牢抓住安全管控中最关键的"人"的因素，协同运用制度手段和技术手段，把"发展为了人民"的理念贯穿始终，全方位维护了施工人员的安全、尊严和权益。

6.5.2　质量管控样板化

新一轮科技革命为施工建设采用新技术、新设备、新产品、新模式创造了有利条件。面对看似不可能攻克的挑战，指挥部通过科技攻关，成功地将新技术融入质量管控和可交付成果中，并在人员管理、现场安全隐患排查等方面取得良好效果。与此同时，采取多项绿色设计、绿色施工举措，满足可持续发展的要求。

质量管控从施工单位入场前就开始了。指挥部以高标准验收重要关口，确保选取优秀施工企业进入施工系统。经过评标，选定了北京城建、北京建工、中建八局等一批品牌硬、实力强、口碑好的建筑公司。

这种高标准一直延伸到施工准备以及设备、材料的采购过程。在关键设备、材料的选购上，则到了"事必躬亲"的地步。例如，针对地面石材的采购，指挥部人员直接到厂家考察，对厂家的石材加工、生产、运输、铺贴都提出高要求。对石材的厚度，特别要求只能有正偏差，不能有负偏差。在铺石材的时候，对于平衡性稍微差一点的地方会要求重新做。其结果，无论是石材的质量还是铺装的光洁度，都几乎达到最好。

为保证工程质量，所有工程必须先做"样板"，有了样板才能施工。现场专门设立临时区域用于样板展示，主要是展示做得比较好的样板，让大家相互学习并以此为标准进行后续施

---

① 　郭凯. 北京大兴国际机场民航专业工程安全精准管理[J]. 民航管理. 2019（7）：55-57.

工。凡事先做样板，样板合格了，再进行大范围推开，这种做法本身就具有重要的工程方法论意义。

在施工过程中，指挥部特别注重过程跟踪，并及时根据现场情况进行施工变更。例如，登机桥固定端内空调、照明、消防等各系统与航站楼联系紧密，涉及众多企业，如果将其与登机桥活动端合并招标，将产生巨大的协调难度。根据航站楼总承包合同施工范围的约定，土建基础已经由北京建工完成设计深化和施工，将固定端调整至航站楼总包施工范围，将更有利于施工主体一元化责任的落实。因此，根据航站楼总包合同关于施工范围的约定，登机桥固定端施工单位调整为北京建工，而登机桥固定端所含土建、机电等相关专业也一并调整。结构部分和机电安装则直接调整至北京建工的施工范围内。这样变更之后，质量管控的目标就更容易达成了。

当然，质量管控离不开数字化技术的支撑。按照智慧机场的要求，民航局推广的机场5大类25项新技术首先在大兴机场运用。在指挥部的要求和协调下，施工单位、监理单位和中心实验室统一安装工程质量信息管理软件。施工单位只要在工程质量信息管理软件中填写试验检测数据，就可以通过网络或拷贝（无网络时）实时上传到工程质量信息管理平台。监理和中心实验室按照指挥部要求定期对所有汇总数据进行统计、分析、评价，完成总结报告，提交指挥部。指挥部可以通过工程质量信息管理平台实时监控工程质量状况。

在指挥部统筹下进行的高标准质量管控，使得项目管理和现场管理实现了"样板化"，工程一次验收合格率达到100%，为将大兴机场建成精品工程和样板工程奠定了坚实基础。

6.5.3　进度管控耦合化

有效的进度管控对于工程建设至关重要。自开工伊始，大兴机场建设就建立了一套进度管控体系。然而随着情况的变化，这套体系已经不能适应了。2018年3月13日，在北京新机场建设及运营筹备领导小组会议上，确定了大兴机场2018年底前完成主体工程施工，2019年"9·30"前投入运行这个总目标。面对异常紧张的建设工期，民航局引进了在机场建设进度管理方面富有经验的同济大学专业组，协助对整个大兴机场建设进度进行综合管控。实践表明，大兴机场建设工程的进度综合管控十分有效，从理念和方法上实现了对以往工程进度管控的超越，具体体现在"四元耦合"的方法与"一根时间轴上定乾坤"的理念（图6-4）。

同济大学专业组进场后，与民航新机场办和指挥部组成了进度综合管控团队，团队经过密集的访谈和现场调研，听取专家的评审意见，编制完成了《北京新机场建设与运营筹备总进度综合管控计划》（以下简称《综合管控计划》），于2018年6月27日，在民航局召开的北京新机场建设及运营筹备总进度综合管控计划汇报会上进行了汇报。《综合管控计划》以

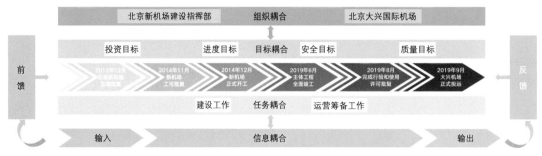

图6-4　大兴机场建设进度管控中的耦合关系

2019年6月30日工程竣工、2019年9月30日前投运为控制目标，共梳理出重点问题41个，识别计划节点366个（管控过程中增加了8个，共计374个）。该计划得到民航局领导的充分肯定：思路清晰、条理清楚、逻辑严密。开展管控是对科学管控理念的提升和对建设运营一体化理念的深化，将场外的单位纳入《综合管控计划》，实现了超越组织边界的科学管理，实现了对项目的动态控制，也建立了风险预警体系。该计划的思维导图于2018年7月6日由民航局在现场发布，整个文本2018年8月10日发布。

指挥部会同同济大学进度管控组于2018年7—8月编制完成了《北京新机场建设指挥部工程建设与运营筹备总进度计划》（以下简称《总进度计划》），该计划由指挥部和大兴机场管理中心（现"大兴机场"）2018年9月10日发布实施，包括建设工作2 831项、运营筹备工作2 716项。大兴机场于2019年3月17日发布《总进度计划》（修订版），包括建设与运营筹备工作4 585项。与《总进度计划》（修订版）一起发布的还有《工程建设与运营筹备专项进度计划》，专项计划共包括4个设备纵向投运计划、5个交叉施工进度计划和5个特殊专项计划，分别包含194项、246项和399项工作，共计839项交叉工作。

综合进度管控从民航局与指挥部两个层面实施，民航局层面从2018年8月至2019年9月实施跟踪管控，指挥部则从2018年9月至2019年9月实施由进度管控组驻场的跟踪管控，这两个层面每月都要发布进度管控报告。《工程建设与运营筹备专项进度计划》由指挥部负责编制并负责跟踪，双周发布跟踪管控报告。

根据《总进度计划》（修订版）及2019年9月进度管控月报统计数据，从2018年9月至2019 年9月底，指挥部与大兴机场管理中心（现"大兴机场"）建设工作计划累计完成2 153项，实际累计完成2 100 项，完成率为98%；管理中心运筹工作计划累计完成1 397 项，实际累计完成1 383项，完成率为99%；专业公司运筹工作计划累计完成1 066 项，实际累计完成1 039 项，完成率为97%。2019年9月25日大兴机场顺利开航投运，成为综合进度管控的价值体现。

综合进度管控的成功实践体现了大兴机场建设者的自我超越精神，同时也是对大型航空交通枢纽工程建设内在要求的主动适应。正如前文所述，大兴机场工程不是单个投资主体的工程，也不是一个单体工程或多个单体工程的简单叠加，如果仍按照传统单个单体工程的进度管控办法，只能求得局部工程的进度计划实施的最优解。但是，大兴机场建设所需要的是所有项目指挥部群所主导的4 000多亿元投资总额的工程群体的进度管控最优解。为此，大兴机场建设进度管控计划是从投运总目标出发，梳理整个工程的建设节点和运营筹备的节点，使之成为一个有机的工程进度目标系统。就是说，系统识别不同投资主体、不同单体工程、运营筹备各项工作的关键里程碑事件，放在一根时间轴上进行统筹平衡与总进度目标的耦合。

总进度目标的达成还取决于建设工作与运营筹备工作之间的协调。虽然在总进度计划实施初期，各个工程总进度目标的耦合很好地达成了协调，但是在实施过程中出现的各种不确定因素不可避免地导致进度计划执行出现偏差。在这种情况下，就需要对进度计划进行动态跟踪管控以及风险识别与预警，使各部门负责的工作及任务在不断的耦合、偏差、再耦合中进行反复迭代。

无论是计划的编制、对计划实施过程中各类风险的管控，还是对各种难题的解决和纠偏，均需要各层次的组织与单位形成一个有机的组织系统。北京新机场建设指挥部充分发挥我国大型建设项目治理与管理组织的优势，帮助实现了多个层次、多家投资主体、多个工程项目指挥部群的组织耦合，并由此带来了高效的办事效率。大兴机场的建设者把这种优势总结为我国社会主义制度的优越性也不无道理。

处在数字时代，进度管控当然离不开现代信息技术的支持。在民航局层面与指挥部层面，均开发有进度管控信息平台，实现了两个层级管控计划的可量化和可视化的管控，形成了进度信息的多元耦合，为各层组织的进度管控提供了必不可少的技术支持，从而助力进度管控水平上了一个大台阶。

总之，基于双层控制，大兴机场进度管控形成了目标、任务、组织和信息的"四元耦合"，实现了"一根时间轴上定乾坤"——2019年9月25日投运。毫无疑问，大兴机场进度管控的理念与方法是对以往大型航空交通枢纽工程进度管理理论与方法的一种超越。

6.5.4　成本管控精细化

大兴机场建设施工阶段处在国家经济高速发展时期，国家和民航层面出台了许多新的建设标准和规范，致使设计变更较多、涉及面广，新技术、新材料应用多，加上受材料调差因素影响，投资成本的控制存在诸多困难。尽管如此，指挥部按照统筹规划、分段实施的原则，对成本进行精细化管理，最终将投资控制在批复范围内。

为了高效使用建设资金，指挥部将工程任务进行统筹规划、分期建设，例如，将专用设备及特种车辆由一次性投资调整为按需按年投资；将行政综合用房、公务机楼工程、货运区工程国际货代区监管库等这类并非必须与航站楼、飞行区工程同期投入的建筑及设施项目进行分期建设。与此同时，积极吸引社会资本，如机场将专用设备及特种车辆由一次性投资调整为按需按年投资，将机场旅客过夜用房、停车楼等设施进行社会化运作。

从决策阶段开始，财务人员就对项目进行估算，分析投资回报。招标阶段，财务人员辅助编制招标文件，99%的合同都以人民币标价。在招标采购方面，搭建"大数据采购云平台"，有效提升了工作效率，降低了设备报价。在建设阶段，刚好遇到税收政策调整，营业税改成增值税，还有两次降税，降低了资金成本。在这种情况下，采用分批投资方式，优先用资本金支付，并根据政策做动态调整，节约了几亿元利息。

指挥部按程序、高标准推动落实招标投标工作；加强合同全过程管理、法律事务管理、变更管理；加强税务、保险、工程担保管理。招标阶段，指挥部编制招标控制价，与批复概算进行对比；根据国内外金融环境和国家对人民币全球化政策的要求，在国际标招标文件中规定投标报价、评标和结算的货币均为人民币，对比以前国际招标使用美元，有几个亿元人民币的汇兑收益；根据指挥部对项目投资管控要求，提出项目管理信息系统、税务、保险、担保、农民工保险及工资专户相关条款，保障了项目建设过程中各方权益的同时，增加了20多亿元增值税进项税额。

指挥部持续优化工程项目信息管理，提高计量支付精确率。2012年，指挥部引进三峡工程信息管理平台，并在此基础上开发出大兴机场工程项目管理系统——BJJCPMS，包括建设合同、财务、设备物资、成本概算等7个功能模块，较好支撑了工程建设投资、资金、资产、设备管理，将全部支出纳入合同管理，投资按工程量清单对应到概算，实现了大兴机场建设管理中概算、合同、资金、资产的一体化精细化管理，理清了投资、资金、资料和资产的关联关系，使得成本控制更具预见性和适应性。在指挥部带领下，各施工方也采用智能建造技术，提高了工程量计算和材料用量估计的准确性，实现了对工程变更的精准管控。同时，工程项目管理系统沉淀了大量数据，为后期工程结算、竣工决算奠定了良好基础。利用该系统陆续进行的在建资产登记，实现了工程后期进行资产的精准移交、快捷移交。

指挥部通过争取增加国家资本金，加快国家资金到位速度，同时优化资金结构，不断提升全面预算管理、资金管理、成本控制等管理水平，高效落实资金安排，提高资金使用效率，从而延后商业贷款支付，节约30多亿元动态费用。

指挥部定期向国家审计署汇报工作，主动接受监督，而首都机场集团审计监察部则派人全程跟踪审计指挥部的招标采购、合同计量支付、工程变更、工程结算等工作，全面落实"一四六一"全过程跟踪审计——成立"一"个审计组，建立"四"项制度（参加工程例会制度、《审计通知（委托）单》制度、《审计建议书》制度、统一签证制度），把好"六"个关键控制环节（招标投标和合同、转包和违法分包、设备和材料采购及管理、隐蔽工程及现场签证、工程设计变更和施工变更、工程进度款审核），形成"一"套完整资料和体系文件。

指挥部采取内外结合的方式，根据航站区工程和飞行区工程的不同特点，通过公开招标选定了两家审计事务所，与集团公司的审计监察部、指挥部的审计监察部共同组成全过程跟踪审计组，将跟踪审计嵌入工程建设全周期，审计内容和范围拓展到招标投标、合同管理、物资管理、工程变更等廉洁风险较高的领域，并结合实际情况对关键敏感事项开展"点对点"的专项审计，做到各项防范制度齐全、措施到位，使指挥部成为全国民航重大工程廉洁建设的典范。比如，在土方项目结算中，审计组发现施工单位上报的结算资料与界定标准存在差异，经反复沟通核实，审减工程结算款400余万元，并以此为契机督促施工单位严格把关上报结算资料，有效避免了多付工程款的风险。

通过上述做法，大兴机场建设全程的每一个点都有迹可循。指挥部带领各个建设主体以舍我其谁的担当，在苦干实干中跨越艰难险阻，绘就了一幅气势恢宏的历史画卷。在这个过程中，一大批优秀的建设管理专家和人才脱颖而出，他们积累了宝贵的建设管理经验，积淀了深厚的建设管理底蕴，为后续建设项目的开展奠定了人才基础。

的确，人与工程是彼此塑造的关系。人总是开展着自己，在"造物"中人自我创造，由此造就了自己的"在"——这不是单纯的静态"存在"，而是一种"生成"。这样的人，已经不是日常理解的人，而是"工程人"。换言之，"工程人"造就了工程，反过来工程造就了"工程人"，两者是彼此塑造、互为成就的关系。人总是已经在一个历史过程中持续创生着自我，其内涵和外延都在进化过程中得以扩展。人总是向着未来，开展着工程，从而成就了工程和新的自己，这就是人与工程相互作用的辩证法。

第 7 章

建构未来：全生命周期的迭代学习

工程关乎过去、现在和未来。工程就是基于过去和当下而对未来进行的尝试性建构活动。在这个过程中，由于工程建设主体的有限性、多元性以及环境的多变性，迭代学习必不可少。本章将大兴机场建设项目定义成创新性工程，试图从全生命周期的视野探讨其规划决策、设计、施工和运营筹备中的迭代学习过程，由此透视大兴机场建设的前瞻性、试验性和研究性。

7.1　从全生命周期看创新性工程

工程作为以造物为核心的活动,包括多因素、多环节。当一项工程的规划、设计、实施到运行的全生命周期中,在某个环节或某个因素都可能发生或大或小、或全局性或局部性的创新。从全生命周期的视角来分析以大兴机场建设项目为代表的创新性工程,研究创新性工程的迭代学习问题有助于从时间维度上把握创新性工程"化繁为简"的实践逻辑。

7.1.1　创新性工程的全生命周期

从大兴机场建设之初,民航人就以服务国家战略、瞄准世界一流为目标,坚持以创新来推动大兴机场建设,集中展示了我国民航自主创新的最新成果、最高水平。如今,建成投运后的大兴机场被誉为我国民航自主创新集大成者,成为新时代创新性工程的典范。

究其原因,民航人始终把科学管理作为方法手段,引入超越组织边界管理等理念,在国内首创机场"建设运营一体化"模式,把整个项目看作是一个全生命周期的项目,以旅客为中心,把创新理念贯穿建设和运营全过程,把创新规划、设计——落实,实现全机场一个战略、一个目标、一致步伐。

全生命周期是一个生物学概念,指的是生命从出生、成长、成熟、衰老直到死亡的过程。随着科学研究的发展,全生命周期被引入其他学科,并衍生了许多相关的理论和方法。1966年,弗农(Raymond Vernon)在《产品周期中的国际投资与国际贸易》一文中首次提出"产品生命周期理论"。这个理论从产品市场寿命的角度,将典型的产品生命周期划分为四个阶段,即产品的引入期、成长期、成熟期和衰退期。随着工业化进程的不断推进,能源危机和环境污染的后果开始显现,各国政府与企业逐渐认识到清洁生产与循环经济的重要性,"全生命周期评价"正是在这股产业生态化浪潮中应运而生的产物。全生命周期评价是一种用于评估产品在其整个生命周期中——从原材料的获取、产品的生产直至产品使用后的处置——对环境影响的技术和方法。1997年,国际标准化组织(ISO)颁布了第一个全生命周期评价国际标准。

　　从唯物辩证法的观点看，任何事物的发展都是一个过程，整个世界就是过程的集合体，工程活动也不例外。工程活动是以自觉建构人工实在、人工系统为目的的具体历史实践过程，而人工实在并不是既成的、先在的、天然的存在，它不像自然物那样是脱离人的活动而自然而然生长出来的，而是在人的某种观念、意识（理念）的主导下人为建构出来的，是思维引导存在、理念支配行动的实践结果，因而带着人类创造性的深刻印记。工程活动是一个理念在先、观念先行、在某种理念引领下主动变革世界、建构人工实在（人工系统）的动态实践过程。

　　由于任何一项工程活动都需经历一个从潜在到现实、从理念孕育到变为实存的过程，因此工程活动犹如一个具有自然生长机理、血脉和灵魂的有机生命体，必然是一个从出生到死亡的全生命周期过程。任何一项工程都要历经生命周期的不同阶段，即从规划设计、施工建造到运行维护，再到工程改造、更新，直到工程退役或自然终结的完整生命过程。

　　尽管不同类型工程的规模大小、生命周期长短不尽相同，甚至差异很大，但是全生命周期性的存在无疑是客观的、普遍的。工程活动的全生命周期不是杂乱无章的堆砌，而是遵循一定的程序和规律，是一个自组织与他组织相统一的过程，有着程序化的逻辑次序。同时，任何一项工程活动都要依次经过这些具体阶段，各个阶段环环相扣、紧密衔接，逐步将工程目标落到实处，由此形成工程活动的全生命周期。

　　作为交通领域的综合性建筑工程，机场工程的全生命周期主要包括选址阶段、规划设计阶段、建设施工阶段、运营维护阶段、退役阶段等。在具体实践中，机场建设和运营通常被区分成两个不同的阶段，分别对应于不同的实践主体，待机场建成后交由运营团队来运营。如果两个团队缺乏有效的沟通，就会导致建设成本高、运行效率低及运营成本高等问题。而这恰恰是此前许多机场建设项目的通病。为了避免这个问题，指挥部成立之初就提出了"建设运营一体化"的理念，试图打通机场建设与运营的组织边界，加强运营团队和资源准备，使运营筹备工作在工程建设阶段就提前介入，以实现建设与运营无缝衔接。更为重要的是，大兴机场以"建设运营一体化"为核心，统筹整个工程项目生命周期的每个阶段，使前期建设与后期运营、前期投融资与后期经营、主业运行与辅业保障、航空业务与非航经营相互协调，从全生命周期角度确保了工程的全方位、全流程创新。

　　从全生命周期的视角来分析以大兴机场为代表的创新性工程，就是要系统分析与全面考察创新性工程合理有效的工作程序和逻辑步骤，并通过深入研究各个阶段的性质、特征以及它们之间的辩证联系，挖掘、提炼和总结出创新性工程的实践逻辑方法论原则。

7.1.2　创新性工程中的迭代学习

理解工程有两个基本维度：在空间维度上，复杂问题可以在工程共同体中通过跨界、跨层机制解决；在时间维度上，通过迭代学习过程，可以逐渐增进知识，降低不确定性。工程的跨界、跨层机制的问题已经在第5章中进行了详细阐述，本章将重点关注工程的迭代学习问题。

"迭代"是一种重复性反馈过程，其目的是接近或达到预期的目标或结果。每一次对过程的重复被称为一次"迭代"，而每一次迭代得到的结果会被用作下一次迭代的初始值。人类的学习行为本质上就是"迭代"，因为这是在原有知识基础上的完善和精进，完善和精进的结果还会作为下一次学习的基础，由此形成一个动态的螺旋式上升过程。迭代学习已经日渐成为一种重要的产品开发模式。传统的瀑布流开发指的是包括调研、规划、开发、测试、补漏、推广的产品开发过程，而迭代开发则把这个完整过程短周期多次进行，每次迭代都寻求用户检验、总结经验、提升认知，从而极大降低了创新的整体试错成本，更准确地捕捉用户需求。

迭代学习对于工程创新具有十分重要和特殊的意义。首先，工程创新面临着很大的结构约束，正是这种结构约束使得工程创新必须是在现有基础上的迭代，而不是空中楼阁式的冒进。根据社会学家吉登斯（Anthony Giddens）的结构化理论，工程创新实际上发生在特定的结构之中。所谓结构，是指社会再生产过程中反复涉及的规则和资源。正是这些规则和资源在日常生活中相互交织，带来了社会整合和系统整合，构造了人与人彼此互动的时空区域，带来了人们习以为常的生活惯例。惯例形成在人们的实践之中，并能通过反复实践而在人们的意识中促发一种指导人们行为举止的实践意识，使人们反思性地监控自己的行为，为人们提供本体性安全感和信任感。一方面，社会场景的固定化，使得社会场景成为无意识的背景，成为黑箱而不加质疑，人们就可以一心创造基于这个平台的新事物，营造新的生存空间；另一方面，如果人们质疑生存的本体基础，意识到固化本身带来了问题甚至灾难，这也将引导人们反思当下的工程，进行更深层次的创新[①]。

工程创新意味着打破惯例，创造出新的生活形式，创造出新的语言，工程创新的过程，是一个形成新的生活常规、新的时空区域、新的语言和新的社会系统的过程。换言之，从事工程，就是从事一种生活的建设；建构一项工程，就意味着营造一种新的生活方式。与通常的技术创新不同，工程创新活动往往涉及面较大，一旦失败，就极有可能造成永久性的、不可逆转的社会创伤和环境影响，因此工程创新总是要求最低限度的不确定性

---

① 王大洲. 试论工程创新的一般性质[J]. 工程研究——跨学科视野中的工程，2005：73-80.

和最大限度的稳健性。既然如此，当然需要最大限度地保证工程创新的可靠性。因此，对于工程创新来说，不是说越先进的技术创新对工程创新就越有利。工程创新以造物或改变事物性状为主要目的，工程的适用性、可靠性、有效性往往比工程的局部技术先进性更具有竞争优势。在工程创新过程中，在许多情况下，都要选择适用的、成熟的技术，而不是贸然选用最先进的创新性技术。如何选择，在什么时候和什么条件下选择最新技术对于工程创新至关重要。

工程创新要求把过去的经验和教训吸纳到当下，进而建构未来。对于工程人来说，只有着眼未来，才有方向感，才能进行组织、集成和建构。只有着眼未来，才能将过去和当下联系起来。工程建设就是为了建构未来而由工程人执行的一种"主动综合"。

然而，主体的能力是有限度的，要想一开始就拿出完美的工程方案，几乎是不可能的，因此，需要经历反复的迭代学习过程。

事实上，大兴机场的规划设计走过了很长一段路，其中要协调的事情很多，需要花时间学习，要综合考量各种因素。在这个过程中，有些当前搞不定的事，可以留待今后进行，这就是在时间轴上展开的迭代学习过程。换言之，既然没办法从一开始就把所有事情搞定，那就把这个任务"隐含地"分解到时间轴上，形成一种"涌现机制"和"学习机制"，逐步降低不确定性和复杂性，使事情慢慢变得简单。多花时间，化繁为简，通过分解，逐渐提升，在这个过程中不断磨合，慢慢融合，形成更好的方案。当然这个方案，也不是事无巨细的，在施工过程中还会有设计变更，还需要设计深化。

迭代学习并非只是发生在设计阶段，而是发生在从规划设计到施工，再到运营筹备乃至正式运营的全生命周期中，这实际上是任何工程取得成功的必然要求。在施工过程中有很多事情需要磨合，需要深入研究。施工过程遇到的问题大体上可分为两类：一类是一开始就要想到，并提前布局，谋划解决的；另一类是现场发生并需要根据问题性质加以解决的。提前布局的要义是解决关键问题，特别是关键技术问题，这可以通过设立课题进行重点攻关。大兴机场"建设运营一体化"实践本身就是一个迭代学习过程，在这个过程中，指挥部里主管运营筹备的人员逐步增加，而主管施工的人员适当减少或自身变为运营筹备人员，最后运营筹备人员分化出去，接管大兴机场的运营工作。

7.2　规划决策中的迭代学习

大兴机场作为大型创新性工程，坚持以问题为导向，以迭代学习为方法，不断解决大兴机场前期选址、总体规划中面临的实际困难，使得大兴机场实现了基于迭代学习的创新发展，从而走在新时代的最前列。回顾大兴机场的选址规划史可以发现，从1993年首次提出第二机场选址至2014年开工建设历时21年，期间选址过程数轮更迭、困难丛生，以国家发展改革委、民航局、地方政府等为代表的各级主体在此过程中不断摸索，组成既有竞争性更有合作性的多层级、群体性学习主体，各个主体虽然目标利益不尽完全相同，但是求同存异，以国家利益、整体利益为先，完成了在工程选址规划过程中的迭代学习与自主创新，使得我国大型航空交通枢纽的选址规划迈上一个新的台阶。

7.2.1　规划建设新机场

北京新机场选址始于1993年，当年出炉的《北京市城市总体规划（1994—2004）》提出扩建首都机场，同时研究建设第二民用机场的可能性，并预留了北京新机场场址，规划了北京通州张家湾与大兴庞各庄两处中型机场场址①。虽然首次选址提出较早，但建设新机场需要解决的问题繁多，要不要建新机场、在哪里建、建多大、建成的新机场与首都机场的关系等，一直难有定论。相关单位对这些问题不断学习探索，前后持续了十余年时间。

在这个摸索过程中，时代的变化也对新机场不断提出新要求。尤其是即将举办的2008年北京奥运会对首都机场带来了巨大的航空运输压力，将严重超过首都机场现有设施的承受能力②。在这种情况下，关于"扩建首都机场"还是"新建第二机场"的争论跃上前台。众多专家学者也提出了不同意见，大致有三种思路：京津机场联合、扩建首都机场、建设第二民用机场③。第一种思路理论上能够保证按效率最大化的原则配置京津机场的资源，但实际上由于旅客在机场选择方面的偏好很难改变，结果很可能是滨海机场旅客吞吐量的增长缓慢，而对首都机场的分流作用收效甚微。第二种思路是缓解北京机场运营压力的最直接、最有效的手段，可以充分利用现有资源，打通瓶颈，进一步挖掘容量尚未饱和的机场设施潜力，创造规模效益，并保护原有投资，还能为航空公司与旅客免去中转过多的麻烦，但改扩建首都机场也面临空中交通管制过多、可使用土地量较少、噪声污染、水源紧缺、城市交通抑制等问题，需要进一步考量。第三种思路是建设北京第二民用机场，可由周边其他机场改建或另选址新建，另选址新建又面临选址困难、投资巨大以及与首都机场功能分工等问题。总之，这些思路各有利弊，都需要深入研究，以尽量做到扬长避短、趋利避害。

---

① 溯源北京大兴机场的选址规划[N]. 中国民航，2019-07-04.
② 刘航. 扩建与新建之争:首都第二机场落址河北廊坊胜算几何?[N]. 中国经济. 2004-02-26.
③ 秦佑国，王钊斌. 北京地区民用机场系统发展研究[J]. 北京规划建设，2001（4）:27-30.

而在民航局内部，大家同样难以达成一致意见。在当时的情况下是建新机场，还是在原首都机场的位置进行扩建，无论是民航局业内还是主管部门，都有不同看法：

扩建的好处是可以利用原有资源，降低投资成本，但弊端是首都机场离市区比较近，对于环境治理影响较大。如果那时候就建新机场，可能是一劳永逸的办法，但新机场选址又是一个很复杂的问题，难以短时间内决定。所以，首都机场集团内部一边进行新机场场址遴选，一边做首都机场扩建方案论证，同步进行。

2002年11月，民航系统召开专家评审会，综合考虑各种因素后，初步敲定首都机场扩建方案。随后，负责项目评估的中国国际工程咨询公司进行调研论证后，同样提出了先行扩建的建议。2003年8月20日，国务院第18次常务会议同意首都机场扩建立项，并且要求于2008年前建成，迎接第29届北京奥运会的召开。

至此，关于北京建设新机场的第一轮论证工作告一段落。虽然出于满足奥运会紧迫需要而决定对首都机场先行扩建，但是对北京新机场建设的重要性与复杂性已经建立了初步认识。的确，从时间上看，如果新建第二机场，北京奥运会之前难以建成，而抓紧扩建则能保证奥运会的使用。并且较之新建，扩建更有利于推进首都机场的枢纽建设。当时，世界上建设国际枢纽机场已经成为一种趋势，东北亚、东南亚地区不少机场正努力占据枢纽机场制高点，尽快将首都机场建成大型枢纽机场，有助于促进我国民航业健康持续发展，而纵观国内各大机场，首都机场具备建设枢纽机场的最好条件[1]。通过扩建，首都机场不仅能够满足北京奥运会的迫切需要，还能建成为世界一流的大型复合枢纽机场，塑造出国门的崭新形象。

7.2.2　寻找场址"最优解"

在对北京新机场建设重要性认识的基础上，选址论证工作也在不断深化。在新机场选址过程中，围绕被选场址争议众多，主要争议场址包括河北廊坊和固安、天津武清、北京等地。众多专家学者、工程师、民航规划师参与研究和讨论，在研究论证与迭代学习的基础上，最终确定机场选址。选址的确定可看作综合权衡、寻找"最优解"的创新过程。

2002年，为配合首都机场三期改扩建，民航总局组织进行了北京第二机场的第二次选址工作。当时，首都机场为两条跑道的中型机场，拟向大型机场扩建。而首都第二机场的初次选址定位是中型机场，随着需求量的增加，机场建设定位发生变化，机场的选址条件也同时

---

[1] 刘航. 扩建与新建之争:首都第二机场落址河北廊坊胜算几何?[N]. 中国经济网. 2004-02-26.

有所变化。第二机场的定位变为大型机场，因此，第一阶段的场址已不能满足北京新机场建设的定位，所选场址均被否定。第二次选址选出了河北廊坊地区的旧州（今属九州）、曹家务、河西营和天津武清的太子务4个备选场址，并推荐廊坊市西偏北的旧州（今属九州）为首选场址，选址工作告一段落。

非官方层面关于新机场建设也有不少争论。2001年，有学者提出将廊坊划归北京并在此建设首都第二国际机场的构想，认为在廊坊建设首都第二国际机场，具有区位优势、地理优势和环境优势。廊坊市面积6 429平方千米，总人口385万人，地处河北省中部、京津两大直辖市之间，京津唐高速公路的廊坊出入口距北京不足40千米，距天津约80千米。机场建在廊坊有利于振兴北京南部地区经济，推进大北京战略的实施，加快京津冀经济一体化的进程[1]。对于这一构想，一些学者表达了不同意见。有学者提出，在廊坊建设新的国际机场是可行的，可以加强京津经济合作，但没有必要通过改变现有行政区划，完全可以通过市场运作实现。

2004年，由于首都机场的三期扩建和不断发展，北京新机场的选址条件又一次发生变化，2002年推荐的旧州场址已不符合选址条件。经过第三轮的选址工作，选定了北京大兴南各庄以及河北固安的后西丈、彭村、东红寺4个场址作为预选场址。2004年，北京市在修编的城市总体规划中，推荐北京大兴南各庄和河北固安西小屯两处备选场址。

2006年10月，《京津冀地区城乡空间发展规划研究二期报告》发布，提出首都第二国际机场应当选址天津武清太子务地区。报告认为，当前京津冀地区缺少枢纽机场、枢纽港群和区域快速交通系统等重大区域性基础设施，为此要尽快推动首都第二机场选址于京津走廊。京津走廊是京津冀地区社会经济发展的核心，是京津冀地区人口最为密集、经济活动最为活跃的地区，理应成为首都第二机场获得客流量的最佳选择。综合京津冀地区机场分布的现状、地势地貌、气象条件、空域状况、地面交通条件以及京津冀的发展意愿等，只有京津之间、廊坊市附近几个场址具备建设大型枢纽机场的条件。因此，机场的最适宜地点是天津市武清区的太子务地区。其远期规划目标定位为年旅客吞吐量8 000万~1亿人次、货运吞吐量500万吨，远期用地规模控制在40~45平方千米左右。京津之间正在建设的京津第二条高速公路、京津城际客运专线，以及未来要建设的京沪高速铁路等区域性交通设施，为机场建设提供了有利条件。新机场建成后，附近的廊坊、武清、永乐三地应统一规划，形成一个以第二机场为核心的现代航空城[2]。对此，也有学者表示，天津距离较远，且待天津滨海机场扩建后，天津附近恐怕不需要建设一个新机场。

新机场选址的另一个有力竞争者是北京大兴区。大兴区政府主动性极强，通过专题调

① 胡长顺. 建议将河北廊坊市划归北京[J]. 中国经济快讯，2002（35）：21-22.
② 蒋彦鑫. 京津冀地区规划报告发布 专家首提首都地区概念[N]. 新京报，2006-10-22.

研，积极论证大兴区选址的科学性与可行性。大兴区全境都是平原，地形平坦，视野和空域都很开阔。大兴区有建设机场所需的土地资源，地面交通与航空交通体系连接非常便捷，京开高速、104国道都可以作为第二机场交通体系构建的基础。如果将第二机场建在大兴，可以拉动天津市以及河北省境内的廊坊、涿州、石家庄、保定乃至华北地区城市群的经济发展，其辐射范围很大。北京市规划建设第二机场，其中一块备选用地就在大兴区内最南端的礼贤镇，而礼贤镇是建设第二机场最有利的地方。

2006年，民航总局成立选址工作领导小组，开展了北京第二机场的第四轮选址工作。此次选址工作先行明确了空域优先、服务区域经济社会发展、军民航兼顾、多机场协调发展、地面综合条件最优五大选址原则，在此基础上完成了选址空域、区域经济背景、多机场系统、绿色机场选址等一系列研究报告。2007年7月，民航总局向国务院上报《关于北京新机场选址有关问题的请示》。2008年3月，国家发展改革委牵头成立了北京新机场选址工作协调小组，组织协调北京新机场选址工作。

北京新机场选址工作协调小组重新制定了大兴机场选址原则，具体包括满足北京地区航空运输需求、符合全国机场布局规划、促进军民航协同（协调、兼顾）发展、坚持资源节约和环境友好、加快发展综合运输体系5项原则。在此基础上，从区域经济背景分析、多机场系统、空域情况、绿色机场、综合交通5个方面开展论证工作并撰写了一系列研究报告，为选址大兴、建设新的综合交通枢纽奠定了基础。

在上述报告的基础上，2008年11月，北京新机场选址工作协调小组编制了《北京新机场选址报告》并通过了国家发展改革委组织的专家评审。根据比选确定，北京南部是北京新机场选址的最佳方向。北京大兴南各庄场址和河北固安彭村场址作为北京新机场的备选场址是合适的。综合考虑各种因素，2009年1月确定北京大兴南各庄场址为北京新机场的首选场址。这一首选场址的确定体现了以国家发展改革委、民航局为代表的各级组织对新机场认识的不断提升，是迭代学习与自主创新的成果。

7.2.3　统筹机场总规划

"建什么样的工程"是大兴机场建设面临的首要问题。马克思曾说过，"蜘蛛的活动与织工的活动相似，蜜蜂建筑蜂房的本领使人间的许多建筑师感到惭愧。但是，最蹩脚的建筑师从一开始就比最灵巧的蜜蜂高明的地方，是他在用蜂蜡建筑蜂房以前，已经在自己的头脑中把它建成了。"[①]而这种在头脑中建成的东西，就是工程规划与设计。

---

① 马克思. 资本论[M]. 北京：人民出版社，1972：202.

　　工程规划是对工程项目未来实施所进行的系统性谋划，涉及实施目标、工程任务、实施进度、工程效果、环境对工程活动的要求以及为此而规定的工程实施程序和步骤等一系列内容[①]。工程设计是工程规划方案的具体落实，是为制定工程实施计划而进行的具体谋划。

　　机场规划是机场建设的蓝图，是机场安全运行和可持续发展的根柢，也是机场和城市协调发展的基础。大兴机场建设规划包括总体规划、综合交通规划、控制性详细规划、空域终端区规划等多个方面的规划。

　　机场总体规划主要是明确机场近远期业务指标、功能区划以及场内外衔接，而跑滑构型和航站区布局是其核心内容。民航局对标世界超大型机场，对大兴机场跑道构型的规划设计进行多次调整和优化，确定了带有侧向跑道的全向跑道构型方案（近期规划"三纵一横"4条跑道，远期规划新增2条跑道）。2012年2月，《北京新机场预可行性研究报告》编制完成，但在随后举行的专家评审会上，专家们未能就跑道构型达成一致意见。同年5月，国家发展改革委组织北京市、河北省、军方、民航局等各相关部门就北京新机场跑道构型进行专题讨论。河北省发展改革委提出侧向跑道将对九州镇和原白家务乡造成明显的噪声影响。军方初步认同新机场跑道构型，但表示需要进一步深化研究才能得出明确结论。7月，空军主持完成了《北京新机场跑道数量和构型研究论证情况报告》支持规划建设4条跑道并采用"3纵+1横"的构型方案，建议北京新机场的跑道方向与首都机场保持一致，并继续深入开展北京终端管制区规划研究工作。9月，中国国际工程咨询公司编制《中国国际工程咨询公司关于北京新机场（预可研报告）的咨询评估报告》，建议将西一跑道与东一跑道内侧的第三平行滑行道与站坪飞机调度道合并，东一与西一跑道的间距由2 560米调减为2 380米，同时继续研究优化西二与西三跑道的间距，其间的用地可考虑规划建设航空公司基地、西货运区及机场次航站区等设施。2014年1月，北京新机场建设领导小组召开第三次会议，考虑到减少噪声影响、保障飞行安全以及整体运行协调等因素，与会专家同意跑道方位的调整，军地双方也就跑道构型达成了一致。这次会议的讨论结果形成了《北京新机场可行性研究报告》跑道构型部分的内容。可以看出，大兴机场跑道构型的多次调整是综合考虑多方面因素并经多轮调整形成的方案（图7-1）。

① 殷瑞钰，汪应洛，李伯聪 等. 工程哲学[M]. 第2版. 北京: 高等教育出版社，2013: 7.

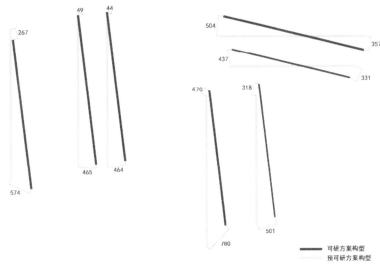

图7-1　跑道构型调整前后相对关系比较图

2010年，航站区规划方案国际征集启动，经比选确定了"双尽端、主廊+卫星厅"的中央航站区规划方案。中央航站区的布局方式保障了飞行区完整性，避免了飞机跨区域调度，大幅降低了地面滑行距离，实现了空、陆侧效率的平衡，并为机场未来发展预留充足空间。侧向跑道的设置与集中延伸式航站楼的设置在国内均属首例，集中体现了大兴机场规划者基于自身空域条件、位置等诸多限制因素下的自主创新。

良好的综合交通体系配备是大型机场竞争力的有力保障。大兴机场综合交通系统以旅客出行便捷为根本出发点，最终规划了以"五纵两横"为骨干的综合交通网络，包括三条轨道交通（轨道交通大兴机场线、京雄城际铁路、城际铁路联络线）和四条高速公路（大兴机场高速、京开高速、京台高速、大兴机场北线高速）（图7-2）。"五纵两横"交通体系的全面建成，将使旅客出行变得极为便利，原本距离较远的大兴机场反而变得"近"了。除此之外，大兴机场还以总体规划为指导，进一步细化工作区各地块指标，开展控制性详细规划，作为开展工作区各项建设的指导性文件。

大兴机场的整体规划体现了民航人对机场发展特有的敏感与战略眼光，以超前的思维预见并建构了大兴机场的未来，也体现了中国民航人主动融入"大交通"并超前进行综合交通枢纽规划的大视野、大气魄。从1993年至2014年，对要不要建设北京新机场、新机场选址何地、机场规划等一系列问题的论证工作，体现了民航人的迭代学习进程与自主创新精神。也正是通过这一系列学习和创新，大兴机场建设者创造出了辉煌的业绩。

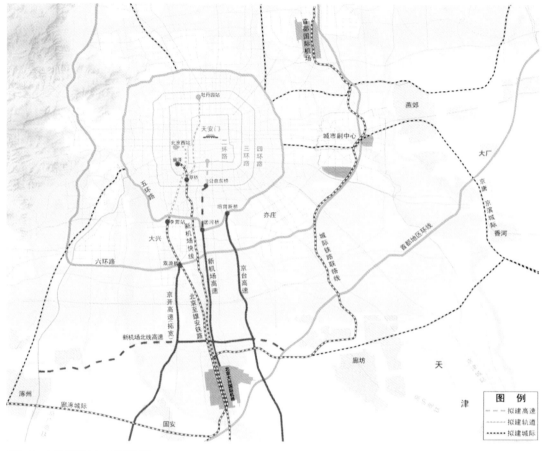

图7-2　大兴机场综合交通规划图

7.3　设计过程中的迭代学习

大兴机场的设计过程并不是一蹴而就的，同样经历了一个自主创新、迭代学习过程。在这个过程中，指挥部带领中外团队协同工作、博采众长、融合设计、持续创新，最终得到了既简洁实用又独具审美意蕴的设计方案。而这样一个设计方案，又在施工过程乃至运营筹备阶段得到深化和改进。

7.3.1　设计过程，博采众长

大兴机场的设计过程经历了方案征集、方案全球招标、方案优化、初步设计与施工图设计等阶段（图7-3），整个过程是一个通过迭代学习不断进行优化的过程，体现了博采众长、融合共生的设计理念。

图7-3   大兴机场设计过程示意图

（1）规划征集。大兴机场是我国"十三五"时期的国家重大建设工程，对设计的功能与审美有很高要求。机场航站楼通常有两个方向性选择：建一个集中式的航站楼，还是多个单体的航站楼。在最初大兴机场航站区规划方案的国际征集时，4家国外设计单位的5个方案中，有3个都是多个单体的分散式布局。然而，专家评审认为，大兴机场更适合一座集中式大型航站楼加卫星厅的布局模式，便于分期发展，更有利于建设资源型机场。这个方向性选择表明，我国机场建设者既以开放的姿态吸纳海外优秀经验，又结合了中国民航自身的运营特色，通过不断地学习和摸索，探索出了最适合大兴机场的航站楼的设计布局。

（2）方案全球招标。2011年，指挥部放眼全球，向全球招标新机场航站楼方案设计。在各家竞标单位参与投标之前，招标方根据机场近期、远期满足旅客吞吐量的要求，给出了统一的机场规划主导原则，并结合北京中轴线的特殊地理位置，要求各家竞标单位在原则框架下给出设计方案。共有21家单位竞标，7家国际顶级的建筑事务所及联合体的投标方案入围。各家投标方案提交后，民航局组织专家进行讨论，认为本阶段各家方案尽管都有自己的设计理念和特色，但在功能流程、建筑规模、建设投资、工程可实施性等方面或多或少均存在一定缺陷，因此做出开展航站楼方案优化的工作部署。指挥部联系原投标的7家设计单位，在分别指出问题和进一步的要求后，在各家自愿的前提下，考虑进行自身第一轮优化。

（3）第一轮方案优化。2013年6月，民航局局务会听取了航站楼建筑方案优化工作的汇报，综合考虑各方意见，研究后认为：法国巴黎机场工程公司（ADPI）、英国福斯特及合伙人建筑设计事务所（Foster）、英国扎哈·哈迪德事务所（ZAHA）的方案在规划理念、功能流程、运行效率、节能环保等方面相对较好，建议作为推荐方案上报，且排名不分先后。2013年8月，各家经第一轮优化后的方案评审结果决出：ADPI采用五指廊的航站楼与综合交通枢纽无缝对接的概念设计方案脱颖而出，成为中标方案。其设计理念包括多层布局、放射性指廊构型，对集中式航站楼的处理能力和停靠飞机的数量形成一种平衡。

（4）第二轮方案优化。2014年1月，北京新机场建设领导小组第三次会议决定：同意以ADPI的方案为基础，吸收其他方案的优点，抓紧优化形成一个博采众长、功能完善的航站楼建筑方案。指挥部通过与设计单位沟通，最终组成了由ADPI和ZAHA参与的优化设计团队，启动了第二轮优化工作。经过多轮次的方案优化、汇报请示，2014年9月12日，经请示民航局后，指挥部向ADPI正式发送了中标通知书。

（5）第二轮方案进一步优化。指挥部组织ADPI和ZAHA联合设计团队启动了深入优化工作。至2014年12月底，优化了建筑外形及内部空间设计，提升了建筑形象；完善了楼层功能布局及资源配置，提高了运行效率；形成了各种交通方式的运行流线，重点深化了轨道交通与航站楼的一体化设计方案，提高了综合交通系统效能；细化了行李系统的整体设计，提出了旅客捷运系统的预留方案；结合航站楼建筑，还深化了节能环保措施。

（6）初步设计、施工图设计。2015年初，航站楼的初步设计工作正式启动。初步设计没有再继续聘请国外团队做后续服务，北京市建筑设计研究院有限公司（简称北建院）和中国民航机场建设集团公司（简称民航院）联合体承担了大兴机场航站区初步设计、施工图设计工作，联合几十位国内各建筑业的顶级设计师，用"同画一张图"的思路，集合造型设计、结构受力、机电设备弱电信息、旅客流程等各方面的才智，在3个多月的时间里，废寝忘食，日夜鏖战，把设计理念变成了可以落地实施的设计方案。2015年8月，技术设计的初步方案完成。所实施的设计与原概念设计从建筑功能布局、建筑造型到结构方案都有较大的调整，确定了多项技术指标，如建筑规模、停机位、业务流程组织等。2015年12月，大兴机场航站区施工图设计完成。

2015年中至2016年中期间，指挥部聘请了知名设计顾问团队先后开展了模拟仿真、钢结构同业校验、APM系统研究等施工图设计配套研究工作。具体包括：ADPI开展设计复核及支持研究，奥雅纳开展航站楼仿真研究，奥雅纳开展航站楼屋面结构同业审核研究，民航设计院及美国RSH开展陆侧交通仿真研究，LEA-ELLIOTT开展捷运系统（APM）专项设计研究，慕尼黑机场开展设计咨询报告，ZAHA开展商业布局规划专项研究等。通过这些工作，既利用了数字技术检验了设计的有效实现程度，也学习了国际顶尖的航站楼仿真、校验技术，从而为大兴机场设计的不断优化提供了有力支持。

7.3.2 不断优化，持续完善

工程设计无止境。指挥部从未停止对完美的追求，这就是力求达到更绿色的设计、更适合运行的设计、更便捷的设计、更智能的设计、更安全的设计、更美的设计和更"中国"的设计。

（1）寻求更绿色的设计。例如，大兴机场航站楼的C形柱设计经历了中外团队多次的修改和升级，最终得以形成了空间最优、采光最优的版本。在最初外方的设计方案中，航站展楼内部只有6根C形柱，开口都朝向中心，形成合围。北京建筑设计研究院团队经过测算后，扭转了C形柱的开口方向，从朝里调整至全部朝外，并且根据结构需要增加了两根C形柱。同时，取消了原方案值机大厅内的10根立柱。调整后，室内的支撑机构更为纯粹，力学分布更加合理，也使核心区和外围区域的采光趋于均匀，进一步降低了照明能耗。为此设计团队还做了全天不同光线情况下的光照模拟，天气好的时候，白天在航站楼内的开敞区域，可以做到不需要室内开灯。又如，大兴机场的规模历经了多轮次的优化和多方案的集成。指廊的长度从630米变更为600米，宽度缩减为50米，缩短后的指廊让旅客步行的时间控制在8分钟以内，这是在各种指标平衡中找到的最优方案。大兴机场航站楼的层高也在多次修改后整体下调了3~5米，节约了大量能源，以符合国家绿色发展政策导向。设计优化的基本原则是：集约美好的方案，不求大，不浪费资源，努力让旅客感到舒适[①]。

（2）寻求更适合运行的设计。大兴机场在前期设计的过程中，不断融合未来运营人员的意见，从使用者角度考虑，一遍又一遍地优化设计，无处不体现"建设运营一体化"的理念。在可行性研究阶段，指挥部就飞行区设计方案和设备选型与运营人员充分协商，分门别类跟他们对接。在进行初步设计以及出施工图的时候，无数次跟他们探讨，请他们提意见。后来这批人很多参与了运营筹备并进入大兴机场运营团队。可以说，从可行性研究到初步设计，再到施工图阶段，设计方案经历了无数次的迭代升级。甚至最后做招标文件，都请运营人员共同探讨。工作区设计过程中，指挥部无数次召集有关航空公司开会，共同探讨最合理的设计方案。

（3）寻求更便捷的设计。在设计完成交付之后，实际图纸也并不是100%落地无调整。在施工过程乃至运营初期，最初的设计也会随着一些更科学、更人性化的运营要求进行调整和升级。这种设计变更反映出工程人不断超越自我的精神、不断迭代学习的品质。在实际使用中以旅客为中心的功能需求调整造成了设计变更，这也是大兴机场设计变更最常见的原因。例如，最早设计的商务办公区写字楼后来调整为旅客过夜用房，满足了旅客

---

① 杨语溪. 超级工程的挑战 —— 座机场的诞生 [J]. 中国民航，2020：68-73.

在机场区域住宿的需求。行李系统原来是纯后台安检，现在变成旅客直接在柜台等待并前往开包间开包检查。这两种检查方式虽然都符合规范，但运营方选择了方便乘客的工作模式，这也体现出大兴机场一贯执行的"以人为本"设计理念以及对未来机场发展趋势的前瞻性分析。在整个施工交付—运营使用的过程中，大兴机场的设计不断得到优化。大兴机场运筹机构成立初期，针对已实施方案又提出一系列调整要求，推动设计方、施工方进一步完善设计方案。

（4）寻求更智能的设计。大兴机场作为我国智慧机场建设的范本，在设计阶段就强调"以数据为中心"。在前期规划和设计阶段，建设者充分发挥数字化决策优势，推动咨询设计转型升级，在机场选址、总体规划、初步设计及施工图设计阶段综合运用BIM、GIS模拟仿真等数字手段。考虑到数字技术快速迭代的特点，大兴机场在打造信息系统的数年间也不断学习，数次更新和升级技术，以前瞻眼光将整个信息系统打造成为一个开放型、发展型的平台，为未来的发展留足了想象空间。

（5）寻求更安全的设计。在大兴机场的施工过程中，国家相关安全规范的不断调整而进行设计变更。首先，大兴机场严格执行规范要求的变更，比如涉及消防、电梯安全等一系列新规范发布后，大兴机场都做了适应性调整。设计初期阶段，大兴机场希望停车楼、综合服务楼和航站楼一起进行消防性能化设计，但超大空间的结构确实符合不了消防规范现行的设计，大兴机场随后调整了相关设计。其次，房屋卷帘门的设计变更也是属于规范变更，房屋卷帘门最大的跨度是12米，后来考虑到各种性能问题必须调整变小，按验收时的规范进行验收。北京市关于重载电梯的规范变更大概在2016年实施，与机场的建设周期重合，所以机场必须按新的重载电梯要求，对基坑、切拉杆重新设计或重新施工。

（6）寻求更美的设计。在工程活动中，美不仅表现为建筑物外观的"形态美"和"形式美"，更表现为工程的外部形式与内在功能的有机统一所彰显出来的"事物美"和"生活美"，因而能够带来一种全面而深刻的"和谐、愉悦的感受。"[①]大兴机场的设计不仅考虑和满足了工程项目的基本功能要求，更致力于达成建设者特别是乘客的审美理想。整个航站楼的造型恢弘壮美，C形柱与天花板的线条磅礴华美，充满了现代气息。在指廊的尽头处，设计者奇思妙想，打造了一处处美轮美奂、精致雅观的中国花园和精致小景，让步履匆匆的乘客暂时忘却了旅行的疲惫，于美景之中感受到诗意栖息的意境。值得一提的是，在大兴机场航站楼的国际出发层，充满人性的巧妙设计将大兴机场的人文之美展现得淋漓尽致。

（7）寻求更"中国"的设计。机场航站楼设计方案，先后通过三次优化而成，其主体结构以ADPI方案为基础，建筑艺术吸取其他方案的诸多造型元素，同时融合了国内设计联合体

---

① 殷瑞钰，汪应洛，李伯聪 等. 工程哲学[M]. 第3版. 北京:高等教育出版社. 2018:230.

的各项优化方案。国内设计团队在建设规划中突出中国文化元素，体现北京地域文化特色，包容世界多元文化，既传承古典又融入现代意识。作为亮点之一，在旅客进出港的五指廊指端分别建造了丝园、茶园、瓷园、田园、中国园等5座"空中花园"。整个航站楼位于中轴线上，指挥部和国内设计团队反复研究，并拍摄傍晚和早晨太阳照在天安门城楼琉璃瓦上的颜色，对照比较，最后选中了"夕阳下的紫禁城琉璃瓦"颜色，使其在南中轴线上与中国古代最重要的皇家宫廷建筑及色彩遥相辉映，并与首都机场3号航站楼色彩形成呼应。航站楼的"凤凰"造型表达出中国传统文化中的美好寄语。凤凰，在中国传统文化中被誉为百鸟之神，自古以来象征着祥瑞、福兆与太平盛世。这个外观设计包含着深厚的华夏文化寓意，蕴含了设计师对大兴机场最美好的期许。

7.3.3　设计精神，精益求精

大兴机场工程设计不是一蹴而就的成果，而是历经反反复复的推敲与修改、集成与筛选、优化与调整、推翻与创新，凝聚着设计者的心血与汗水。他们以精益求精、追求卓越的精神突破一个又一个设计障碍，解决一道又一道技术难题。这种对设计方案一遍遍征集、筛选、组合、打碎、重组、优化、落地，最终得以实现设计理想的过程，体现出设计者不断迭代学习的精神与态度。

这种集体学习的精神，首先反映在指挥部包容并举、精益求精的设计理念中。从2011年的方案征集到2013年的第一轮方案优化，指挥部请求投标的7家国际设计单位，针对各自方案存在的问题，在自愿的前提下各自进行优化，从而实现了迭代学习。在第二轮方案优化中，指挥部打破成规，组成了由ADPI和ZAHA参与的优化设计团队，以ADPI的方案为基础，吸收其他方案的优点，优化形成一个博采众长、功能完善的航站楼建筑方案。接下来，在初步设计阶段，指挥部贯通中西，聘请了北建院和民航院联合体承担大兴机场航站区初步设计、施工图设计工作，联合几十位国内各建筑业的顶级设计师，用"同画一张图"的思路把设计理念变成可以落地实施的设计方案。中国的设计团队在对结构和细节的处理中，不断将中国传统文化理念融入设计方案。需要强调的是，在整个设计过程中，指挥部一直以超前的战略眼光，将自己对机场建设和运营的理解融入设计之中，助力"建设运营一体化"理念的实际落地。可以说，最终融合而成的设计方案是参与各方群策群力、集思广益、博采众长、融合共生的结果，也是指挥部集体学习精神的绝佳体现。

事实上，按照国际设计方案招标惯例，往往最终只有一家设计公司中标，而大兴机场的设计过程完美地体现了中国自古以来融会贯通、包容并举的"和文化"：以ADPI中标方案为基础，吸收ZAHA方案中诸多建筑艺术造型元素，最后融合国内设计联合体的设计思想并形成优化方案。整个过程中，中外多家设计团队相互碰撞、协同创新，完美诠释有中国特色的设计精神。

这种设计精神还体现在北建院和民航院后期承担的初步设计、施工图设计阶段。大兴机场是一个规模空前、极度复杂的超级工程。设计范畴已超出常规建筑设计，需要大量不同专业的设计团队配合共同完成。北建院与民航院作为设计总承包单位，不仅需要完成自己的核心设计工作，还需要协调各个专业团队，整合外部的设计咨询资源，统筹每一个设计的成果，完整地提交给建设单位[①]。联合体内部设计团队分为建筑、结构、给水排水、暖通、电气、绿建、钢结构、BIM、经济、艺术等专业，超过150人；外部咨询及分包合作单位达30余家。面对如此规模的设计团队，为了保证整体设计工作有序高效，北建院和民航院联合体整合各方资源，搭建了协同设计平台，建立了一套完整有效的、适用于机场设计总包管理的协作平台和质量控制体系。这套体系的建立，也是大兴机场联合体设计团队集体学习的成果，为未来中国复杂工程的设计提供了模板和经验。

从施工、投运到运营，大兴机场建设者在全生命周期中持续发扬精益求精的设计精神，不断迭代学习，努力践行平安、绿色、智慧、人文的设计理念，以开放、包容、创新的姿态融汇了全球最顶尖的设计智慧，最终得到了既简洁实用又独具审美意蕴的理想的设计方案。

7.4 施工过程中的迭代学习

施工过程不大可能是按图索骥的"平顺"过程，特别是在重大工程建设中，诸多"拦路虎"会出现在前行路上，一系列问题会互相交织，种种"考验"会不断涌现。面对这些问题，零敲碎打不行，碎片化修补也不行，必须进行全面、系统的思考和推进，联动和集成。面对大兴机场项目的施工挑战，需要工程建设者在系统框架下对各个环节进行统筹协调，不断地发现问题、解决问题，务实创造，从而实现迭代升级和自主创新。

7.4.1 施工迭代，成效显著

大兴机场建设定位高，既要满足未来的运营需求，又要符合投资、规划的高标准，使近期与远期、内部与外部、功能流程与经济效益实现高水平协调共振，达到需求、建设、运

---

① 王亦知，门小牛，田晶，秦凯，王斌. 北京大兴国际机场数字设计[M]. 北京：中国建筑工业出版社，2019:18.

营、效益的四位一体。施工过程恰似一首交响乐，细节分明又和谐交融。指挥部就像交响乐的指挥，协调各方，从虚到实，渐次投射，通过迭代学习，将一幅幅画卷展现在世人眼前。

大兴机场建设时间紧、涉及单位多、施工交叉复杂、建设时序匹配难，仅北京新机场建设指挥部负责的机场主体工程就包括110个单体工程，不同单体工程均有相应的设计、施工、监理、供货和咨询等单位（总计561家），具有不同的项目报批、设计、招标、施工、竣工移交和运营准备等进度安排。加之机场主体工程还有外围大量的民航公司工程、配套市政工程、高铁工程、公路工程等，协调和统筹的难度巨大。

对任何工程项目而言，招标投标工作是开工建设的前提。指挥部在大量专题研究的基础上进行合理的标段划分。标段划分要均衡，不能有特别大或者特别小的，还要尽量减少施工交叉，以便减少相互掣肘或扯皮现象。依据这个原则，大兴机场飞行区工程分为28个标段，主要包括飞行区场道、目视助航、全场雨水排水、飞行区道桥、飞行区消防、飞行区安防、飞行区服务设施、飞行区附属设施等工程。航站区工程分为8个标段，主要包括航站楼工程、停车楼及综合服务楼工程、核心区及航站区地下人防工程、货运区工程和公务机楼工程。

标段划分之后，指挥部组织施工招标投标，以施工总承包、专业承包的形式择优选定施工单位。北京城建、北京建工、中建八局等大型国企凭借强劲的实力中标。他们先是进行技术、物资、劳动组织、施工现场和施工场外的准备，接着申请开工，获批后正式进入施工阶段。由于大兴机场建设工期短、任务重，民航局与北京市、河北省创新工作思路，在依法合规的前提下，根据拆迁交地情况分四批批复，实现分批审批、分批交地、分批备案、分批开工，从而简化了建设审批流程。

各个建设单位开工后在有限场地上投入大量材料、构配件、机具和工人，进行连续施工。其中，机场工程中的飞行区工程作为先行工程，在2014年12月取得300亩先行用地，同月26日正式开工，成为大兴机场施工启动的标志。航站区工程于2015年9月取得7229亩先行用地，同月26日开工建设。配套工程包括市政工程、供油工程、空管工程、南航基地、东航基地等，于2016年底至2017年初陆续开工。

在施工组织方面，在以往基础上探索和发展了总承包管理模式，除了民航专业工程以外，其他都放在总包中进行招标管理，主体责任非常明确，赋予总包企业更大的统筹权力、控制权力和责任义务，这样对整个工程总体目标的把控就变得非常有效。承建过首都机场2号、3号航站楼建设的北京城建是大兴机场航站楼工程建设的总承包商之一。这家公司在中标之后，基于首都机场2号、3号航站楼建设经验，制定了施工规划，力求显著提高测量仪器设备的数字化程度、施工的机械化和自动化程度，以及工程的装配化程度与智慧建造水平。大兴机场施工专业化程度高、技术难度大、面临挑战多，进行迭代学习就成为必然。可以说，只有不断学习，施工人员才能适应技术的持续发展。大兴机场航站楼屋顶最大单元长度516

米，最大跨度180米，悬挑长度42米，当时世界上跨度最大的钢结构体系，存在跨度、长度等屋盖超限、扭转不规则、竖向构件不连续等规则性超限难题，指挥部全程支持智能建造在机场工程建设各环节的应用，推动装配式建造及BIM技术在机场建设中的应用，实现了全专业的三维建模，重点突破关键技术问题，着力推进机场发展质量、效率和动力变革，先后攻克了超大平面材料运输、大面积无规则自由曲面空间网架提升等诸多世界级难题，采用了很多工程新技术，充分地体现了建筑业由"建造"向"智造"的转变，代表了我国钢结构最高科技创新水平（图7-4）[①]。

图7-4　2017年6月30日上午，随着最后一榀钢网架吊装拼接完成，大兴机场航站楼钢结构顺利实现封顶

施工完成后就是工程验收。民航局协调京冀两地政府，按照"成熟一项，验收一项"的工作机制和"并联开展"的工作模式，倒排工期，在组织开展20余次现场预验收基础上，及时完成33个项目的专业验收。各参建单位于2019年6月30日前完成开航必备85个项目的竣工验收。行业验收初验总验分步实施、总验终审同步进行、局内局外统一调配、主体配套统筹

① 张晋勋，李建华，段先军，刘云飞，雷素素. 从首都机场到北京大兴国际机场看工程建造施工技术发展[J]. 施工技术，2021，50（13）：27-33.

兼顾。所有验收资料通过联合验收系统平台统一推送，串联改并联，高效同步推进民航专业工程行业验收与机场使用许可审查。在分批次完成行业验收初验以及使用许可初审基础上，2019年8月28日至30日集中组织开展行业验收总验和使用许可终审。

从工程的施工过程可以看出，只有不断进行迭代学习，才能做到前瞻未来、主动建构未来，这中间包括很多研究性工作、实验性工作。事前看得清的，就牢牢抓住，而事前看不清的，就进行研究、实验，在这个过程中逐渐把事情搞定。靠着进化性的迭代学习，工程建设的复杂性在很大程度上就能得到化解。

7.4.2　发现问题，解决问题

从项目策划阶段开始，指挥部就积极组织业主单位、驻场单位、承包单位、施工单位等相关方识别项目进行中可能出现的问题，多角度、全生命周期识别问题的类型、来源、发生的原因、可能产生的阶段、解决方案等，并提前开展有针对性的课题研究。大兴机场的施工建设坚持以"引领世界机场建设、打造全球空港标杆"为愿景，坚持问题导向，秉承"发现问题就是成绩，解决问题就是提升"的管理理念，争取"一次把事情做对、两次把事情做好"。这实际上就是快速迭代学习的理念。

工程建设现场发现问题的能力，依赖于工程建设者长期的经验积累所形成的判断力。施工过程遇到的问题可分为两大类：一类是精兵强将组成的指挥团队提前就能想到并布局谋划解决的关键技术问题，对此可设立课题进行重点攻关。例如，大兴机场跑道位于永定河洪泛区，那里土质松软，为保证跑道能够承受飞机起降时的巨大压力，需要对跑道下面土方进行多次强夯、压实。如何确定每一个点位的压实遍数并评估压实效果，若仅凭人工计算与测量，不仅费时费力，得到的结果也不够精确。为此，指挥部历时2年多，组织开展"机场飞行区工程数字化施工和质量监控关键技术研究"，形成解决方案，通过空间定位与传感技术，精准定位并自动收集工程质量相关信息，实现了对工程质量的有效监管。另一类是现场发生并需要分类解决的问题。根据问题性质，这类问题可细分为五大类：

（1）工程设计给施工带来的难题。航站楼随处可见的曲线造型给施工带来了巨大挑战。航站楼核心区的屋面投影面积达18万平方米，用钢总重4.2万吨，屋顶中心区主要靠8根C形柱支撑。面对如此大面积的屋面网架、如此大尺度的组件、如此高难度的支撑，该如何进行安装，又该如何吊装提升，是一大难题。施工方首先采用BIM技术全程电脑模拟，进行精密吊装验算，精度达到毫米级，在此基础上，创新使用数字建造技术、三维激光扫描技术、测量机器人、焊接机器人、钢筋自动加工设备、高空升降车等最先进的技术手段，完成了超高难度的工程施工。

（2）施工过程中要素间不匹配引发的工程问题。例如，航站楼呈五指廊放射状构型，各相邻指廊呈60度夹角，为了飞机近机位停靠，指廊间弧线较大，形成了中心区无任何变形缝的超长、超宽混凝土结构，在混凝土结构施工中，对于超长、超宽的混凝土结构，塔式起重机的布置可以做到全面覆盖，但中间区域的塔式起重机没有喂料口，依靠传递接力倒运，效率非常低。为此，施工方请有关专家专门设计了总长度1 100米的两座钢栈桥作为水平运输通道，利用16台自行研发的载重25吨的遥控轨道车运送物料，使得运输工效提高了4倍。

（3）环境条件对施工形成的制约。例如，大兴机场数据中心大楼建设本应先于系统联调，但是这块地横跨河北、北京，土地的前置手续没完成，造成信息楼开工比计划晚了7个月。指挥部之前预计到，于是建了临时测试用房，先行开展系统调试和多系统联调。后来，在指挥部多部门协同之下，创造了信息系统大楼当年开工、当年封顶的奇迹。当时还没有用于冷却的自来水，三月开始运行系统，因气温低没有发生高温宕机，但是随着时间推移，气温上升，计算机就开始报警，指挥部协调各方，发挥协同作战的能力，指挥消防车运水用于冷却，就这样一直撑到六月份。

（4）科技进步揭示出新的工程可能性所引发的问题。例如，计算机技术的快速发展使得数字化夯实代替人工检测成为可能。飞行区工程占地面积18平方千米，通过联合攻关，在国内首次实现强夯等机场飞行区施工过程的数字化监控，克服了常规质量控制手段受人为因素干扰大、管理粗放等弊端，有效地保证和提高了施工质量。基于强夯数字化施工，施工效率提升了25%，用工成本减少了70%以上。

（5）施工中的利益冲突引发的工程问题，涉及安全、质量、进度、成本控制等各个方面。例如，施工方必须对业主负责，但施工方同时也要将公众的安全、健康和福祉放在首位，两者就有可能产生矛盾；北京市与河北省有关法规和执法方式的不一致所带来的问题；信息基础设施的建设和土建建设的矛盾；信息系统内部承包商之间的矛盾；监理和施工单位之间的矛盾；各个施工方在施工界面上发生工期排序冲突，等等。

上述问题都需要根据现场情况快速加以解决，这就对问题建模和模型试验提出了更高的要求。大兴机场施工问题的解决本质上是基于模型的技术与人的协同进化过程。事实上，工程模型是认知工具，它可以看作焦点装置，是实践探索的脚手架，可以为具体施工活动设置焦点，使得思维活动具有了凝聚性和方向感，建构出新的、尚不存在的对象，从而对世界进行合理干预。基于模型展开的干预性试验，是解决施工问题的一个基本策略。

7.4.3　反复试验，精准施工

事实上，施工现场出现的问题具有偶发性、即时性和独特性的特点，通常无法在设计阶段加以消除，而是必须具体问题具体分析，在当时当地快速加以解决。因此，工程施工是一个不断进行再认识、再思考、再行动、再落实的过程，通过这几个"再"进行提升。

作为世界最大单体隔震建筑，大兴机场航站楼层间隔震问题的解决就是明证。大兴机场航站楼采取层间隔震，即在负一层和负一层顶板间的结构柱上，安装1 152个橡胶隔震支座，极限位移可达66厘米，相当于装了个"伸缩阀"，让震动传导不上去。层间隔震问题的课题负责人边施工边研发，攒下了16本日志。当时国内缺乏大型隔震支座量产的经验，需要开展一系列产品性能测试及破坏性试验。每个出厂的隔震支座送达北京后，还要像过筛子一样，逐一接受第三方开展的多轮专业检测，直到确认合格后才能送到施工现场。"层间隔震"也促使人们关注一些新的不安全因素。例如，加装了隔震支座的首层"地板"及其上部结构，在遇到地震时可以通过发生合理位移起到减轻灾害的作用，但穿越该层的各种管线就没那么幸运了，可能会被"折损"。为此，航站楼的越层管线都采用了柔性设计，以保证突发情况下，关键线路不被破坏。隔震体系把传统抗震体系中通过加大结构断面和配筋的"硬抗"概念和途径，改为"以柔克刚"的减震概念和途径，可以说是中华文化"以柔克刚"哲学思想在结构防震工程中的成功运用（图7-5）。

图7-5　隔震支座安装

指挥部积极推广应用智能装备，充分发挥数字化融合优势，实现数字化精准施工，以施工机械化、自动化、装配化程度的提升助力实干与创造，助力施工中的迭代学习，在现场人员管理、现场安全隐患排查、机械管理、物资管理、造价管理等方面取得良好效果。施工信息系统可快速创建基于该系统的三维施工模型，并可基于模型同步对现场进行施工控制，在交付前对业务数据进行分析、处理、统计。通过传感器感知以及辅助人工信息录入，施工中的材料参数、零部件参数、机械力度和定位数据等信息均被纳入施工信息系统和管理进程。一旦日后项目出现问题、检查项目或者修缮和扩建时，就可以根据这些时空化的信息更精确地追溯到任何一个细微的施工环节。

特别是，数字化技术的全面运用，还开辟了全新的工程试验空间，大大提升了工程试验的进度，降低了工程试验的成本。这实际上是一种新型迭代学习方式。不同于物理模拟，计算机模拟是用计算机手段在虚拟空间探索复杂的物理系统，通过碰撞检测、模拟施工、模拟安装对技术方案进行优化，可以解决施工难题和安全隐患，提高工程量计算的准确性和材料用量估计的准确性，并实现对工程变更的精准控制。这样，借助数字技术，航站楼屋顶吊装拼接施工采用"计算机控制液压同步提升技术"，多台提升机在计算机控制下同步将屋顶缓慢提升一次性到位，精度控制在 ±1 毫米以内。事实上，在施工方案模拟阶段，就建立了航站楼屋盖钢结构预起拱的施工模型，63 450 根架杆和 12 300 个球节点依据预起拱模型进行加工安装，而在材料生产阶段，通过 BIM、工业级光学三维扫描仪、摄影测量系统等集成智能虚拟安装系统，确保了出厂前构件精度满足施工安装要求。

正是靠着反复试验和精准施工，大兴机场才真正成为内在质地与外在品位相得益彰的"精品工程"、引领行业发展的"样板工程"、保持安全"零事故"的"平安工程"、阳光干净的"廉洁工程"。在施工过程中，建设者始终以负责任的态度，根据实际情况出发，不断发现问题并确定合理解决问题的方案，勇挑重担，拿出了满意的答卷。

大兴机场是一个标志，标志着中国整个工业能力和科技创新水平达到了新高度。大兴机场促进了一批国内品牌发展，同时也提升了大家的软实力，这是大兴机场作为国家发展一个新的动力源的重要体现。我们不怕被超越，因为我们永远在发展。

7.5　运营筹备中的迭代学习

作为一座超大型国际机场，大兴机场的运营筹备任务是前所未有的，没有现成的实践经验可以照搬照抄，只能"摸着石头过河"，在迭代学习和不断实践中逐步探索、摸索经验。按照"建设运营一体化"的理念，大兴机场的运营筹备工作与工程建设同步开展。正因为如此，在工程竣工后87天即实现了完美投运，创造了大型枢纽机场投运史上的奇迹，展现了运营筹备的高效率、高水平。

7.5.1　前期准备提前启动

随着航站楼等主体工程陆续破土动工，大兴机场的运营筹备工作也逐步开展。按照"建设运营一体化"的理念，打通机场建设和运营的边界，需要提早做好运营团队和资源准备，使运营筹备工作在工程建设阶段提前介入，实现建设与运营无缝衔接。在民航局的协调和统筹下，运营筹备前期准备工作陆续启动。

2016年3月26日，民航局党组会议审议通过了关于航空公司进驻北京新机场建设运营的相关支持政策和进驻航空公司的相关优惠条件。为了更好地推进大兴机场枢纽建设、引导航空公司适度竞争，民航局领导亲自带队与东航、南航主要领导座谈交流。2016年7月19日，民航局、国家发展改革委联合发文《关于北京新机场航空公司基地建设方案有关事项的通知》，明确了东航、南航作为主基地航空公司进驻等有关事项。

与此同时，各相关单位也陆续启动运营筹备工作。为做好北京新机场供油工程项目建设工作，中国航油集团公司早在2013年5月16日就成立了北京新机场供油工程项目部，开始前期准备工作。2016年1月6日，中国航油集团公司正式成立北京新机场航油工程指挥部，下设场内航油工程、京津冀第二管道、地面加油站3个项目部，并于2016年3月至7月相继完成航油工程三个项目运营公司注册，以支撑北京新机场航油工程建设及运营筹备工作。

2017年初，南航、东航、中联航等航空公司陆续成立北京新机场建设运营领导小组。2017年6月，指挥部从首都机场集团选调了40名业务骨干作为班底，成立运营筹备部，负责开展运营筹备工作，并持续补充运营筹备人员。2017年6月底，华北空管局成立北京新机场运营筹备及过渡工作领导小组。至此，机场、航油、空管、航空公司运营筹备工作全面启动。

为了给大兴机场运营筹备工作奠定坚实的组织基础和人才保证，首都机场集团制定了"统筹规划、分步补充"的工作原则，计划分四个阶段补充到位。继续面向全集团广泛动员和选调北京新机场运营筹备人才，并于2018年3月和2018年12月分两批共选调123名人员加入北京新机场运营筹备部。

北京新机场运营筹备部成立后，立即组建了多个业务组，梳理形成运营筹备问题330项，还举办了商业资源推介会，前瞻性部署招商工作。同时，运营筹备部全力推动航空业务规划，积极争取空域、航权和时刻分配等政策支持，全方位对接航空公司和航空联盟进驻及转场需求，加强推介，广泛征集意见建议。

7.5.2 运营筹备陆续推进

机场建设进入施工高峰阶段后，指挥部的工作重心开始从工程建设转向运营筹备。迫于工期紧张、环境复杂、协调难度大等难点和问题，大兴机场以"6·30竣工验收""9·30前投入运营"为两大目标时间节点，编制了总进度管控计划，整合各方面力量，调动一切资源，全面加快、全速推进各项工作任务。

为了统筹做好大兴机场建设运营筹备等各项工作，2018年3月13日，民航局党组决定在原"民航北京新机场建设领导小组"基础上成立"民航北京新机场建设及运营筹备领导小组"，全面负责组织和协调地方政府、相关部委以及民航局机关各部门及局属相关单位。5个月后，民航局成立了北京新机场民航专业工程行业验收和机场使用许可审查委员会及其执行委员会，全面覆盖局内协调以及局外指挥、督导、验收、审查各环节的组织保障工作。同时，民航局还成立了北京新机场投运总指挥部和投运协调督导组，投运总指挥部设在首都机场集团，以更好统筹安排各方资源；督导组设在华北局，以更好地发挥行业主管部门督促、指导、协调作用，全力推动机场投运。紧接着，还成立了民航大兴机场监管局、大兴空管中心，各有关单位也陆续成立运营筹备领导小组。

随后，首都机场集团宣布北京新机场管理中心（现"大兴机场"）于2018年7月23日正式成立，作为集团公司分支机构负责新机场运营筹备相关工作，并组建由9人组成的北京新机场管理中心领导班子。2019年2月2日，集团公司发布《首都机场集团公司北京新机场管理中心运营管理授权体系方案》，明确集团公司与北京新机场管理中心的关系定位，划分二者权责界面，为北京新机场管理中心在授权范围内代表集团公司履行机场管理职能、运营管理大兴机场奠定了基础。

为确保实现大兴机场"9·30前投入运营"的总进度目标，民航北京新机场建设及运营筹备领导小组通过慎重研究，决定由同济大学进度管控专业组会同各建设、运营、驻场单位编制《北京新机场建设与运营筹备总进度综合管控计划》（以下简称《综合管控计划》）。2018年7月6日，民航局在航站楼建设工地召开北京新机场建设与运营筹备攻坚动员会，正式发布了《综合管控计划》。该计划确定了剩余工程建设计划、验收准备工作及移交计划、运营筹备工作及接收计划、各相关专项计划，梳理重点问题41个，识别计划节点366个，明确了北京新机场建设和运营筹备工作的"路线图、时间表、任务书、责任单"。

以民航局《综合管控计划》和指挥部、管理中心的《北京大兴国际机场工程建设与运营筹备总进度计划》为基础，北京新机场投运总指挥部协同各成员单位及集团公司各成员单位，以投运时间节点为总目标，按照备战、临战、决战①三个阶段关键工作为主线制定《北京大兴国际机场投运方案》（以下简称《投运方案》）。《投运方案》共有5 800余页、197万字，分为五册，包括《投运组织方案》《投运筹备方案》《投运演练方案》《投运开航方案》《各单位投运分方案》，明确了各成员单位的运营筹备重点任务路线图、时间表和责任书，明确了相互之间的业务接口和作业规范。与此同时，组织军方、地方政府、铁路、民航等相关单位编写完成《大兴机场投运方案》并上报，用以指导各单位组织实施投运工作，确保大兴机场按预期目标顺利开航。

　　一个新建机场必须经过校飞、试飞、行业验收等程序后，才能取得机场使用许可证。校飞、试飞又是飞行程序批复和相关行业验收的重要前置条件，只有取得飞行程序正式批复后，大兴机场才能够顺利通航。因此，校飞、试飞工作是大兴机场运营筹备阶段的重要内容。2019年1月22日至2月24日，大兴机场完成四条跑道飞行校验工作，共历时34天、飞行112小时，校验内容包括4条跑道、7套仪表着陆系统、7套灯光、1套全向信标及测距仪和飞行程序。校验飞行结果显示所有设施运转正常，大兴机场飞行程序和导航设备具备投产通航条件，为航空公司真机验证试飞创造了先决条件。

　　真机试飞与校飞有很大不同，校飞的重点在于地面的导航设备，而试飞主要针对飞行程序和地面运行程序进行验证，重点在天上、在运行。也就是说，要验证飞机从大兴机场飞向四面八方的离场程序，以及从世界各地飞往大兴机场的进场及仪表进近程序是否满足规范和实际运行需求。2019年5月至9月，大兴机场共实施了三个阶段试飞。第一阶段试飞以验证12项飞行程序为目标，包括进近程序4项、进场程序4项、离场程序4项，并对相关导航/通信/监视设施、目视助航设施、道面机坪建设及路线标志划设等基本保障情况开展验证测试。第二阶段试飞以验证低能见度运行能力为目标，主要完成CAT ⅢB进近程序和运行最低标准，HUD RVR75米起飞程序和标准，以及高级地面活动引导及控制系统（A-SMGCS）引导下的地面滑行验证试飞。第三阶段试飞以验证机场整体运行保障能力为目标，主要完成机场地面运行流程和地面保障设施适用性验证。

　　机场使用手册是指导机场运行的纲领性文件，关乎机场的安全运行、高效运行、协同运行。为了确保《北京大兴国际机场使用手册》编制水平的高质量、高标准，在手册编写过程中，注意充分吸收各驻场单位相关意见，保证手册涵盖内容的全面性和各项运行业务的关联性、一致性。2019年1月2日，经过专家组和驻场单位等多轮评审和修订完善，《北京大兴国际机场使用手册》正式编制完成。该手册是大兴机场运行的基本依据，内容包括机场管理机

---

① 备战阶段（至2019年6月30日）、临战阶段（2019年7月1日-9月9日）和决战阶段（2019年9月10日起）。

构的责任和法人承诺、机场安全管理体系、机场运行程序和安全管理要求、机场资料和附图等内容，把安全管理体系要素充分融入机场各项业务过程。

一个机场能否顺畅运行，空中环境极为重要。与地面交通不同，空中交通环境更复杂、更立体、涉及范围更广。空域优化是一项系统工程，稍有变动就有可能引发大范围的调整。随着大兴机场的启用和粤港澳大湾区发展规划纲要的出台，京广航路运行将面临更加严峻的挑战，空管系统升级改造势在必行①。依据国家空管委《关于北京终端管制区空域规划方案的批复》，2019年4月24日，民航局下发《关于新辟并调整北京终端管制区及外围航路航线的通知》。6月18日，民航局批复北京终端管制区外围机场进离场航线及华北地区班机航线走向调整方案。此次空域调整以北京区域为中心，向东南西北四个方向辐射，涉及华北、华东、中南、东北、西北5个地区空管管辖范围。这是中国民航史上涉及范围最大、协调单位最多、实施难度最大的一次管制空域调整。为此，民航局先后多次与军方就大兴机场及空军南郊机场开航保障事宜进行沟通，进一步强化军民航协同，为大兴机场开航后安全有序运行打下坚实基础。

7.5.3　顺利实现开航投运

2019年6月底，大兴机场一期投运的82项主体工程完成质量竣工验收，实现了工程建设为中心向运营筹备为中心的重大转变。民航局也分5批开展行业验收和机场使用许可审查工作，确保大兴机场如期具备投运条件。

为了顺利实现9月15日前具备投运条件的目标，2019年7月23日，民航北京新机场建设及运营筹备领导小组要求大家全力冲刺、决战决胜，加快手续办理、综合演练，万无一失做好投运筹备。为此，民航局统筹协调北京市、廊坊市建立联合工作平台，采取现场办公、节假日不休的工作方式，确保短时间内高效完成开航必备35个项目的正式手续办理。

2019年7月11日、8月8日，飞行区、航站区工程先后通过行业初验。2019年8月28日至30日，大兴机场完成民航专业工程行业验收总验和使用许可审查终审。此次总验终审涉及民航专业工程共计82个大项，其中，飞行区工程48项、航站楼旅客服务设施8项、弱电信息工程17项、机电设备7项、货运区系统工程2项。此次总验终审是对大兴机场建设"精品、样板、平安、廉洁"四个工程的最终验收和机场投入运行前综合保障能力的总体把关，也是中国民航史上验收和审查规格最高、工作最细、规模最大、准备时间最长、检查手段最先进的一次。针对总验终审发现的问题，大兴机场列出清单，建立台账，逐一整改。9月15日，民航

---

① 孟环. 中国民航今迎史上最大范围空域调整，北京终端管制区空域扩大两倍[N]. 北京日报，2019–10–10。

局正式批准大兴机场使用许可证申请。

　　从2019年7月19日至9月17日，民航局组织各驻场单位在60天内密集开展了7次大规模综合演练。这七次综合演练从模拟旅客规模、飞行区站坪及跑滑、航站楼指廊开放、综合交通及城市航站楼、昼夜运行保障、国内国际流程等方面由浅入深、循序渐进地逐次开展，包含主流程48个、子流程255个；共计模拟航班513架次、旅客2.8万余人、行李2万余件，演练科目722项，发现并解决各类问题1 133项。同时，在综合演练过程中，采集值机、安检、登机口、地面保障等核心数据1 806个。每次综合演练结束后，第一时间组织相关部门和人员复盘与总结，形成《大兴机场综合演练评估报告》，为安全平稳投运做好充分准备。9月25日，大兴机场成功通航，比之前确定的9月30日提前5天。

7.6　建构未来之道：前瞻性、试验性、研究性

　　工程是不断变化发展的，是从"历史"走向"现在"，而"现在"又要走向"未来"。历史、现在、未来这三者也是相通的，历史是过去的现在，现在是未来的历史。因此，工程实质上是将历史吸纳到当下进而建构未来的过程。对于工程人来说，只有着眼未来，才有方向感，才能进行组织、集成和建构。工程建设就是为了建构未来而由工程人执行的一种"主动综合"。对于以机场工程为代表的巨型复杂工程来说，鉴于工程主体的有限性和多元性，在工程实施过程中，必须进行全生命周期的迭代学习，才能将工程的复杂性"化繁为简"，最终有效地实现工程目标。大兴机场的实践经验表明，要想真正做到全生命周期的迭代学习，必须能够做到前瞻，能够主动建构未来，面对其中所遇到的问题和挑战，通过不断地试验和研究，从而解决关键问题、实现自主创新。

7.6.1　前瞻性建构未来

　　工程特别是大型工程，往往建设周期长，影响因素多，有些因素具有不确定性和突发性，后果影响深远，从而导致工程的复杂性。面对这个问题，将工程的复杂性"化繁为简"的一个重要途径是把潜在问题前置化，这也是全生命周期迭代学习的本质要求，即前瞻性地思考复杂，预先识别问题，并预先开展研究，而不是临时抱佛脚。

　　机场工程通常是国家战略性基础设施，具有广泛的社会和经济效益，对于经济、社会、文化的发展具有深刻的影响。机场工程的前瞻性规划和设计，意味着深刻认识机场建设运营

的基本规律，积极适应发展趋势，科学把握未来方向，在更高起点上建设好、运营好现代化综合机场体系。

当前，我国在机场建设上取得了一定成就，但是，离国际领先的行业水平仍有差距，突出的问题就是不少大型机场的规划缺乏前瞻性，对运量增长评估不足，加之机场建设周期较长，有的机场建成不到2年就达到了建设目标年的吞吐量，从而不得不继续追加投入实施改扩建①。

大兴机场作为我国民航领域的世纪工程，无疑是凝聚并完美呈现了中国智慧的时代性地标，而大兴机场20年选址规划、大决策的背后，展现出来的更是各级领导和有关专家洞察历史、审时度势、高瞻远瞩的战略考量。

改革开放以来，作为第一国门的首都机场旅客吞吐量持续快速增长，经历了几次改扩建，但长期面临"投运即饱和"的问题。作为新国门的大兴机场，为了做到可持续发展，按照本期、近期和远期规划目标，采用滚动发展、分期建设的模式。

除了机场自身的投资回报率之外，大兴机场建设对于区域经济的贡献也是重要的考量。大兴机场所在的大兴区位于北京南部，被认为是北京城市发展的一块"洼地"。与大兴毗邻的河北人均收入较低，基础设施投入、社会发展等方面都与北京、天津有一定差距。为带动区域经济发展，大兴机场配套了较为完整的公共交通设施，以连接河北省廊坊市和雄安新区等地。围绕大兴机场建设的临空经济区，将为北京南部地区包括廊坊带来大概14.4万个区域性就业，对周边的产业发展也会产生巨大的带动效应②。

尽管机场建设具有明显的实际需求和经济发展考量，但大兴机场的通航时间恰逢航空业减排排上国际气候议事日程之时。不仅在北京，中国多个大中型城市的机场建设在近些年纷纷加速，它们在满足人们交通需求的同时，也带来了碳排放增加等环境担忧②。为此，大兴机场就前瞻性地将绿色建筑理念贯穿整个设计、建设和运营全过程，不仅在绿色机场建设方面提升了软硬实力，积累了经验，还在集成技术等方面取得了较好成果③。

大兴机场建设的前瞻性，还突出表现在基于对未来技术发展的展望来打造智慧机场，使得大兴机场有机会引领世界机场建设新潮流，并打造出全球空港新标杆。当前，越来越多新科技如数字化技术、大数据共享、云计算、人工智能等的利用，促使民用航空正迅速向"智慧民航"的新时代发展④。为此，大兴机场广泛应用多方协同和智能指挥调度、大数据分析技术、智能标签技术、智能视频分析技术等新技术，重点建设了19个平台的68个系统，以实现

① 李志强. 新时代下民航机场建设的新思考[J]. 经营者，2019，12.
② 冯灏. 北京新机场：发展与环保再平衡[N]. 中外对话，2019-06-10.
③ 张真齐. 中国民航业多途径攻克"绿色发展"新课题[N]. 中国青年报，2021-09-16.
④ 李海燕. 北京大兴国际机场将打造全球超大型智慧机场标杆[N]. 中国民航报，2019-06-13.

对大兴机场全区域、全业务领域的覆盖和支撑。例如，大兴机场引入了人脸识别等智能新技术，旅客从进入航站楼一直到登机口，可实现全流程自助、无纸化通行，大大提升了通行效率。大兴机场全面采用了RFID行李追踪系统，可实现旅客行李全流程的跟踪管理，旅客可以通过手机APP实时掌握行李状态。大兴机场还建立了统一的运行信息数据平台，纳入了各相关单位的系统数据信息，并整合大数据分析等技术，全面掌握航班运行状态与地面保障各环节信息，实现信息精准掌握和运行智能决策。

在工程活动中，前瞻性考量成功与否是有条件的，对于事前能看得清的、易于解决的问题，只要紧紧抓住问题的关键，顺应社会发展的一般规律，就能解决突出问题、实现工程建构。然而，由于工程的复杂性和系统性，许多问题是事前看不清的，这时就需要进行研究和试验，在这个过程中逐渐把事情搞清楚。

7.6.2　试验性建构未来

由于工程活动的规模和复杂性的增加，人类越来越难以预见自己构建的系统的所有行为。这种不可预见性有三个来源：一是复杂性，由于系统具有"突现"特性，很难预见众多要素之间复杂互动的结果；二是混沌系统，即使拥有一个关于系统的良好的数学模型的时候，它仍可能是混沌的——系统的远期行为对初始条件十分敏感；三是离散系统，在这里，数学描述是不连续的，输入参数的微小变化有可能引起输出结果的巨变[①]。在这三种情况下，人们不可能预见到系统的所有行为包括灾难性后果。

为了保证工程的可靠性，提高工程创新成功的概率，人们往往采用计算机仿真等新的虚拟实践手段，先在虚拟空间中进行集成，通过模拟自然界、模拟工程系统、模拟社区，进行大尺度工程系统创新的试验和评估。这样，通过虚拟的规划、设计、建造、评估，而后再进行实际的建造和集成，就会降低工程活动的总体风险和不确定性。

大兴机场项目规模宏大、建设条件复杂、技术难度高，远远超出了规范和经验所能覆盖的范围，这就意味着，采用常规方法对方案进行规划、设计和验证，可能无法给出完整和可靠的结论。与此同时，大兴机场项目的重要意义意味着工程质量必须达到最高标准。这种高标准和设计经验不足的矛盾，使得大范围采用数字模拟仿真成为必然。

大兴机场运用全流程的空地一体化仿真技术，重点推进空域、跑滑系统、航站区构型优化，先后开展了涉及终端区规划及进离场飞行程序的空域仿真模拟，涉及跑道构型、航站楼布局、机坪运行模式、机坪管制移交方案的飞行区仿真模拟，涉及航站楼内不同设备

---

① Wulf, W. A. Engineering ethics and Society [J]. Technology in Society, 1996, 26: 385-390.

设施和流程规划的航站楼仿真模拟，涉及进出港车道边数量、布局和停车楼规划的陆侧交通仿真模拟，实现从天至地、由内到外的一体化仿真，最大限度确保了方案的科学性、可靠性。

工程活动是在现实生活中进行的现实活动。开展工程活动必须面对现实，工程师需要把试验条件下取得成功的"样机"放置到真实的"现实环境"中进行检验，努力取得真实环境中的成功。换句话说，工程师在实验室中获得数据和结果，需要根据现实条件加以调整和完善，比如社会协调、伦理协调、生态协调等，从而显示出工程试验特有的现实性和协调性。

大兴机场的"三纵一横"的全向型跑道构型被公认为是中国机场建设领域一项重要里程碑设计。它包括三条平行跑道、一条侧向跑道。在大兴机场空域环境下，采用侧向跑道具有滑行距离近、节能效果显著等优点，不仅可以使大兴机场航班进出港效率将达到世界领先水平，每年还能减少碳排放约5.88万吨。值得注意的是，侧向跑道和平行跑道并不是完全垂直，而是有大约20度的偏移。这样做的原因是，一方面，这可以在飞机起飞时，避开北面飞行禁区，减少飞机为躲避首都机场航线绕行，同时可以避开机场东侧的廊坊市区，减少对周边区域的噪声影响。这充分说明，工程是一个汇聚了科学、技术、经济、政治、法律、文化、环境等要素的系统，工程试验不仅要符合科学技术的基本规律，还要顺应经济、政治、法律、文化、环境、伦理等的社会规律。

当然，工程试验并不意味着一定能够成功，特别是真正意义上的创新性突破大多不可能一蹴而就，但即使遭遇失败，这也是一种重要的学习过程，可能会获得甚至比成功经验更具价值的知识和经验。对于创新性的、复杂度高的工程来说，只有通过试验性的迭代学习，工程建设的复杂性才能得到化解。

7.6.3　研究性建构未来

在工程建构中，要真正做到前瞻地、主动地建构未来，并不是一件容易的事情，由于信息不对称、主体实力有限和环境多变等原因，一系列研究性工作、实验性工作是必不可少的。例如，大兴机场在选址阶段，由于涉及面广、制约因素多，需综合考虑空域运行、地面保障、服务便捷、区域协同、军地协调等各个方面。为实现综合效益最大化，民航局与北京市先后组织开展了三个阶段的摸排与比选论证，历经16年多轮次的场址比选、3年多的立项评估以及近2年的全面可行性论证，最终确定了选址方案，这在机场建设史上是不多见的。

企业必须通过学习和研究来解决问题、应对挑战，实际上就是企业在不断抛弃老旧知识、学习新知识，也就是成为学习型组织。1990年，美国学者圣吉（Peter M. Senge）在《第五项修炼》中首次提出了"学习型组织"的概念。这个概念强调以企业全员学习与创新精神为目标，在共同愿景下进行长期而终身的团队学习。无独有偶，1991年日本学者野中郁次郎（Ikujiro Nonaka）和竹内弘高（Hirotaka Takeuchi）发表了《创造知识的企业》一文，并在四年后出版了同名著作。野中和竹内首次明确提出企业以及企业中的工业研发实验室是创造工程知识的主体，而不是只有科学家和研究机构在创造知识。他们还明确指出，"个体的隐性知识是组织知识创造的基础，组织需要调动由个体所创造及积累的隐性知识。被调动出来的隐性知识，通过知识转换的四种模式在组织层次上得以放大"[①]，扩展到组织内部，从而形成组织知识。

大兴机场科技含量高、运营管理复杂难度系数大，投运初期就要面对快速上量对安全、运行的冲击。为此，集团公司专门设置了"新机场人才库"，动员所属成员企业为大兴机场做战略人才储备。截至2020年7月，集团公司通过输送、选派、借调、挂职等多种方式，累计为大兴机场补充各类人才总计297人。工程全面竣工后，集团公司从13家成员单位派出20个岗位84人的一线管理人员及技术业务骨干到大兴机场开展陪伴运行工作[②]。

大兴机场的这种人才队伍建设模式，对于形成学习型组织起到了至关重要的作用，有利于组织形成良好的学习气氛，促使组织中的成员进行终身学习、全员学习、全过程学习和团队学习。同时，这种人才队伍建设模式最大限度地促进了个人知识和组织知识之间的相互转化，使得企业能够保持长期竞争优势。个人通过知识共享或社会化，将自身知识（显性知识）或想法（隐性知识）转移给组织中的其他个体，这些个体将接收到的知识进行整合并运用于组织实践，而组织把这些有效知识形成组织成员易于接受的形式存入组织知识库或有效的知识分享平台，供组织内成员使用，使个人的知识达到了组织层面，知识价值在此过程中得到了体现和扩大。

最后，企业要有效地实现迭代学习，还需要处理好"他组织"和"自组织"之间的辩证关系，而这也是将工程复杂性化繁为简的诀窍所在。一说到工程建设，人们第一时间想到的就是严密管控。这当然十分重要，甚至是工程成功的核心要素。但是对于复杂工程，只有严密管控是远远不够的。创新性的、复杂度高的工作，不是单纯靠管控就能够解决的，而是必须重视分布式学习和自觉协同。分布式学习的前提是个体和组织都有自由行动的空间，从而有主动作为和发挥主观能动性的空间。从这个意义上说，作为他组织的管控固然重要，但自组织也同样重要。自组织意味着要营造个体和底层自主行动的空间，让他们发挥主动性和能动性。所谓人民群众是历史的创造者，正是在这个意义上说的。只有当领导的领导力和群众

①　野中郁次郎，竹内弘高. 创造知识的企业[M]. 李萌，高飞 译. 北京：知识产权出版社，2006：84-85.
②　谢尧，李阳. 北京大兴机场：打造全国民航机场建设运营人才高地[N]. 中国组织人事报，2020-08-26.

的创造力有机统一起来，才能成就创新性的复杂工程。

指挥部重视调动全体员工的积极性和主动性，树立重实绩重实干的选人用人导向，将是否真抓实干、动真碰硬作为体现忠诚干净担当的评判标尺，大力选树典型，努力营造从事有激情、谋事有思路、干事讲规矩、成事有效果的浓厚氛围。指挥部领导在这方面的以身作则激发了广大员工的高昂斗志，从而为迭代学习奠定了人才基础。正是在这个迭代学习过程中，员工不仅是学习如何建构工程，而且在学习如何提升自己。在这个"双向迭代"中，人造就了新的工程，而新的工程也造就了新的人，从而也就开启了新的未来。

大兴机场自2019年9月25日正式投运以来，特别是在疫情防控的特殊时期，已经实现了3年多的平稳运行。习近平总书记对大兴机场的规划设计、建筑品质给予了高度评价，赞扬北京大兴国际机场向党和人民交上了一份满意的答卷。可以说，大兴机场的顺利建成和投运，积淀了十分宝贵的大型机场建设项目管理经验，对我国民航基础设施建设做出有益的探索和实践。

事物都是处于不断发展变化着的。随着我国民航强国建设的持续推进，机场发展将不断面临新的机遇和挑战，为了更好应对这些新的挑战，机场建设必须树立新的工程理念。2021年11月30日，在全国民用机场建设管理工作会议上，民航局发布了《关于打造民用机场品质工程的指导意见》。品质工程理念是"四个工程"和"四型机场"建设成果的集中体现，也是"四个工程"和"四型机场"建设理念的创新和提升。品质工程贯穿机场全生命周期，既包含了"四个工程"和"四型机场"建设的目标，也是"四个工程"和"四型机场"的具体成果体现，更加突出系统性[①]。在我国机场建设提质增效、转型升级的关键阶段，品质工程理念将引导和推动行业追求更高目标，全面推动机场建设水平实现新的跨越与提升。

当然，学习是没有终点的。人的认知和实践不是静态的、僵死的，也不是一蹴而就、简单循环的有限过程，而是不断运动、不断发展的螺旋式上升过程，其中每个有限过程都是旧的终点、新的起点，是新旧事物的转折点、生长点[②]。中国工程院院士、建筑学家何镜堂曾说："建筑肯定是不完美的，或者说是遗憾的艺术。"[③]这是因为一项工程总是包含着多元目标、多种价值和多种要素，工程实践常常需要在错综复杂的局势中进行平衡、协调，要就各种相关问题统统找到"最优"解决方案绝非一件容易的事情。既然如此，像大兴机场建设这类复杂巨型工程，留下些许遗憾，就是很正常的事情了。例如，大兴机场的办公区域没有规划便利

---

① 张锐. 树立品质工程理念 推动新时期机场建设工作开新局[N]. 中国民航报，2022-01-06.

② 殷瑞钰、汪应洛、李伯聪等著. 工程哲学[M]. 第3版. 北京：高等教育出版社，2018：117.

③ 凤凰卫视"问答神州". 中国工程院院士何镜堂：建筑是遗憾的艺术，建筑师是晚熟的职业[EB/OL].[2021-04-16]. https://baijiahao.baidu.com/s?id=1697186236008324525&wfr=spider&for=pc.

店等生活设施，加之机场红线内的设施和临空经济区的规划和建设不同步，使得员工对航空生态的需求一时得不到满足。又如，机场货运区的对外交通需求是很高的，但是因为规划和建设不同步，目前的道路联通依然不足。另外，大兴机场陆侧公共交通中的机场巴士实际分担率（7%）显著低于预期（20%），考虑传统道路交通拥堵问题，使得预想中的巴士客流向便捷的城市轨道转移。这些问题必将成为未来迭代学习的新的起点，而这本身也体现了人的超越性和工程的超越性。

第 8 章

数字化的力量：人、制度与技术的三重奏

如果把工程实践看作构建特定人群、自然、技术和制度的"四位一体"的过程，那么重大工程创新则意味着打破生活世界的和谐，重建全新的人、自然、制度与技术的"四位一体"，进而形成全新的生活时空和生存方式。数字化技术有助于固化知识、固化规则，形成一种特殊的信任机制和协调机制，从而使工程设计、施工和运营过程变得更加便捷，更加可控，也更有创造性。这种微观机制支撑着立体化治理体系和学习型组织指挥体系的运作，成就了全生命周期的自主创新和迭代学习过程。因此，要理清大兴机场的实践逻辑，就有必要进一步讨论数字技术在大兴机场建设中发挥出来的巨大变革力量。

8.1　探路机场建设的数字化转型

8.1.1　信息化、数字化与智能化

20世纪80年代，随着以计算机为代表的信息技术的不断发展，在全球范围掀起了信息化浪潮，人类开始进入以信息为基础的时代，最主要的资源由物质与能源演进为全社会可共享的信息。所谓信息化，就是充分利用信息技术，开发利用信息资源，促进信息交流和知识共享，提高经济增长质量，推动经济社会发展转型的历史进程①。对于企业而言，信息化可以理解为通过适当方式，将数据存储在计算机系统以服务于特定管理职能的过程。企业通常针对一个个业务建立"眼光向内"的信息管理系统，如OA、HR、财务系统、采购系统、知识管理系统、ERP等，以优化和提升内部管理，基本不对外提供数据共享接口和数据服务。由于系统异构或数据标准不一致，这些系统实际上变成了一个个信息孤岛，无法满足企业运营的系统优化需要。

随着互联网技术的深入发展，数字化时代不期而至。数字化的本质是将许多复杂多变的信息转变为数字，再用这些数字建立数字化模型，进行统一处理，实现数据采集—呈现—分析的自动化，而这些数据驻留在数据中心、云端、边缘以及外部链接的应用程序和平台，因而要求系统具备强大的数据感知能力、数据采集能力、数据计算能力和数据分析能力。对于企业而言，数字化强调数字技术对于管理的重塑，倡导利用数字技术驱动业务及其管理模式的深度变革，通过将数字技术应用于全业务链条的所有部门，解决数据孤岛问题，实现数据共享和协作。如果说企业信息化还是内部思维，那么企业数字化就是用户需求思维，一切数据价值都要体现在如何真正满足用户需求。因此，可以把数字化看作信息化的高级形态。

随着数字技术的不断发展和数字化转型的不断升级，很多企业获得了业务发展的新动

---

① 中共中央办公厅,国务院办公厅.2006-2020年国家信息化发展战略[EB/OL]. [2009-09-24]. http://www.gov.cn/test/2009-09-24/content-1425447.htm.

能，重塑了管理、生产与商业模式走向智能化。所谓智能化，是指在计算机网络、大数据、AI等技术的支持下，系统具有状态感知、实时分析、科学决策、精准执行的能力。智能化的最大特点是系统的自感知、自学习、自决策、自执行和自适应并由此形成"人机共生"的新格局。因此，可以将智能化理解为数字化的高级形态。如果说信息化和数字化更侧重描述系统的"数据"一面，那么智能化更侧重的是描述系统的"算法"一面。

8.1.2　拥抱数字化，迈向智慧机场

近年来，伴随着数字化技术的快速发展，机场建设数字化的目标已经从基本运行型机场转变为以信息化为基础的敏捷型机场，进而朝着智慧型机场迈进。就首都机场集团而言，以2000年以前1号航站楼为代表的基本运行型机场（Airport 1.0）为起点，跃过2号航站楼、3号航站楼时期的敏捷型机场（Airport 2.0），最终将大兴机场建构为智慧型机场（Airport 3.0）（图8-1）。这个迈向智慧机场的探索历程，既见证了首都机场集团信息化建设从单一走向多样、从封闭走向共享、从碎片走向整合、从信息化走向智慧化的发展之路，也见证了我国现代数字技术与工程建造技术、工程运营能力的深度融合、齐头并进。

图8-1　Airport 3.0智慧型机场理念示意图

2000年以前，中国民航处于信息化建设初期，机场注重为飞机起降、旅客进出港提供必要、安全的基础设施保障，人行步道、旅客捷运系统等专项技术的出现曾极大地改变了机场规划和航站楼建筑。首都机场1号航站楼在设施配置和组织方式上已具现代航站楼雏形，也是国内率先采用自动门、自动扶梯等新型设备的公共建筑。当时的信息技术和机场专门技术基本满足了旅客服务和信息发布的功能，处于基本运行型机场（Airport 1.0）阶段[①]。2号航站楼

---

① 刘桂莲. 首都国际机场扩建工程竣工[N]. 人民日报. 1999-09-18（2）.

建成之后，机场更加依赖自动化、电子化技术的支撑，航站楼内的地面信息管理系统、行李自动分拣系统、离港系统、安全检查系统、飞机泊位引导系统达到了世界先进水平，也为后来实现敏捷型机场（Airport 2.0）积累了大量技术和经验。

　　进入21世纪，随着信息技术高速发展，国内民航也迎来了高速增长，航空客流持续增加，机场建筑规模不断加大，传统的基本运行信息系统已经无法满足机场的发展需求。基于此，首都机场3号航站楼在设计、施工和运营中更加注重信息技术的应用，支撑了高效生产和核心业务运行的协调。3号航站楼高效的设计管理、协同工作模式以及数字化技术的大量运用，保证了设计和施工的质量，提高了工程效率，为之后我国机场设计与建设积累了宝贵经验[1]。同时，3号航站楼在我国首次采用快速行李系统、旅客捷运系统、现代信息管理系统以及城市轨道交通系统，首次实现了卫星厅模式运行。但是，新设备的应用也给机场带来了众多技术问题、衔接问题[2]，加之3号航站楼在设计和施工中运用的信息技术还较为落后，整体智慧建造水平还比较低。施工过程中的设计及深化以二维形式的CAD为主，使用的是二维平面图纸。测量工作以光学经纬仪、水准仪为主，全站仪刚刚起步。施工期间，工程现场对智慧建造尚无相应的具体技术应用，现场各项管理工作均设置专门管理人员，需要将各项数据人工录入计算机。可以说，尽管3号航站楼的信息化建设标志着我国民航步入敏捷型机场（Airport 2.0）时代，信息技术在机场扮演着更为重要的角色，但远远达不到智慧化的程度。机场各方在致力于提高业务能力的同时，开始在核心业务上谋求协同，机场整体呈现出各方谋求更多协作和共赢的形态，这为后来逐步向智慧型机场（Airport 3.0）发展积累了较为丰富的经验。

　　近年来，随着云计算、物联网、大数据技术的发展，我国民航人也根据"智慧地球"和"智慧城市"概念提出了"智慧机场"的发展理念。2008年，IBM公司提出"智慧地球"概念，试图把传感器嵌入全球每个角落的供电系统、供水系统、交通系统、建筑物和油气管道等生产生活系统之中，以实现人类社会与物理系统的整合。2009 年该公司进一步提出"智慧城市"解决方案[3]，随后陆续在我国各个城市和各个领域推进。

　　作为"智慧机场"建设的先行者，自大兴机场规划伊始，民航人就以前瞻性的眼光不断融入新的数字技术，与后来提出的"智慧机场"概念不谋而合。事实上，早在2012年，指挥部在实施信息系统总体规划时就明确了"Airport 3.0 智慧型机场"建设目标，试图广泛运用各种新兴技术，实现全面实时的信息共享，提升各方主动运行、个性服务、智能管理的能力，打造所有相关方的广泛协同决策以及流程整合的局面。当时，云技术在互联网行业已经

① 邵韦平. T3——面向未来的首都机场新航站楼[J]. 建筑设计管理,2012,29(2):22-25+2.
② 张江宇.北京首都国际机场东扩工程访谈录——访北京首都机场扩建工程指挥部副总指挥朱静远[J].综合运输,2004(5):72-75.
③ 方丁.智慧机场的含义、愿景与特质初探[J]. 上海空港 ,2014(18):66-70.

是成熟技术，但在民航业还未普及。根据首都机场2号、3号航站楼信息弱电系统的建设经验，指挥部认识到大数据、云计算等新技术将在民航运输中发挥关键作用。于是他们一边学习、一边将数字技术引入机场建设中，而且在使用过程中注重技术的升级优化。规划阶段的超前部署，为智慧型机场（Airport 3.0）建设奠定了坚实基础。

大兴机场建设者将强大的数字化技术力量注入工程的全生命周期，打造出了数字化协同设计平台、数字化施工系统、飞行区数字化强夯系统、数字化财务平台、招标投标智慧管理服务平台等，从而成就了智慧机场。所谓智慧机场，就是在数字机场的基础上，充分体现人类智慧的高度参与，高度集成新一代信息技术特别是近距离无线通信、传感网海量数据存储、数据挖掘、云计算、信息安全等关键技术，所建立的功能更加完善、更加安全高效的机场。建成后的大兴机场并没有就此止步，而是向着发展高速泛在、天地一体、智能敏捷、云网融合、绿色低碳、安全可控的综合智慧化目标迈进。

智慧机场建设理念和大兴机场实践经验对于全行业产生了影响。2017年9月，我国民航业在成都召开"加快推进民航基础设施建设工作会议"，正式倡导推广智慧机场概念，希望将信息化建设作为机场建设的一项主要任务，首先在产业层面上追求智慧机场的协同建设，在满足基本要求的基础上构建"智慧、敏捷机场"，为所有客户提供基于物理设施的智慧移动终端，争取从安全、生产、服务、运营等角度全方位推动智慧机场向前发展[①]。在2020年，民航局发布的《四型机场建设导则》中，明确提出了建设生产要素全面物联，数据共享、协同高效、智能运行的智慧机场发展要求，强调以智慧为引领，通过智慧化手段加快推动平安、绿色、人文目标的实现，由巩固硬实力逐步转向提升软实力。

8.2　数字化设计、施工与运营

数字技术提供了前所未有的技术手段来统计、归纳、模拟人类复杂行为的"游牧空间"[②]，这在以往是不可想象的。可以说，数字技术有效地将复杂性科学引入建造和运营领域，从而有利于再现"游牧空间"中人与人、人与制度、人与物体之间的多维、动态的非线性复杂关

---

① 陆澜清.中国智慧机场建设现状与发展前景预测[J]. 空运商务, 2018(5):32-34.
② 游牧空间是由哲学家德勒兹在《差异与重复》一书中提出的概念，指的是由差异与重复运动构成的、尚未科层化的自由装配状态，反映了推崇多元、抵制普遍的思维主体。游牧空间具有多重属性，是动态的、多元的、抽象的、多维的、异质的、拓扑的、非预定结构和既定目的的空间。

系[①]。大兴机场建设者在工程设计、建设和运营的全生命周期中深度运用了现代数字技术，建设了国内首创的九大数字化应用平台，为航司、旅客、业界带来了"惊艳"体验。大兴机场作为人类行为的载体，充分与人互动、与社会互动、与事物互动，在这个互动过程中人与工程彼此成就，这充分反映了"以人为本"的机场建设理念。

8.2.1　数字化设计，精准描绘

工程设计的本质是提前谋划工程问题的解决方案，其中包含着一系列复杂的权衡和决策。在传统工程设计中，设计师要花费大量时间绘制各种二维图纸，包括平面图、剖面图、立面图、节点样图等，工作效率和效果受限于人的计算和绘图速度。面对大兴机场，传统设计方式难以表达如此复杂的巨型工程，此时数字技术就成为设计师解决复杂设计问题的力量源泉。大兴机场的设计不仅对建筑形态和空间的要求更富有深度、渗透性和连续性，而且对建筑的人性化和环境的友好度提出了更高要求。要把众多的使用要求及环境要求转译成建筑形体，就必须使用数字技术这个有力工具[②]。面对人类大脑难以应对的宏大规模与复杂结构，数字技术可以帮助设计人员突破传统设计方式的局限，搭建起协同设计平台，实现各个设计团队之间的高效交互。正因为运用了这种数字化设计手段，才可以说："大兴机场的设计不是画出来的，而是计算机算出来的。"

1.协同设计：共画一张图

大兴机场是一个规模空前、极度复杂的超级工程，其工程设计需要大量来自不同专业的设计团队配合完成。作为设计总包单位，北京市建筑设计研究院有限公司（BIAD）与中国民航机场建设集团公司（CACC）联合体不仅需要完成各自的核心设计任务，还需要协调各个专业设计团队，整合外部设计咨询资源，统筹每一项设计成果，避免多单位之间的工作脱节、效率低下，保证设计成果的逻辑连贯性。

大兴机场设计联合体分为建筑、结构、给水排水、暖通、电气、绿建、钢结构、BIM、经济、艺术等专业团队，整个队伍超过150人，涉及外部咨询及分包合作单位30余家，他们需要在流程优化、结构安全验证、性能化消防设计、民航弱电设计、行李设计、捷运设计、专项技术设计等多方面进行密切合作。由于不同专业的设计工程师往往分散在不同地方，传统的二维图纸设计在不同专业之间转换和共享时，会不可避免地出现信息偏差和失真现象。

---

① 徐卫国.数字建筑设计理论与方法[M].北京:中国建筑工业出版社,2019:107.
② 徐卫国.有厚度的结构表皮[J].建筑学报,2014(8):1-5.

就算采用传统的计算机辅助设计，二维图纸也难以集成表达几何信息之外的其他属性信息，因而制约着专业团队之间的有效协作[①]。

如何让大兴机场设计联合体实现快速、高效、便捷、顺畅、无偏差的协作，是设计总包单位面临的关键难题。在指挥部的组织下，设计联合体整合各方资源，搭建"协同设计平台"，使多个设计团队能够同时使用BIM三维技术，成功实现了对同一个设计产品的协同工作（图8-2）[②]。协同设计平台的成功搭建，得益于一支掌握各专业技能、有丰富经验的设计管理团队。这些设计师们曾负责首都机场3号航站楼、昆明长水国际机场、深圳宝安国际机场3号航站楼等超大型机场的设计工作，正是在此基础上，他们主导建立了一套完整的、适用于设计总包管理的协作平台和质量控制体系。

机场协同设计的一个重要理念是系统化集成设计。所谓系统化集成设计，就是不再按照空间进行设计任务分解，而是按照不同系统进行任务分解而展开的设计。这种方法是一种对建筑的新的拆分方式，不是像过去那样以这个房间或这个楼栋来拆分整个建筑，而是用更合

图8-2 大兴机场设计总承包框架

① 徐卫国.有厚度的结构表皮[J].建筑学报,2014(8).

② 王亦知,门小牛,田晶,秦凯,王斌.北京大兴国际机场数字设计[M].北京:中国建筑工业出版社,2019:18.

理的系统化方式进行拆分，这样每个人都可以专业化地开展设计工作。基于这种方法，在设计工作之初，设计团队便将设计任务分为若干系统，针对每一个系统，邀请该领域知名专家负责，然后统筹在一起，完成整个设计任务。这种设计方法使特定系统的设计在建筑的不同部位均能基于同一逻辑展开，因而能够呈现出一致的外观。在此基础上，整个建筑就能呈现出高度统一的面貌。正是基于数字化设计，设计团队可以通过文件相互参照的方式，将各个系统的设计逐级整合为完整的设计。这样，每一级设计人员都可以及时掌握局部与整体的关系，而设计总负责人也可以随时掌握整体推进情况，发现系统间或者局部与整体的矛盾并及时加以解决。正是基于这样的协同设计平台，设计团队才能够用1年时间便完成航站楼的全部设计工作。

在设计之初，设计团队就确定了不以二维图纸为交付介质的策略，从设计、交付，再到深化、施工，始终维持在三维环境下工作。这种不受限于特定设计软件和平台、利用数字技术搭建平台、分子系统灵活处理具体问题的设计方法，极大地提高了设计效率，保证了设计的连贯性，促成了大兴机场设计成果的圆满交付。

2.参数化设计：逆向解构几何

参数化设计是将工程本身编写为函数与过程，通过修改初始条件并经计算机计算得到工程结果的设计方法。运用参数化设计方法，可以实现人脑无法建构的复杂设计，将常规设计的许多"不可能"变为"可能"。大兴机场的外围护系统、超大不规则屋面、采光C形柱等的设计都得益于参数化设计的运用。三维设计软件可以将非线性、非正交的造型迅速在屏幕上呈现，从而激发出设计师无穷无尽的想象和探索欲。在这里，计算机已经不再单纯是设计"工具"，而是设计师大脑的延伸[①]。

确定设计方案只是一个开始，结构设计和深化施工图设计才是难点。在复杂的细化设计过程中，从表皮层到内部结构再到机电细节，全都可以通过计算机模拟建构三维模型[②]。大兴机场设计过程中，设计团队将参数化设计技术应用于最具挑战的外围护系统、大平面系统的各项设计和分析验证中。从最初把超级曲面"降维"至人脑能构建的几何描述范畴，到充分释放计算机的算力，通过程序建立起自由形态与工程要素间的逻辑关系，数字技术的应用帮助突破了一系列设计难题[③]。

① 徐卫国.数字建筑设计理论与方法[M].北京:中国建筑工业出版社,2019:3.
② 王若思.设计静谧中的回响,一座机场的诞生[J].中国民航.2020,58-64.
③ 王亦知,门小牛,田晶,秦凯,王斌.北京大兴国际机场数字设计[M].北京:中国建筑工业出版社,2019:12.

3.数字验证：超验与模拟

任何设计都需要经过验证。数字验证本质上是一种计算，就是在人为指定的测试策略下，通过大量计算得出结果，以验证设计的合理性。数字验证相较于经验判断，具有更强的说服力。数字验证是最能体现数字技术优势的应用之一，是一种具有确定性、可靠性和可操作性的验证方法。数字验证可以适应复杂的边界条件，匹配更高的设计要求。

由于大兴机场航站楼工程的特殊性和独特性，设计工作面临诸多不确定性，这些都需要进行数字验证，例如人流的模拟、结构荷载分析计算、光环境分析（基于BIM的采光与遮阳模拟）、CFD（基于BIM的室外风环境模拟）、基于建筑物理模型的围护结构热工参数优化分析。数字化设计为设计者提供了模拟和仿真的实验条件，为最终设计的成功奠定了基础。

大兴机场是世界上第一个采用五指廊放射形的航站楼，外围护系统由金属屋面、玻璃天窗、玻璃幕墙和金属幕墙等子系统构成，室内空间也比较多样化。因此，有必要对采光、通风和热工性能进行模拟验证。各项验证都以BIM为基础，经过几轮"计算模拟—分析结果—提出问题—指定调整策略—再次验证"过程，达到各项性能较为理想的效果。

C形柱是航站楼中心区最为关键的竖向构件，因而是结构设计的重点（图8-3）。根据造型需要，柱的横截面为开口状C形。C形截面为单轴对称截面，在竖向和水平负载下容易发生弯扭曲面，导致构件承载力降低。如何避免C形截面构件在竖向和水平负载下出现弯扭失

图8-3　大兴机场C形柱

稳，是设计的难点和重点。在设计过程中，采用支撑筒+C形柱组合抗侧移体系，对C形柱进行了恒荷载+活荷载标准值下的竖向承载力及水平承载力分析。分析时每隔45度进行一次水平加载，重点分析C形柱的破坏模式及破坏过程，以期对C形柱的抗震性能给出评价，为结构设计提供参考[①]。通过分析，验证通过了C形柱节点在各工况下满足承载力的要求，可以用作中央大厅屋顶钢结构的支撑结构。

　　航站楼设计需要对人流量动态且不均匀的活动进行判断，这属于经验和规范无法验证的范围。而计算机仿真技术可以模拟机场的运行状况，通过对航班时刻表和人流的分析，评估安检、电梯等的等候时间，从而优化流程设计。另外，设计团队运用数字技术对机场的消防性能进行设计验证，探究防火分隔、人员疏散、火灾探测报警、灭火排烟等措施，配合大量计算验证，最终确定了消防设计策略。

8.2.2 数字化施工，精益建造

　　所谓数字化施工，就是运用数字技术，实现施工全过程的可视化乃至"数字孪生"，从而对施工现场进行实时远程管控的施工方式。一旦施工过程中出现机械设备工时、位置等运行数据异常，系统就会自动、实时提醒管理者。基于BIM形成的"数字孪生"还可以加速模拟流程，提升管理者的预测能力和反应能力，从而推动施工管理方式的系统性改进。

1.数字化仿真

　　大兴机场的每一个子工程、子系统都运用了数字技术并实现了精准控制。在施工准备阶段，采用 BIM 技术对现场平面布置进行模拟，保证了施工现场规划和布局的合理性。由于高铁从机场航站楼下方穿行，层间隔震系统的施工精度要求高、难度大。建设者利用BIM技术，提前对隔震支座近20道工序进行施工模拟优化分析，帮助施工人员理解结构，极大地提高了施工效率。

　　航站楼超大曲面复杂外围护系统的施工和安装难度极大，特别是核心屋盖结构为不规则自由曲面空间钢网格，施工中充满了不可预测的不利因素，隐患极多[②]。因此，在施工之前进行数字化仿真建造、建模，提前暴露了施工中可能出现的问题，从而为施工方案的确定和调整提供了依据。

　　在构件出厂前，为满足施工要求，施工方通过BIM、工业级光学三维扫描仪、摄影测量

① 王亦知,门小牛,田晶,秦凯,王斌.北京大兴国际机场数字设计[M].北京:中国建筑工业出版社,2019:105.
② 张晋勋,李建华,段先军,刘云飞,雷素素.从首都机场到北京大兴国际机场看工程建造施工技术发展[J].施工技术,2021,50(13):27-33.

系统等集成智能虚拟安装系统，严控关键构件质量和精度，为施工奠定了良好基础。同时，为了对众多钢构件进行精细管理，通过物联网、BIM技术、二维码技术相结合，搭建了专门的钢结构智慧管理平台，所有的构件状态均可在BIM里实时查询。在施工过程中，为了确保所有构件的最终位形与BIM的吻合，采用三维激光扫描技术与测量机器人相结合的方法，建立高精度三维工程控制网，严格控制网架拼装、提升、卸载等各阶段位形。例如，大兴机场屋面需要在4个月内完成面积多达18万平方米、12个构造层组成、安装工序多达18道的自由曲面屋面的施工，时间紧、任务重。施工方充分利用数字化技术，基于BIM技术的可视化、联动性、各专业协同化等优点，根据实际需求实现了对工程构件的测量和定位。由于钢结构存在变形因素，位于钢结构下方的大吊顶工程在施工前必须通过数字测量进行校正。通过三维扫描获取钢结构的全局点云数据，然后逆向建模出所有的关键钢结构构件，与原始模型进行对比分析和调整。工厂根据数字模型高效生产，并且对每一块材料进行编码，便于现场堆放、管理与预安装。在正式安装前，施工人员还运用BIM进行了安装工艺模拟及安装定位演练，排查误差。基于此，大吊顶等复杂屋面工程得以实现高质量、高效率的安装。

2.装配式建造

数字化施工的一个重要方面是装配式建造。如果说传统建造过程由设计和施工两个步骤分开进行，那么全新的数字建造则发展成为设计、制造和装配三个步骤联动进行。施工已经不再局限于工地，而将大量的加工制作转移到工厂，通过数字化实现对每个构件的精确加工，从而极大地节约了成本、缩短了工期。大兴机场航站楼外围护系统，均采用工厂施工、工地装配的模式，大幅提升了施工自动化水平。

大兴机场航站楼的钢网架结构由支撑系统和屋盖钢结构组成，形成了一个不规则的自由曲面空间，航站楼单体面积达70万平方米，结构复杂，施工难度极大。特别是C形柱，其竖向和水平承载能力、抗连续性倒塌能力和抗震能力都非常特殊，现行设计规范、规程都没有提及[1]。为解决此难题，设计团队进行了诸多研究，最终确立了由核心区、指廊两大部分组成的航站楼钢结构方案。为了攻克钢网架工程施工中的精度要求高、多工种多工序交叉作业协调难度大、安全管理难度高以及工期紧张等难题，建设者采用了"计算机控制液压同步提升技术"[2]。该技术系统由钢绞线、提升油缸集群、液压泵站、传感检测计算机控制和远程监视系统等组成，通过计算机控制的液压同步提升系统，平稳地把钢网架提升到指定位置，平均提升速度6~8米/小时，将精度差控制在正负1毫米以内。

---

① 杨语溪.超级工程的挑战[J].中国民航.2020,68-73.
② 张晋勋,李建华,段先军,刘云飞,雷素素.从首都机场到北京大兴国际机场看工程建造施工技术发展[J].施工技术,2021,50(13):27-33.

3.数字化测量

测量是施工的基础。大兴机场施工过程中，建设者大量采用数字化测量仪器设备，为施工打下了良好基础。工程定位控制网应用GNSS（全球卫星导航系统）静态定位，实现了测量工作的全天候、自动化、高精度。航站楼核心区1万多根基础桩施工中，应用了CORS（连续运行参考站）测量方法，高效完成测量任务。在屋顶钢结构结构施工中，施工人员运用三维激光扫描仪对12 300个球节点逐一定位三维坐标，形成全屋面钢结构网架的三维点云图，仅10天就精确确定了主次檩托的安装位置，而如果采用传统的测量方式，至少需要一个月[①]。

4.数字化管控

施工现场面临大量安全风险，传统管理模式已经无法适应。大兴机场建设者基于BIM技术、物联网、云计算等先进技术，搭建了数字化管理平台，对现场的人、机、料、法、环等要素进行全面安全管控，整个平台集成了可视化安防监控系统、施工环境智能监测系统、劳务实名制管理系统、塔吊防碰撞系统和BIM 5D系统等，实现了数字化管控。

大兴机场航站楼施工面积巨大，高峰期日均用工量在8 000人左右，安全隐患多，后勤保障难度大。为确保施工安全生产，建设者引进了劳务实名制管理系统，结合生物识别、物联网等技术，对工人进出施工现场、生活区等进行高效管控。

大兴机场航站楼项目施工现场作业面大，各类材料种类繁多、规格繁杂、总量大，只靠人工巡查方式，难以对生产现场的机械、物料做到及时有效监管。为此，建设者利用现代物流技术，将建筑现场的各种材料、机械、装备的储存、供应、调度、借还等物流环节进行数字化控制，明确施工现场各区域资源需求情况，降低不必要的资源浪费。通过采用可视化安防监控系统，对施工现场的器械进行监督，为管理人员呈现实时的施工作业情况；采用先进的信息化塔式起重机防碰撞系统，保证了工程施工期间未发生塔式起重机安全事故。

大兴机场建设者依托BIM 5D平台，实现同步生成各专业工程量清单、工程量统计以及材料分配有效数据，避免了材料供应断档和浪费的现象。根据不同阶段各专业的施工范围、管理内容及管理细度等需求，为项目解决工程监管和每个月的工程款支付等工作提供了及时的信息数据支持。

大兴机场建设者致力于建设"绿色机场"，打造的施工环境智能监测系统以物联网、云计算、移动宽带互联网技术为基础，通过工地部署的无线网络组建的施工环境智能监测系统，对建筑施工现场噪声、扬尘实施监控，一旦到达临界值就及时报警。

---

① 张晋勋,李建华,段先军,刘云飞,雷素素.从首都机场到北京大兴国际机场看工程建造施工技术发展[J].施工技术,2021,50(13):27-33.

8.2.3　数字化运营，敏态管控

为了顺利投运，指挥部牵头研制了智慧化运营方案。大兴机场信息系统架构包括19个平台（9大应用平台，6大基础平台，4大基础设施）及下属的68个系统，实现了对机场全区域、全业务领域的信息化覆盖和支撑（图8-4）。投运后的大兴机场在运行管理、旅客服务、安全管控等方面达到了Airport 3.0 的标准，可以预测和掌控机场运行态势，并能够对运行异常进行自动分析决策。

1.数字化管理

数字化管理的基本内涵是，通过数据服务总线平台，确保整个机场实现全面信息互联，覆盖运行、安全、服务、商业、经营管理、能源、货运、综合交通等各个方面，实现"一张图"可视化管理。基于这个系统，管理者可以掌握机场运行细节，发现运行资源瓶颈，预警潜在的延误趋势，提示资源调整建议，整合全场运行流程，提高运行管理的效率和适应性。

大兴机场的数字化运营管理具有四个基本特质：其一，运行状态透明。通过建立完整的动态运行计划（AOP），运行相关方可将前瞻性计划、行动方案落实在日常运行管理中，并根据运行场景自主决策运行调整方案，实现无缝的指挥沟通。其二，过程精细掌控。这个系统可以提升运行过程管理的精细化水平，细化航班流程相关保障节点，实现保障数据的自动化获取，加强与航司、空管等驻场单位的管理协同，推动运行相关方在运行管理方面的协同和共同进步。其三，态势全面预知。这个系统帮助建立了管理者的全局视野，拓展了运行管理边界，能

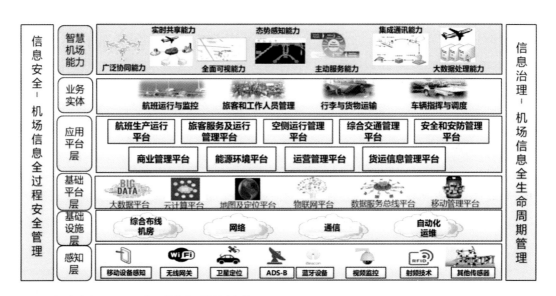

图8-4　大兴机场向Airport 3.0拓展的信息系统技术架构

够实时分析旅客服务、综合交通、安全管理、能源环境等业务对运行的影响，从而全面预测航班运行趋势变化。其四，流程动态调度。基于标准运行流程、运行态势预测数据和资源保障能力，可以实时调整运行方案，协调和调度相关资源，实施最短作业时间绩效管理（MOT）及综合延误分析。

2.数字化安全

数字化安全的基本内涵是，基于安全管理理念，构建全面感知的安全管控网络，对管控对象进行全流程跟踪和监测，确保安全事件的快速预警、高效处置、全程追溯；支持跨业务、跨系统、跨组织的安全联动管理，形成不同业务单位间的协同联动机制，确保安全管控的全方位、无死角；通过多种信息手段支持安全预警和预测，实现安全关口前移。

大兴机场的数字化安全具有四个基本特质：其一，支持管控对象的全监测、全追溯。建立"有人"与"无人"技术融合的动态安全管控模式，通过关键业务数字化，采用多种技术手段，实现监控对象、监管内容的自动或手动采集，支持安全管理的事前预防、事中监控和事后追溯。其二，多方协同的联动安保模式。促进安全领域的信息共享和业务协同，通过数据集成、应用对接和智能分析，实现安全业务联动、态势预警、处置协同、防范精准。其三，态势感知的主动安防。通过信息技术完善安防数据收集渠道，推进内外部单位的安防数据共享，使用数据分析手段预测安全态势，强化物联网、视频分析等手段对安全状态检测的支撑作用，实现安防关口前移。其四，安全状态的可视化呈现。基于安全管理体系及相关流程建设，通过信息化手段支持安全指标的可视化呈现，构建标准化安全自查与持续改进流程，打造安全管理业内标杆。

3.数字化服务

数字化服务的基本内涵是，通过前端人流监测传感设备和商业智能分析，帮助业务人员实时感知运行服务现场情况，实时提供个性化的信息和服务，做到运行和服务充分协同，实现从服务需求、产品开发到服务交付和评价的闭环管理，实现旅客全流程无纸化，优化旅客出行体验，提升旅客出行效率。

大兴机场的数字化服务具有五个基本特质：其一，随需应变的服务触达。建立旅客需求分析手段，完善旅客数据分析维度，构建多渠道的旅客触达能力，提供旅客所需的服务体验。其二，主动前瞻，协同服务。完善服务协同的流程和标准建设，基于航班运行动态和客流趋势分析，前瞻评估资源瓶颈，与楼内服务相关方之间紧密协同，动态调整服务资源配置，减轻旅客出行过程中的焦虑，从而提升服务品质。其三，高效便捷的空空中转。基于旅客客流感知和航班运行资源动态，预测中转航班衔接保障需求和旅客中转服务瓶颈，在中转服务相关方协同的基础上，提升中转数据可视化预警和建议能力，动态调整运行和服务方案，支持中转业务协同、高效。其四，无缝衔接的空地中转。借助综合交通枢纽平台，汇聚综合交通运行动态，提供旅客实时共享的综合交通信息和引导服务，协同综合交通运行资源，提供顺畅的综合交通衔接，帮助机场扩大客流辐射范围。其五，服务产品的全生命周期管理。通过信息化手段，支持服务需求的采集和分析，规范服务产品设计，规范运营过程管理，建立服务的标准化评价体系，采用自动化、智能化手段评价服务质量，持续监察服务弱项并评估改进效果，实现服务管理的闭环。

4.数字化商务

数字化商务的基本内涵是，基于多渠道的商业数据，整合和打通会员数据，完善旅客画像，实现差异化服务；通过数据分析，支持商业业态的精细规划、精准营销以及日常运行过程中的动态协同；整合线上线下商业资源，支持新型商业模式。

大兴机场的数字化商务具有五个基本特质：其一，全渠道商业数据整合。整合线上线下的商业资源，支持商业数据的内外部共享需求，打通集团内会员信息，整合全渠道会员权益，支持会员的全流程服务体验。其二，洞察旅客行为偏好。采集汇总旅客数据，分析旅客类型和行为特征，构建旅客行为画像，分析旅客画像与商业消费、服务购买等方面的相关性，从而支持商业业态布局、营销策划规划、服务产品设计，实现针对多层次旅客的差异化商业服务。其三，动态商业资源管理。基于非航经营指标体系的建设，实时评价业态销售情况、市场营销效果，支持商业业态布局规划和品类管理。其四，动态协同的商业运营。建立非航经营与航班运行业务的关联分析手段，综合商业规划和旅客偏好，针对性调整运行资源；结合航班运行动态和客流趋势，支持商业的动态运营管理。其五，支持创新商业模式。提供线上线下互动营销渠道，拓展机场商业经营的区域化边界，支持创新营销和商业服务的快速发布。

8.3　数字化与制度体系的固化

任何工程都离不开适当的制度治理体系。制度要真正起作用，大多要靠技术来支撑。只有通过技术将制度固化起来，制度才具有更强的可执行性。在信息技术时代，数字化是固化制度的主要手段，其在大兴机场的建设和运营中显得特别突出。

8.3.1　数字技术缘何固化制度

工程实践离不开制度的约束和保障。众所周知，制度是由人制定并由人执行的，同时也需要人来监督制度的执行。在执行制度的过程中，必然会有自由裁量的空间，而在监督过程中，必然要求投入人力物力财力，因而就有了"交易成本"。不仅如此，工程实践涉及方方面面的事情，每个方面都会有相关制度，而且这些制度只有彼此衔接起来，才能共同支撑起工程实践的展开。对于特定工程人而言，单是为了弄清楚这些彼此相关的制度并将其融会于心，就需要投入大量的时间和精力，更别说任何制度都有一定的"模糊地带"，因而在执行过程中都需要进行某种"解释"才能加以明确，实在让人费心劳神。这是因为，对这种模糊地带的"解释"不可避免地会带来制度执行的变形甚至扭曲，因而加大制度执行的成本。

面对这些问题，技术特别是数字化技术就有了发挥作用的巨大空间。基于数字化技术形成的管理系统，实质上就是将各项制度都转换成技术代码，作为单一"解释"固定下来，并使各类代码彼此关联起来，从而形成一张制度/技术体系或者说流程网络。这张网络可以承载各类制度，使其贯通起来并"技术性地""隐蔽性地""刚性地"发挥作用。这样，也就降低了特定工程人必须熟练掌握各类制度规定所带来的压力，压缩了制度执行过程中各个管理者的自由裁量空间，降低了制度执行过程中发生变形和扭曲的可能性。这个过程就是各类制度的技术性固化、体系化乃至自动化运行的过程。通过这个过程，制度的强制性和可执行性将会得到大幅提升，而执行制度的成本反而会大幅下降。由此，工程实践中的安全管控、质量管控、进度管控、成本管控等就更有可能落到实处。

通过数字化技术来固化制度并形成一套制度执行体系，也可以称之为数字化治理。数字化治理就是以先进的计算机信息技术为依托，利用空间信息技术、数据库技术、互联网技术、监测监控技术、工程文档管理技术等，将各类知识、制度有效整合起来，最终服务于决策水平和治理能力的提升。数字化治理作为新型治理手段，有助于形成一种以数字技术为基础的特殊的信任机制和协调机制，从而带来更加可控的设计、施工和运营。

在大兴机场的工程实践中，数字技术为治理体系提供了强有力的技术支撑。以财务和资产管理为例，数字技术发挥了更具强制性的固化作用，降低了工程财务和资产管理的复杂性和交易成本，让工程资金、资产管控变得简单、透明、可控。立足全业务流程协同管理平台，成本、进度信息与建筑构件可以互联，从而支撑以模型为核心的设计、合同、质量、安全、档案等管理。从初步设计开始至竣工结算，通过唯一的模型提取工程量，为成本核算提供直观的依据，对造价控制的及时和准确起到保障作用。基于 BIM 的三维算量与造价管理，实现 BIM 与成本的挂接，用于过程中的造价及进度控制。通过合同实现概算、成本与资金、资产的挂接，用于过程中的资金控制。在交付阶段对模型和数据进行进一步整理，将固定资产进行数字化描述的同时形成数字化建筑说明书。这样，整个财务管理和资产管理的效率就大大提升了。

8.3.2   数字治理要求建立相关制度

数字化增强了工程中各项管理制度的可执行性，从而发挥着越来越重要的管理作用。我们说数字技术固化制度，并不意味着数字技术只是被动地适应制度。事实上，为了推进数字治理就需要首先建立数字化建设的制度并成立专门的组织，以便为加强信息化建设创造良好的环境和条件。

具体来说，在组织层面，大兴机场成立了首个工地上的科技中心，主管项目的科技创新、BIM 技术和信息化工作。围绕工程建设的需求，结合工程的特点、难点，进行工程科技创新及管理的策划，建立项目的科技管理体系，分步骤、分阶段推进项目科技工作，打造国内工程施工领域科技新标杆。同时，搭建科技管理团队，并分别设置技术创新管理、BIM技术管理、信息化管理三方面的负责人。其次，联合业主、设计单位以及国内相关科研院所，建立产、学、研、用相结合的科技攻关与创新团队。最后，聘请施工技术、绿色施工、BIM、信息化等领域国内知名专家担任顾问，对工程关键环节进行指挥。

在制度层面，科技管理团队根据相关管理规定，建立项目科技管理、BIM 技术管理、信息化管理等相关的规章、制度等。例如，在搭建工程BIM团队时，依照项目应用需求，调研相关工程的应用情况，制订本工程BIM应用的实施方案；联合项目各部门有序推进项目的BIM应用，为工程精益建造提供手段、工具。

总之，大兴机场通过智慧工地建设，实现了对项目的人、材料、机器的数字化管理、施工技术的智能集成。同时，通过有序推进项目智慧工地基础设施、项目协同工作平台、项目信息化管理平台等的建设，又支撑了工程实现数字化、精细化管理。可以说，大兴机场的数字化建设与制度的建立密不可分，实现了双向协同、彼此支撑。

8.3.3   数字技术增进制度的可实施性

从制度角度看，数字化是对相关制度安排的固化。数字化设计和数字化施工固化了设计和施工的规范、标准，增加了制度的可执行性、可实施性。如此一来，整个工程就会变得易于协调和管控，设计和施工过程也变得更加有章可循、有度可控、有理可讲。

1.数字技术支撑协同设计制度

要完成工程项目的设计，往往需要诸多方面的专业人才。工程设计任务并非不同专业的简单叠加，各专业之间并不是完全独立的，而是互相联系、互相作用、相互渗透[①]。当来自各个专业领域的设计团体面临相互配合的巨大挑战时，数字协同技术可以帮助解决传统工程设计面临的沟通脱节、低效率、不确定性、复杂性等问题。

大兴机场协同设计数字平台的搭建和使用，就是运用数字技术固化了相关制度，支撑着设计团队在流程优化、结构安全验证、性能化消防设计、民航弱电设计、行李设计、捷运设计、专项技术设计等多方面展开设计合作。为了保证整体设计工作有序高效，在指挥部的组织下，搭建了以BIM技术为依托的协同设计平台，明确总体设计规范，统一设计交付标准，最终支撑了整个工程的设计管理工作。

2.数字技术支撑施工管理制度

施工现场人、机、料、法、环等空间环境要素的安全管理及控制是工程建设的关键。面对作业工种繁多、交叉作业内容多、临时设施空间布置受限、各类设备管理难度大、现场作业人员流动性高、周边环境保护要求高、绿色施工技术研发需求大等一系列问题，传统建筑施工现场空间要素的管控理念、方法、技术及设备已经无法适应。在这种情况下，亟需突破传统现场管理理念的束缚，充分利用物联网、互联网及云处理等高新科技成果，开发适用于新形势下施工现场空间环境要素的数字化控制方法[②]。

大兴机场建设者针对机场工程的特点、难点，基于BIM技术、物联网、云计算等先进技术，搭建智慧工地信息化管理平台，为项目管理的信息化、精细化和智能化提供了支撑。施工部门通过科技攻关和管理创新，应用信息化管理平台、绿色新技术以及BIM系统，形成了一套智慧建造和绿色建造管理体系，保障了优质、高效施工[③]。

大兴机场航站楼项目施工量巨大，高峰期日均用工量在 8 000 人左右，安全隐患多，后勤保障难度大。为确保施工安全生产，指挥部还引进智能化的劳务实名制管理系统，将管理落实到每个施工人员。具体来说，就是结合生物识别、物联网技术，对工人进出施工现场、生活区等进行全面智能化的实时监测和管控，提升了管理人员对施工现场的综合管控水平，使得人员作业水平、业务水平管理得到标准化落地。

这样，建设者用数字技术将施工环节方方面面的管控制度固化起来，实现了对施工现场

① 丁烈云.数字建造导论[M].北京:中国建筑工业出版社,2019:77.
② 龚剑,房霆宸.数字化施工[M].北京:中国建筑工业出版社,2019:32.
③ 张晋勋,段先军,李建华,雷素素,刘云飞.北京大兴国际机场航站楼工程建造技术创新与应用[J].创新世界周刊,2021,12(9):14-23.

的数字化控制、对施工人员的数字化监督、对施工材料及设备的数字化物流管理以及对施工环境的绿色监测，同时确保了施工安全。

3.数字技术支撑能源管理、环保监测制度

施工、运营中的能源管理制度、环保检测制度是实现环保节能的重要保障。通过系统控制建材用量、建筑能耗及能源利用模式，在满足施工和运营需求的条件下，可以使工程的能耗及其费用最小化，避免资源和资金的浪费，为建筑的可持续发展提供了保证[①]。

大兴机场的施工环境智能监测系统以物联网、云计算、移动宽带互联网技术为基础，实现了对建筑施工现场噪声、扬尘的实时监控。项目安装了6套扬尘噪声监控系统，24小时监控施工场界扬尘及噪声污染，到达临界值及时报警，可以帮助项目部相关责任人针对重点部位进行重点治理。

4.数字技术支撑同步统计制度

大兴机场航站楼项目施工现场作业面大，各类材料种类繁多、规格繁杂、总量大，无法通过人工巡查方式，对生产现场的机械、物料做到及时有效地监管。为此，建设者积极利用 BIM 5D 平台，组织科研力量攻关，打通BIM和广联达算量模型同步信息技术，努力实现同步生成各专业工程量清单，生成工程量统计和材料分配有效数据，以避免材料浪费和紧缺。根据不同阶段各专业的施工范围、管理内容及管理细度，为工程监管和工程款支付等提供及时的数据支持。

8.4　数字化与劳动过程的透明化

固化使得规则固定下来变得可执行，而透明化则意味着让制度执行情况变得可见。这样，既能固化规则又能让规则执行情况变得透明，那规则就更加具有了可实施性。如此一来，整个工程就会变得易于协调和管控。

8.4.1　数字预见，描述复杂

对于大型建筑工程而言，在常规的设计与建造方法下，复杂性会带来工程难度的不

---

① 郑展鹏.数字化运营[M].北京:中国建筑工业出版社,2019:4.

可控增长，继而引发项目完成度不达标、工期拖延和成本增加的潜在风险[①]。为此，大兴机场建设者积极运用BIM数据可视化技术，在国内首次实现飞行区数字化施工与质量管理信息化。通过BIM的搭建，所有设计细节与过程都可以通过3D模型得以清晰展现，更利于设计师感知数据，感受设计信息动态的变化，理解其他形势下不易发掘的事物。在设计验证阶段，通过排查模型和图纸的问题，还可以将项目建造风险尽可能在设计阶段就加以消除。

在航站楼设计中，设计师大量运用数字技术对各处细节进行测算和模拟，以便于选择最优解决方案。大兴机场的航站楼形体很特殊，是世界上第一个采用五指廊放射形的航站楼，外围护系统由金属屋面、玻璃天窗、玻璃幕墙和金属幕墙等子系统构成，室内空间也比较多样化。因此，有必要对采光、通风和热工性能进行模拟验证。各项验证都以BIM模型为基础，经过几轮"计算模拟—分析结果—提出问题—指定调整策略—再次验证"过程，达到各项性能较为理想的效果。设计师们为了减少光照射带来的闷热体验，进行了大量研究。通过模拟太阳的直射变化，利用夏季太阳高度角，设计有方向选择性的遮阳，最终确定在采光窗中间层加一层斜向的金属网，既增加了室内的亮度，又减少了太阳直射带来的热量。为了探索网格的形成，同样通过计算机编程，建立遮阳网、天空和日照模型，进行参数化控制，进而利用遗传算法对采光顶中置遮阳进行智能优化，综合考虑遮阳和采光，得到最优解决方案，能够保证67%的漫射光和37%的直射光进来。

大兴机场的设计可以看作设计师和数字技术"双向赋能"的过程：一方面，数字技术的进步、算力的提升以及建造业的升级共同赋予了设计师塑造奇迹的能力，将他们从繁琐的绘图中解放出来；另一方面，伴随着设计师向工具释放设计的权限，使得数字技术具有了超越工具层面的意义，新的软件工程得以延伸了人的思维。因此，可以说设计师与设计工具间达成了一种双向赋能的合作关系。

8.4.2　数字管控，排除风险

施工现场面临大量安全风险，传统的人工化、纸质化管理模式已经无法适应大型工程的施工现场管理。大兴机场基于BIM技术、物联网、云计算等先进技术，搭建了信息化、精细化、智能化的智慧工地信息化管理平台，对现场的人、机、料、法、环等空间要素进行安全管控。下面从两个方面来例证数字管控的风险防范功能。

① 王亦知,门小牛,田晶,秦凯,王斌.北京大兴国际机场数字设计[M].北京:中国建筑工业出版社,2019:152.

1.对人的管控

施工现场作业人员是施工作业的核心要素。国内在作业人员管理方面的信息化应用较晚，目前仍大量采用纸质记录的作业模式，建立工人花名册、指导现场考勤及工资发放等，不仅影响管理效率，而且无法保障实际数据的准确性，因此，有必要开展作业人员的数字化监督管理。通过引入和集成数字化技术手段，对施工人员的各项关键信息进行感测与分析，可以建立互联协同、智能生产、科学管理的施工人员信息生态圈。基于自动采集到的人员信息开展数据挖掘分析工作，可以对人员的技能、素质、安全、行为、生活等做出响应，提高施工现场人员信息化管理水平。

为了实现对施工现场人员的数字化管理，建设者还引入了劳务实名制管理系统，将人工智能、传感技术、生物识别等高科技植入人员穿戴设施、场地出入口、施工场地高危区域等关键位置，以期实现施工现场作业人员的全方位监控。这种可视化的安防监控系统，让施工现场的整体情况"透明"呈现，为管理人员提供实时的施工作业情况，由此提高了管控效率。

2.对地下管网的管控

通过采用最先进的设备及技术手段，可以对管廊本体及各类管线实时监测，在事故发生时可以快速实施应急预案，并根据事故及路径等相关分析功能提高辅助决策能力。对大数据的综合分析和交互，将信息及时、准确地传输到监控中心，实现设备位置坐标的可视化追踪。通过BIM展示、3D动画系统展示界面、三维模型系统展示界面、GIS地图系统展示界面等功能，实现可视化运维管理模式。智慧管理平台对有关设备、设施进行实时状态巡检，根据技术指标判断设备故障并报警提示，提供维修工作管理流程；实现设备设施维修状态、过程、结果、运维管理公司可查、可跟踪及管廊进出操作可管理。

8.4.3　数字提效，赋能全局

智慧机场是大兴机场信息化建设的目标。智慧机场生态圈中的所有参与者都能够实现信息实时共享，以及基于此的广泛协同决策和流程整合，信息系统将具备强大的分析和预测能力，为运行各方提供高效准确的决策支持。

智慧机场可以从三个层次进行理解：第一个层次是建设机场核心层信息系统，以支撑机场的核心运营管理业务，并为旅客提供全面的服务。第二个层次是建立成熟的信息化业务平台，以及在此平台之上的多项业务能力，为所有驻场单位开展信息交换和协同联动提供强大的平台支撑和信息化能力支撑。第三个层次是不断发展更为开放共享的业务和信息架构，为机场与周边社区、地方政府、区域和全国其他机场之间的和谐发展、互利共赢提供服务和保障。

大兴机场的智慧内涵具体体现在以下8个方面：（1）广泛而便捷的协同运行；（2）防患于未然的安全管理；（3）全面及时的旅客服务；（4）无缝衔接的综合交通管理；（5）数据驱动的非航业务发展；（6）基于"一张图"的可视化管理；（7）统一共享的信息资源管理；（8）智慧节能与智慧环保的绿色机场。大兴机场搭建了成熟、稳定灵活和可扩展的信息技术架构，以云计算、大数据、物联网平台为基础，形成了航班生产运行、旅客运行服务、空侧运行管理、综合交通管理、安全管理、商业管理、能源管理、货运信息管理、环境信息管理九大业务平台，为机场各个业务单元和利益相关方提供实时、共享、统一透明的应用服务，并为未来的发展预留了充分的空间。

智慧机场具备前瞻能力，可以通过追踪、管理和分享实时信息，随时随地查阅数据，并利用大数据技术预防风险、进行决策和提供更好的服务①。一方面，大兴机场的旅客可通过信息显示系统和智能手机，全面"透视"机场的整体服务功能，获取更丰富的信息、服务。另一方面，机场和航空公司可以确保工作人员在正确的地点和时间获得所需的资源，提高对旅客进行跟踪服务的水平，缩短旅客排队等候办理登机手续和安检的时间。

8.5 以数字技术为基础的协调和信任

数字技术在大兴机场的设计、施工和运营阶段发挥了重要作用，这种作用突出表现在数字技术带来的制度体系的固化以及劳动过程的透明化上。不仅如此，数字化对大兴机场建设的支撑作用，还表现在数字技术在工程中搭建了一个普惠的信任和协调机制（图8-5），使得整个工程共同体能够有效协同、众志成城。在大兴机场建设中，数字化作为"化繁为简"的工具，帮助形成了一种融合型的治理体系和迭代学习机制。

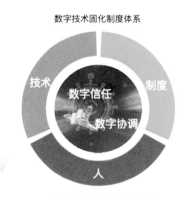

图8-5 以数字技术为基础的信任和协调示意图

① 徐军库.智慧机场在北京新机场的建与实践[J].民航管理.2017,12(10):17-23.

8.5.1　数字协调

工程建设是一个造物过程，造物主体是各类建设者，操作对象是可供利用的各类原材料、人工制品特别是机器设备。在工程建设中，通过数字技术，可以构建一个围绕工程的更加高效的行动者网络，打破传统模式下设计、施工和运营的松散连接，从而大幅提升整个工程的建设效率。如果说过去的松散连接网络，接点多、效率低，难以形成稳定的工程秩序，那么通过数字化，就能建立起立体的、折叠的、实时交互的网络构架，便于实现点对点、端对端的实时交互，从而大幅提高效率。大兴机场在设计、施工、运营的过程中，就是依靠数字化技术打通了设计施工运营的松散连接，并通过固化的制度，建立起数字信任，从而为工程建设的有效开展奠定了技术基础。

在设计阶段，数字化设计的透明化可以提升主体间的信任度，形成了良好的协调机制。在设计成果转化为现实的过程中，设计单位运用"数字设计+模拟验证"来检验设计成果。模拟软件是一系列按照特定顺序组织的计算机数据和指令的集合，本质是事物运行规范的代码化，用以指导甚至控制物理世界的有序运转。数字化设计成果交付后，这种数字化的模式就从设计师脑海、经过图纸模型拓展到施工这个更为复杂、干扰性因素更多的活动场景。这种复杂性既来自建筑本身，也来自客户不断变化的需求以及外部环境的不断变化。当施工单位采集了设计模型的数据之后，这些数据就会在施工企业经营管理、组织设计、构件加工、生产制造、过程控制、交工检测的每一个环节里流动。

在旧的模式下，设计意图能否贯彻，设计图纸与施工成品是否一致都是要打上问号的，而基于数字化技术，加工过程就可以数字化控制，提高构件的精确加工度，对人力、财力的需求会降低，而工期会缩短，从而大幅节约成本。过去的信息流动是基于文档的流动，设计、施工和检测单位通过传真、E-mail、Excel表、U盘、光盘、打电话、开会、记录会议内容等各种方式传递信息，而在数字化设计和施工中，数据流动减少了人的干预和影响，形成数据的自动流动，降低了人为错误率。正确与否的核心便是数据，通过数字化建立了新的纽带，设计和施工主体间的沟通就避免了传统的语言歧义，减少了推诿扯皮的可能。

8.5.2　数字信任

协调的基础是信任。信任是哲学领域的古老话题，信任几乎与人类社会同时产生，是人类社会运行所不可或缺的。诚信是中华民族的美德，《论语》云"人而无信，不知其可也。言必信，行必果；言必诚信，行必忠正；言而无信，不知其可；道千乘之国，敬事而信，节用而爱人，使民以时。"可见，中国古代先贤所理解的信任强调的是修身、求内，建立人的良好品格，持之以恒。事实上，社会有赖于人与人之间的互动，而互动的主要形式是交换尤其是以货币为中介的交换，而这种交换离开信任就无法进行。甚至可以说，"信任是针对风险问题的一种解决办法。"[①]一个社会的信任状态有赖于个体的诚信，也有赖于社会的制度支持，而制度的运行当然也离不开技术的支持。正是个体、制度和技术之间的相互作用以及它们所植根于其中的文化传统，决定了一个社会成员之间的总体信任度。

一般而言，信任包括两种类型：个体信任和系统信任。前者依赖于亲密关系，因此其作用范围就相当有限，因而又称为特殊主义信任。后者与个人动机无关，依赖于非人格的和一般化了的沟通媒介，诸如货币、权力和真理等，因此又称为普遍主义信任。系统信任的存在意味着，信任被置于社会系统之中，而不是针对特定群体或者个人。从对个体信任的依赖转变到对系统信任的依赖，构成了现代生活文明化进程的一个重要部分[②]。如果说在传统社会，经济运行的基础是特殊主义信任，这种信任根植于血缘共同体，纯粹立足于人格的、家族的或者半家族的关系[③]，那么在现代社会，各类机构作为系统的基本构件，承担了营造信任的功能，由此降低了人与人之间的相互依赖。从这个意义上说，没有信任，任何一种组织形式都只能是形同虚设。

将数字化技术引入社会和工程，通过固化制度并将劳动过程透明化，不仅可以强化系统信任，而且可以强化个体信任，从而将社会和工程推向全新的信任状态。这种数字化带来的社会或工程信任状态的"增量"，也可以称为数字信任。有了数字化手段，工程建设各类主体就可以基于智能平台上自动流转的数据，建立相互之间的新的信任模式，由此避免管理上的漏洞，降低了复杂性和交易成本。在设计过程中，数据成为令人信服的沟通手段，既传达了原本存在于数据模型中的基本信息，又在无形之中提高了人和技术的耦合程度。设计施工数字化之后，运营筹备就可以数据进行驱动，在数字世界中描述机场运营状态，进行实时分析、科学决策和精准执行。在运营筹备期，大兴机场出台了《运行数据共享管理方案》，明确了运行数据共享范围和管理流程，不断提高数据质量，实现数据价值的最大化，实现各驻场单位与机场数据共享，丰富机场数据源，基础数据全覆盖，以大数据辅助优化，提高航班正常率，整体协同运行提供数据支撑。

当然，随着数字技术的大量运用，也产生了一些社会伦理问题，例如个人隐私保护问题、数据共享中的风险防范问题等。面对这种情况，我国正在不断发展网络安全技术和隐私计算技术，并初步建立了基于大数据的社会信用体系。对于大兴机场来说，如何适配相关准

---

① Luhmann, N. 1988. Familiarity, confidence, trust: problems and alternatives[M] / In D. Gambetta ed., Trust: Making and Breaking Cooperative Relations Oxford: Blackwell, 94~107.
② Luhmann, N., Trust and Power[M]. Chichester: John Wiley & Sons,1979: 57~58.
③ Weber, M., The Religion of China[M]. New York: The Free Press, 1951:237.

则，在数字系统的开发和运行中堵住相关漏洞，切实保护利益相关者的隐私和权益，是值得进一步研究的问题。

8.5.3　人、制度与技术的三重奏

一般而言，人、制度和技术之间必须进行属性交换，才能形成稳定的交互状态。这个社会上的每个人都需要理解相关制度并掌握相关技术，而这些制度的设定当然也要适应特定群体的基本特点，并依托特定技术甚至需要将制度进行技术化，这些制度才能得到实施。同样地，每项技术需要适应人的要求并受到制度的约束，由此才能够为人的发展和制度的运行提供基础支持。就此而言，人绝不可能是纯粹的自然人、生理学意义上的人，每个人都必须制度化和技术化，才能在这个社会上生存；制度绝不可能是纯粹的放之四海而皆同的规则，而必须在特定技术条件下和文化条件下为了特定人群并由特定人群制定出来，因此也必须进行人化和技术化；技术也一样，必须进行人化和制度化，从而嵌入人类的活动体系之中发挥作用。在这个彼此"转译"的过程中，人、制度和技术之间发生着"属性交换"。每当出台新制度的时候，这种新制度要起作用，总是要求人自身发生改变，需要特定的技术来加以配合。每当有新技术引入社会的时候，总是要求人自身加以改变并进行相应的制度调整，以便包容这种新技术。每当人自身发生改变的时候，无论是眼界的变化还是欲望的变化，都要求某种新的制度和新的技术的配合。可以说，无论从历史上看还是在现实社会中，人、制度和技术总是处在彼此调适之中，永远处在彼此"转译"的进化过程之中。这就是人、制度和技术之间的三重奏。

数字化技术的出现，当然也不例外，数字化要求人的改变，也要求制度的改变，而现有的人和制度都会在数字化过程中得到新的定位，从而开启了全新的数字技术—人—制度的二重奏。就此而言，在工程活动中，只有处理好人、技术与制度的互动关系，才能形成适当的信任机制和协调机制，从而构建出恰当的工程组织管理，最终才能成就好的工程，乃至达成"工程自身"。2022年2月，民航局印发《推动民航智能建造与建筑工业化协同发展的行动方案》，要求引导各类要素有效聚集，加快推进转型升级，加大 BIM、模拟仿真、装配式建筑等应用在民航基础设施建设各领域、各环节，对民航基础设施建设数字化、工业化、智能化升级提出了明确要求。在这种情况下，聚焦智慧民航建设主线已经成为构建现代民用机场品质工程的重要手段。可以想见，数字化在全民航基础设施建设领域的推广，将会建构出更加出彩的智慧民航新未来。

第 9 章

价值创造：国家发展新的动力源

习近平总书记将大兴机场定位成国家发展一个新的动力源，既是对大兴机场潜在的多元价值给予的高度期待，也是对大兴机场的示范性与引领性提出的更高要求。大兴机场建设者所践行的工程之道为我国重大基础设施建设提供了示范。大兴机场作为创新性工程，既是我国科技创新的驱动力量，也成为我国民族品牌的代言人。大兴机场建设者也为"军民融合战略"和"京津冀协同发展战略"的有效实践蹚出了一条路子。大兴机场价值生态将持续吸引多元主体以大兴机场为平台，创造出多元价值，为我国"五位一体"总体布局贡献民航力量。

9.1 通达全球的新国门：从交通枢纽到文化之窗

大兴机场是与首都机场并驾齐驱的大型国际机场，位于京津冀的中心地带，从空间上正好处在该三角的中心地带。其建成投运解决了首都机场的拥堵状况，架起了国际国内沟通之桥。同时，大兴机场充分展示了中国传统文化与审美理念，彰显了中华民族的文化自信，已经成为新时代的文化符号。

9.1.1 畅通民航，架起沟通之桥

大兴机场定位"大型枢纽机场"，与首都机场相对独立运行，两个机场遵循"并驾齐驱、独立运营、适度竞争、优势互补"的方针，实现"一市两场"的战略布局。具体来看，两场均为大型国际航空枢纽，国际网络兼具广度密度，追求安全高效运营；但在功能侧重及区域贡献方面有所差异。在功能侧重方面，首都机场为中国第一国门、门户复合枢纽，主要依托国航等基地航空公司，调整优化航线网络结构，增强国际航空枢纽的中转能力，提升国际竞争力；大兴机场为国家发展新动力源、综合交通新枢纽，主要依托东航、南航等主基地航空公司打造功能完善的国内国际航线网络。在区域贡献方面，首都机场以辐射北京城区及副中心为主，配合地方发展的需要；大兴机场以保障京南、雄安新区及京津冀城市群的出行需求为主，着力打造区域经济发展的新支点和新引擎。

大兴机场投运之初，就带动了中国民航历史上涉及范围最大、协调单位最多、实施效果最好的空域调整：新增航路航线里程约4 700千米，调整航线走向4 000多条，占全国城市走向的三分之一，涉及航班5 300余架次，新增航路点100余个，北京地区航空资源得以有效释放，使得我国60多个机场、10家国内航空公司以及266家国外航空公司无法开通至首都机场航线的问题得以解决，为全国各地特别是老少边穷地区通过航线航班加强与首都的联系和往来创造了条件。

"一市两场"的布局释放了大量国际航班时刻，为我国国际航权谈判赢得更大的战略空

间，使"两场"大幅提升国际航班比例成为可能。大兴机场积极开通国际航线航班，与更多国家实现互联互通，推动共建"一带一路"。国际市场已经开通波兰、文莱、马尔代夫、泰国、尼泊尔、越南、马来西亚等航线。中转市场以东北亚地理中心优势为依托，提升东北亚、东南亚、南亚的覆盖度。

2019年10月27日，大兴机场开航仅33天后首次换季转场，7家国内航司、8家国际及地区航司陆续投运，时刻总量达到273个/日；2020年3月29日至5月3日，分多批次完成第二次换季转场工作，时刻总量达到698个/日；2020年8月25日，第三次换季转场提前2个月启动，第一阶段南航、东航共91个航班完成转场，使大兴机场通达性大幅提升。三次换季转场工作均顺利推进，总体实现"安全零事件、运行零失误、服务零投诉"。2021年3月底，东航和南航完成了全部航班转场工作，大兴机场的旅客量份额达到了北京全部进出港旅客量的40%以上。

从投运到2019年底，短短2个月，大兴机场完成起降21 048架次，旅客吞吐量313.82万人次，货邮吞吐量7 362.326吨。截至2020年8月25日，已开通航线226条，其中国内航线212条（含港澳台地区2条）、国际14条；涉及航点151个，其中国内航点138个（含港澳台地区2个）、国际航点13个；驻场运营航空公司达25家，实现了除首都机场、天津机场以外，国内2 000万级机场全部通航，相关保障资源基本满足大兴机场的正常运行。

大兴机场开航不久，就受到了新冠肺炎疫情的猛烈冲击。在疫情影响下，2020年大兴机场旅客年吞吐量达到1 600万人次，全年共计保障出港航班13万余次，进出港货物7.7万吨。2021年，年旅客吞吐量达到2 500万人次，全年保障航班约21万架次。为了更好地发挥联通国际国内的桥梁作用，大兴机场构建了一个以机场为中心，集铁路、公路等多种交通方式为一体的综合交通体系。未来，大兴机场将继续发挥综合交通枢纽的使命，架起国内外的沟通之桥。

9.1.2　美美与共，彰显文化自信

工程美是人类实践活动中合规律性与合目的性高度统一的体现。在感性上，美给人以愉悦感；在本质上，美是自由的体现①。只有实现内在功能与外在形式的协调统一，这样的工程才具有审美价值。大兴机场作为"新国门"，不是单纯的物，而是"凝固"的艺术和文化。

大兴机场在设计上运用象征主义手法，将现代化机场与中国传统文化意象相结合，而在

---

① 殷瑞钰，李伯聪，汪应洛，等.工程方法论[M].北京：高等教育出版社，2017：175.

内部装饰和文化景观打造中采用"艺术+"的原则，致力于将艺术与科技相融合，中国文化与西方文化相融合，体现出"和而不同"的中国审美文化。不仅如此，大兴机场位于北京中轴线上，由此也将中国文化中"情景合一""致中和"的审美理念充分展露出来。

航站楼外观所采用的"凤凰"意象寓意丰富且深刻。我国古籍有云："凤凰出于东方君子之国，翱翔四海之外"，可见凤凰是人世间最美好的理念、道德和精神的象征。而"凤飞群鸟从以万数""凤能究万物，通天地，律五音，览九州，观八极也""凤凰涅槃"等表明，凤凰代表着不断超越、敢于探索、敢为人先的中国精神。同时，这一形象与首都机场3号航站楼的"中国龙"意象，遥相呼应，寓意"龙凤呈祥"。

航站楼核心区8根C形柱支撑起投影面积达18万平方米的屋顶，实现了结构安全与建筑美学的完美融合。航站楼整体顶面的网状钢架结构曲线明显，疏密有致，从侧面到顶面连续变化，形成"如意祥云"之构图，视觉效果与地面拼花石材的"繁花似锦"和浮岛的"流光溢彩"上下呼应。在绿化工程中，大兴机场选取代表中国传统文化的柳树、银杏、海棠、石榴，以海棠传达东西方融合之意，以银杏传达中国原生特色树之意，以柳树传达依依惜别之情谊[1]。这种象征主义手法，以景传情，是中国传统文化重要特色之一，也是中国传统建筑文化的重要特色之一[2]。

费孝通先生在"和而不同"的中国传统文化基础上，提出"各美其美，美人之美，美美与共，天下大同"[3]，认为不仅要欣赏本民族的文明，也要尊重其他民族的文明，不仅要欣赏民族的传统文化，也要积极发展传统文化，吸收现代文化。大兴机场的审美理念便是如此。中国园的一组石凳上刻着设计师设计的英文方块字书法，将中国的书法艺术和英文的字母书写相融合，创造出新的文字书法概念。南宋诗人朱熹的《观书有感》："半亩方塘一鉴开，天光云影共徘徊。问渠那得清如许，为有源头活水来"，[4]被用一种别样的"英文字谜"形式呈现，既保留了中国文化的古典韵味，又以英文表达实现了跨文化沟通[5]。

在中国传统思想中创作艺术作品的人必须是"有境界的"，其艺术作品必须是"情景合一"的，所谓"景中生情，情中生景"，"情景一合，自得妙语"[6]。大兴机场致力于为旅客提供"一步一景，人在景中，景为人生，景随人动"的观景新体验。在进站口和出站口的公众

① 郭泉林，万晓默，程铭.多维视角下的"国门景观"——北京新机场绿化工程设计[A]//中国民用航空局机场司，北京新机场建设指挥部，首都机场集团公司北京大兴国际机场 编.北京大兴国际机场"四型机场"建设优秀论文集（上册）.北京：中国民航出版社，2020：71.
② 毛如麟，贾广社，等.建设工程社会学导论[M].上海：同济大学出版社，2011：174.
③ 费孝通."美美与共"和人类文明(上) [J].群言，2005(1)：17-20.
④ 王中.出入之际 人文滋养——北京大兴国际机场公共艺术实践[J].雕塑，2019(5)：16-21.
⑤ 马宜超.大兴机场的"艺术镶嵌"[J].党员文摘，2020(1)：26-27.
⑥ 汤一介.中国传统文化的特质[M].上海：上海教育出版社，2019：135-147.

艺术设计以及不同季节的艺术设计都有所不同，充分考虑旅客的情感与体验，体现了中国传统审美理念之"情景合一"。

大兴机场还体现了"中和之美"。"和"是把杂多与对立的事物有机统一起来，而"中"则是指在"和"的基础上采取的居中不偏、兼容两端的态度，强调"中"作为道德规范对"和"的控引、节制①。"中和之美"是中华民族源远流长的审美理想，已经潜入中国人的深层意识。大兴机场航站楼的设计、室内公共艺术品设计以及室内外景观设计无不渗透着"中和之美"——将功能、科技、艺术、中西文化和谐地统一起来。

这种"致中和"的文化理想还体现在北京中轴线上。梁思成先生说，"北京独有的壮美秩序就由这条中轴线的建立而产生。"今天，由北至南，奥森公园—钟鼓楼—故宫—毛主席纪念堂—永定门—南苑路—大兴机场一线，已经成为北京城的空间规划之轴和文化之轴②。大兴机场就位于北京南中轴延长线上，象征着奥运文化、历史文化和现代文化的传承与延伸，与首都功能核心区联结成为一个文化有机体。其室内外景观设计都致力于融入北京中轴线文化，形成了独具特色的中轴线景观（图9-1）。

大兴机场通过航站楼外观设计、室内外景观布局，以及室内公共艺术品

图9-1 大兴机场航站楼内"一城一线一世界"景观

① 袁济喜.和：审美理想之维[M].南昌：百花洲文艺出版社，2017：7.
② 张勃.北京中轴线的中和之美[J].前线，2020(7)：70-73.

设计，创造出一个高度可意象①的综合建筑体，给人以美感，而且这种美感是深入和持续的，彰显着中国传统审美文化。

9.2　科技创新的发动机与民族品牌的宣传队

工程实践是创新的动力源，工程创新是创新活动的主战场。作为创新性工程，大兴机场为各类创新活动提供了强大需求和宝贵的应用场所。在大兴机场的建设过程的许多重大工程技术问题和管理问题，正是依靠指挥部营造出来的开放的创新生态，才得到了很好的解决。可以说，大兴机场建设引发我国机场建设的"范式转换"——从效仿国外机场、应用国外规范、采购国外先进设备，到自创标杆、自定规范、大量采用国产品牌的历史性变化。这个"范式转换"使得大兴机场成为中国民族企业开展技术创新的强大推手，成为中国民族品牌的"集聚地"和"代言人"。

9.2.1　上下合力，打造创新生态

创新是引领发展的第一动力。民航业具有高技术、高风险、高投入的显著特点，也是高新技术应用最前沿的行业，民航强国的建设离不开科技创新的引领。如果说创新驱动发展，那么创新的动力又是什么？

从词源上看，"工程"（Engineering）一词本身就意味着创新。Engineering是Engineer（建造、设计）的动名词形式，Engineer包含着谋划、独创的意味。世界上没有两项完全相同的工程，没有创新，就没有工程②。因此，工程活动本质上就是一种创新性活动，因而也是拉动科技创新的动力源。随着科技高速发展，科学、技术与工程的关系进入了"无首尾逻辑"的状态之中，工程活动的规模越宏大、创新性越强，其对科技创新的拉动作用也就越强③。重大工程为科技创新提供了现实需求和发展目标，也提供了校验新材料、新技术、新工艺、新理念等创新成果的平台和成功样本。通过建设重大工程，可以倒逼科技创新、催生制度创

---

① 可意象性是指有形物体中蕴含的对于任何观察者都很有可能唤起强烈意象的特性。大兴机场不仅可以被看见，而且可以被清晰地、强烈地感知。（引自：（美）凯文·林奇.城市意象[M].第2版. 方益萍，何晓军 译.北京：华夏出版社，2017：7.）。

② 王大洲.试论工程创新的一般性质[J]. 工程研究——跨学科视野中的工程，2005（2）：73-80.

③ 栾恩杰.论工程在科技及经济社会发展中的创新驱动作用[J].工程研究——跨学科视野中的工程,2014，6(4)：323-331.

新、激发理念创新、带动协同创新、推动跨界创新。任何重大工程都是之前相关科学技术的应用和集成，也是推动下一轮科学技术发展的起点和推动力，即便是单一目标的重大工程，也是多领域、多行业、多学科跨界合作、组团突破、集成创新的成果①。因此，创新是工程实践的基本属性。

工程创新必然是开放式创新，闭门造车是干不好工程的。工程创新者包括了工程师、投资者、管理者、工人以及其他利益相关者等多元主体，他们的创新活动贯穿于规划、设计、施工乃至运营的全过程。这些多元主体依托工程，相互作用、相互联系，在工程建设中实现价值共创和共享，共同构成了一种创新生态②。

基于高标定位的价值导向，指挥部联合各科研单位以及各个施工单位等，深入贯彻新发展理念的要求，全力支持科技创新、参与科技创新，并从组织领导、科技管理、科技投入和激励政策多个方面营造了开放、包容的创新环境，构建了产学研合作网络，支撑创新生态系统的形成和发展，并将新技术、新工法的发明与使用作为"四个工程"的衡量标准之一。在他们的共同努力下，大兴机场成为机场建设领域科技创新的聚地。大兴机场建设者开发应用了103项新专利、新技术，65项新工艺、新工法。在创新过程中，造就了一批思想过硬、技术精湛的工程人才，帮助塑造了相关产业格局，提升了民族品牌的影响力③。

指挥部为多方搭建起创新平台，组建了由12个专业小组构成的支持团队，设置了运营数据、运营问题、专业课题3个专家库，吸引高校、科研院所和企业，以专项课题形式共同开展创新研究。同时，以北京城建为代表的施工单位，在大兴机场建设过程中进行施工创新，形成了一系列新工艺、新方法，保证了大兴机场高质量按期竣工，并为行业发展积累了新的建设经验，甚至还形成了新的行业标准。从全向型跑道到绿色航站楼建设，从海绵机场建设到地井式飞机空调设计，从清洁能源利用到无障碍设施，一大批有推广价值的示范设计、技术与工艺脱颖而出。

9.2.2　多年积累，托举民族品牌

由于中国最初是依靠引进成套设备来建设大型机场的，长期以来大型机场建设不仅主要使用外国设备，而且在系统层次上也被外国技术所主导，表现为航站楼设备的性能指标、主

① 卢纯.重大工程改变世界 影响未来——论重大工程对文明演进、国家崛起、民族强盛的推动作用[J].河海大学学报(哲学社会科学版)，2019，21(2)：1-12+105.
② 陈健，高太山，柳卸林，马雪梅.创新生态系统:概念、理论基础与治理[J].科技进步与对策，2016，33(17)：153-160.
③ 王大洲.关于工程创新的社会理论审视[J].工程研究——跨学科视野中的工程，2018，10(3)：256-265.

导设计、技术轨道乃至所有规格，都是由外国标准所决定。在这种情况下，我国许多机场基本上是国外技术、标准的"飞地"，反映的是国外的技术水平与管理理念。

尽管如此，在首都机场的三次扩建工程中，已经从不得不进口外国设备发展到尽量采用民族品牌，在登机桥、航空器地面服务设备、特性材料拦阻系统、行李独立运载系统、A-CDM和安检设备等方面，突破了国外技术封锁以及依赖进口的局面。随着我国科技创新能力的全面提升，基于三次扩建工程的经验积累，我国机场建设者和品牌制造商逐步具备了自主创新的能力与自信。

大兴机场建设者从一开始便认识到：这么大的一个机场建设项目，如果采用国内产品和国内集成商，肯定有助于推动国内企业发展，因此绝对不能排斥国内企业。大兴机场建设时期正好赶上了国内技术升级换代。国产设备已经能够满足运营实际需求，在价格上也占据明显优势，加之国内设备供货期更有保障，赢得建设者的青睐就是水到渠成的事情了。可以说，大兴机场推动着中国整个工业能力和科技创新水平达到了一个全新高度。这实际上也是大兴机场作为国家发展一个新的动力源的一个重要体现。通过与民族企业形成科技创新联盟，大兴机场建设为民族品牌做大做强并走出国门奠定了坚实基础，因为"大兴机场设备供应商"的标签已经成为它们走向世界的亮丽名片。由于机场设备的品质与机场运行安全和效率息息相关，大兴机场建设绝不是为了使用民族品牌而使用民族品牌，在品牌选择中仍然是以性价比作为选择标准，面向全球招标，从全球产品中选择最好的，并不刻意排挤国外优秀产品。这也充分体现出了民航人的自信——让民族品牌在全世界最先进的舞台上公平竞争，从而实现真正的引领。

正是抱着这种情怀，建设者在大兴机场采用了国产化的行李自动处理及信息管理系统。这套系统最初由中国民航大学电信与自动化学院机器人研究所与南航合作开发，2018年首次用于广州白云机场2号航站楼。在此基础上，建设者运用最新智能技术和大数据分析技术对该系统进行升级，实现了行李规格三维检测、自动快捷支付和智能交互操作功能，并成功运用到大兴机场。通过大兴机场官方APP、微信小程序、航显屏和自助查询机等多种途径，旅客只要输入行李牌号码、身份证号或扫描行李条码，便可查询到托运、安检、分拣、装车运输、装机等多个行李节点，实时掌握行李轨迹。基于这套系统，行李从值机至出港平均用时12分钟，分拣准确率达98.7%。由于行李跟踪系统实现了信息自动采集与跟踪，使行李信息实时共享和精准定位，因此大大降低了行李综合处理差错率和设备的成本。

大兴机场在飞机地面专用空调系统（PCA）上的创新也是源自建设者追求绿色机场、扶持民族品牌的情怀。首都机场3号航站楼建成之前，空调设备都是挂在登机桥的活动端，然后通过软管送到飞机，采用进口设备，一台设备约100万元。在3号航站楼建成后，因为使用国产品牌，此设备已经降至每台30万元。3号航站楼建设的时候，国内还没有企业生产这类空调，但是指挥部中的暖通技术人员相信，这种空调设备国内企业也有能力做。果然，当时一些感兴趣的投标人按照暖通技术人员的空调设计参数做好了样机，拿着检测报告和样机跟国际品牌一同竞争，结果国内厂家中标了。到大兴机场建设的时候，指挥部针对PCA应用情况开展了大量调研工作，发现目前系统存在的一些问题，构想出一套"通用空调系统集中供冷方式+地井式送风"的模式。指挥部联合国内设备厂家进行技术攻关，并申请了首都机场集团科技项目"飞机地面空调系统关键技术研究"，成功研发出适合大兴机场地井式PCA系统应用的关键设备，推动了机场行业的绿色发展，拉动了国内企业的研发与制造能力[①]。相较于进口设备，国产设备还能得到更及时的服务，而且价格更低。

正是通过工程实践的磨练和工程前辈的传帮带，有工程情怀、思想过硬、技术精湛的新一代工程人才被造就出来，这些工程人才是工程传统的主要传承者，以及后续工程创新的主要推动者和践行者。

9.3　军民融合发展的典范

军民融合发展是党中央着眼国家发展和安全全局做出的重大战略部署[②]。军民航融合是军民融合的重要组成部分，其核心在于着眼大局，化解利益冲突，走向融合，形成发展的合力。大兴机场作为全国首家军民航联合运行机场，在建设过程中创造了具有中国特色的机场与地方、民航、军方等多主体协同发展的新范式。

9.3.1　大局意识，成就大兴机场更多可能

党和国家历来高度重视经济建设和国防建设融合发展。新中国成立以来，党中央根据不同历史时期国家安全和发展实际，不断探索开拓具有中国特色的经济建设和国防建设协调发展之路，取得了巨大成就，国家综合实力和国防实力显著增强[③]。近年来，中国民航在"统、

① 北京新机场建设指挥部编.新理念 新标杆 北京大兴国际机场绿色建设实践[M].北京：中国建筑工业出版社，2022：113-114.
② 中华人民共和国中央人民政府.中共中央 国务院 中央军委印发《关于经济建设和国防建设融合发展的意见》[EB/OL].[2016-07-21]. http://www.gov.cn/xinwen/2016-07/21/content_5093488.htm.
③ 中华人民共和国中央人民政府.中共中央 国务院 中央军委印发《关于经济建设和国防建设融合发展的意见》[EB/OL].[2016-07-21]. http://www.gov.cn/xinwen/2016-07/21/content_5093488.htm.

融、新、深"原则指导下，坚持主动融合、全面融合，加快工作对接、管理对接、标准衔接，逐步形成了全要素、多领域、高效益的军民航深度融合发展格局。

空域是一种有限的战略资源和经济资源。空域使用必须兼顾国家经济建设与国防安全建设双重任务，走军民航深度融合发展的道路。长期以来，我国现行空中交通管理体制还存在一些问题，比如空域使用不灵活、信息传递不通畅、航路结构单一、航路分布不均等，从而制约着我国民航业的纵深发展。因此，军民航融合发展要求重构空域运行的管理体制①。为了保障大兴机场的开航与运营，以"推进空域融合，调整空域结构，高效利用空域资源，推进空域精细化管理，加强军民融合，助推国家战略"为总体思路，全国范围内共调整航路航线超过200条，调整班机航线走向4 000多条，形成全新的空域运行环境②。可以说，大兴机场建设推动了国家空域管理体制、军民航融合灵活使用空域机制的进一步完善，增进了空域资源供给、航权时刻供给、综合交通供给，提高了生产要素配置效率，激发了经济发展新的内生动力。

大兴机场之所以能够成为军民深入融合的抓手，是因为与新南苑机场构成了"一址两场，地分天合"的局面。这一机遇是军方、北京市政府和民航局讲大局、齐心协力助力国家经济发展的结果。根据经济建设与国防建设协调、军民航融合发展的指导方针，本着军队支持经济发展和城市建设的原则，兼顾军民航建设发展实际需求，民航局、空军及北京市就大兴机场建设及空军南苑机场搬迁等问题进行了充分协商并达成协议。基于该协议形成的"一址两场，地分天合"布局，为军民航融合提供了平台，也为我国军民航融合积累了宝贵经验。

北京空域情况复杂，二环附近都是禁飞区，净空无限高不能有任何飞机进入，周边机场多。大兴机场选址要平衡好军民航统一协调运行、发展的关系，其中涉及的首要问题是南苑机场的去与留。新中国成立以来，南苑机场承担着重要军事任务，围绕南苑机场建设了一系列配套军事设施。多年来，南苑机场在保障首都空中安全、维护社会稳定、支援地方经济等方面发挥了重要作用。军方、民航局、北京市三方对于南苑机场是否搬迁问题上看法不一，各方就南苑机场是否关闭、搬迁，进行了长达数年的沟通、协商和磨合③。

在这种情况下，国务院要求国家发展改革委牵头、民航局配合，就南苑机场迁建事宜进行统筹协调。经过协商，各方积极落实军民融合发展战略要求，下定决心关闭南苑机场。南苑机场的迁建形成"一址两场，地分天合"的格局：将南苑机场位置定在大兴机场西边，大

① 张超汉,蔡亚琦.军民融合战略下我国空域管理体制改革法治化的基本路径[J].法治论坛，2019(4)：244-261.
② 天路大范围换新,中国民航迎史上最大范围空域调整[J].空运商务，2019(10)：27-28.
③ 林明华.中国大兴——北京大兴国际机场诞生记[M].北京：中国民航出版社，2021：37-38.

兴机场位置东移。这就造成了两个结果：一个是机场场址地跨京冀两地；一个是航站楼落在了北京中轴线的最南端。当然，地跨京冀两地的选址方案跟飞机起降对于周围环境影响的评估也有关系。这个"歪打正着"的结果赋予了大兴机场更深刻的含义与更高的战略意义，大兴机场既是北京的南大门，又成为京津冀协同发展的桥头堡。

关于南苑机场搬迁的具体事宜，北京市和空军两方签署了南苑机场设施土地处理协议；民航局、空军两方签署了新机场运行航空管制原则性协议；北京市、民航、空军三方成立了由民航局牵头的北京新机场建设及南苑机场搬迁联合协调小组，负责相关协议的协商起草，以及前期工作中涉及军地航三方相关事宜的协调工作。在各方努力下，2011年11月28日，北京市政府、民航局、空军三方签署《北京新机场建设和空军南苑机场搬迁框架协议》。"三方协议"明确，空军新机场等建设用地以及西郊机场改扩建、征地拆迁等工作由北京市负责，得清除了不符合净空和电磁环境标准的设施，场地达到净地标准且无争议，并符合开工建设条件后无偿移交空军。

可以说，正是前期军方、北京市政府和大兴机场着眼大局，讲政治，才赋予了大兴机场更深刻的战略意义，给予了大兴机场更多的可能性。

9.3.2　充分协商，推动军民航深入融合

大兴机场建设与运营中，由于与新南苑机场"一址两场，地分天合"的布局，以及南苑机场的迁建与大兴机场的建设同步开展，不可避免地带来众多问题，因此需要充分协商，科学论证，寻找多方均满意的解决方案。在这个过程中，民航局与军方建立了军民航融合发展协调工作机制、联席会议制度、工作月报制度、关键问题库制度，为大兴机场按期建成投运创造了条件，这种协商精神与机制也为之后军民航深入融合提供了经验。

2009年4月15日，北京新机场前期协调小组南苑机场工作组与空军组建成立了"南苑机场军地联合工作组"，联合民航局全面启动南苑机场搬迁方案研究工作。为了保障三方协议顺利签订，国家发展改革委牵头于2011年3月至11月间多次召开协调会议，对北京新机场建设及南苑机场搬迁有关问题、空军新机场产权问题、两场运营问题、同步规划设立北京终端管制区问题等进行研究[1]。2013年2月26日，北京新机场建设领导小组正式成立并在北京召开第一次会议。领导小组成员主要包括总参谋部、空军、国土资源部（现自然资源部）、环境保护部（现生态环境部）、水利部、民航局和北京市、河北省等的主要领导和有关负责同志，由此搭建起总参谋部、空军与民航局的协商平台，及时解决军事设施迁建以

---

① 林明华.中国大兴——北京大兴国际机场诞生记[M].北京：中国民航出版社，2021：22.

及南苑新机场与大兴机场同步规划建设过程中遇到的问题。

为满足北京新机场运行需要，科学规划华北地区空域结构，加快推进北京终端管制区建设，空军还成立了北京终端管制区规划研究领导小组。指挥部则深度参与并配合相关规划工作。2012年7月12日，空军就新机场空域规划方案向国家发展改革委、空管委办公室进行汇报。最终，2019年中国民航迎来史上最大范围的空域调整①。

除了空域规划外，在军民航机场同步建设过程中，也充分体现了军民航双方充分沟通，科学论证的态度。军航跑道（西三跑道）与民航西二跑道间距确定经历了多轮沟通协商，确保跑道设计的科学性，满足军民双方的需求。2014年1月29日，北京新机场建设领导小组召开第三次会议，确定军航跑道（西三跑道）与民航西二跑道间距由1 525米调整到1 750米，北端错开400米保持不变，这样军地双方对近期跑道构型达成了一致。

但到了2015年，空军新机场可研报告提出，军航跑道需南移1 250米，这就与民用机场总体规划中远期规划发生冲突。为此，第六次领导小组会议协调，总参牵头开展研究。2016年12月13日，民航局主持召开空军南苑新机场跑道南移专题研究会。认为经过华北空管局分析，空军南苑机场跑道南移1 250米将增加北京新机场向南运行的安全风险，在现行运行规则下势必降低新机场飞行容量，影响新机场远期年旅客吞吐1亿人次的建设目标，而且对于噪声影响范围、高压线迁改方案、绕场公路建设、生活基地选址、环评报告方案等都会造成不利影响。为此，会议决定空管局、指挥部分别牵头成立空管和地面专家攻关组，以数据为基础，从安全风险、运行效率、机场容量和地面运行、噪声影响、高压线迁改、绕场公路建设、生活基地选址等方面进行深入分析，形成了简单明了、直观易懂的成果报告，用准确翔实的数据、清晰直观地分析、客观公正、全面系统地提出有力论据，为最终决策提供依据。2017年1月13日召开的民航局专题会议，继续讨论空军南苑新机场跑道南移方案民航相关意见。

民航业是国家空中力量的重要组成部分，一旦发生紧急事件或战争，航空运输是军事后勤的重要支撑，是部队快速机动、运送和补给物资装备、运送伤病员等重要手段②。因此，大兴机场秉承"不忘初心、树立决心、凝聚同心"的"大兴一心"协同理念，共同组成应急救援联合保障工作组，实现军民航应急救援深度融合。

大兴机场的军民融合探索还在继续，一系列问题的解决将会对我国之后军民航融合的资源共享、政策措施、法规标准等方面贡献智慧与经验。大兴机场"十四五"规划中提出，要高水平构建多边协同运行体系，重点推进各驻场单位的深度协同运行，"健全军民、空地协同

① 天路大范围换新 中国民航迎史上最大范围空域调整[J].空运商务，2019(10)：27-28.
② 李家祥.中国民航人要为建设民航强国而努力奋斗[J].中国民用航空，2010 (3)：12-20.

机制，助力终端区扩容增流"，将大兴机场打造成为军民融合发展的典范。在时刻资源方面，推进与民航局时刻管理部门、军方等主体的沟通，探索开放暂时通道等解决方案，推动空域改革及军民融合建设，提升空域总量；积极与民航局、空管部门沟通，探讨相关政策的进一步优化以提升空域使用效率；持续优化飞行程序，加快推进如机场A–CDM等新技术应用；争取足够的全货机时刻，构建网络广、品类精的全货机网络；争取足够的国际时刻，保障国际航线网络的构建。

9.4　区域协调发展的桥头堡和示范区

"如何管理运营好北京新机场""北京两个机场如何协调""京津冀三地机场如何更好地形成世界级机场群"，是习近平总书记对大兴机场在国家及区域发展格局上如何发挥作用所提出的三大关切。大兴机场以及与其同步规划建设的临空经济区是一次政策实验和制度实验，推动了各地政府转变价值观，形成了合理突破规矩、协商解决问题、简化办事流程、提高办事效率、降低治理成本、共享新发展动力的良好局面。

9.4.1　抓住契机，打造京津冀协同发展新模式

2004年2月，京津冀三方达成了"廊坊共识"，正式确定"京津冀都市一体化"发展思路。同年，国家发展改革委启动《京津冀都市圈区域规划》编制工作。2007年和2009年，国家发展改革委两次上报《京津冀都市圈区域发展规划》。事实上，三地虽有合作意愿，但各自需求并不完全契合①，致使京津冀区域一体化发展不甚理想。

只有积极寻求并不断放大利益共同点，三地才能真正建立起促进合作的协同共治体系②。这起码要从三方面入手：一是克服三地经济联系较为松散的障碍，提高产业协同发展水平；二是破解北京市的"虹吸效应"，增强其对周边地区的辐射带动作用；三是推动京津冀地区经济发展转型升级，占据全球产业链的制高点。大兴机场建设恰好成为破解这些难题的突破口③。

①　李景元，等.首都经济圈发展的历史性突破 面对京津冀协同发展国家重大战略的机遇透析[M].北京：中国经济出版社，2015：7–11.
②　齐心.北京的城市地位 基于世界城市网络的分析[M].北京：经济日报出版社，2016：95–96.
③　刘鲁颂.如何认识和理解北京新机场是我们国家发展一个新的动力源[N].中国民航报，2017–03–24（1）.

围绕大兴机场规划的大兴机场临空经济区是促进京津冀协同发展的具体切入点和现实操作平台。在"京津冀协同发展"战略正式公布之前，各地政府便抓住机遇，预先开展工作，委托有关科研机构进行分析与规划研究，试图通过建立临空经济区来挖掘大兴机场的重大经济社会价值。

2014年2月26日习近平总书记在听取京津冀协同发展工作汇报时强调：实现京津冀协同发展，是一个重大国家战略，要优势互补、互利共赢、扎实推进，加快走出一条科学持续的协同发展路子来[1]。2014年12月12日发布《民航局关于推进京津冀民航协同发展的意见》明确提出，"要全面提升京津冀地区航空保障能力和运输服务水平，全力推动京津冀民航与区域经济协调发展。确保大兴机场在2019年建成通航，届时将其打造为大型国际航空枢纽，京津冀区域综合交通枢纽。"[2]

大兴机场建设本身就是跨地域协同的一个示范。在建设过程中，征地拆迁、环评、稳评都是依靠北京、河北两地政府推进。虽然有行政区域的划分，但是北京、河北两地老百姓信息是通畅的，因此这个过程是对基层政府治理能力的一次重大考验。为此，两地政府从老百姓的利益出发，力求做到公平公正透明、合理合法，让老百姓切实认可大兴机场的建设对自己有好处，既不能让大家吃亏，也不能造成大量资金缺口。这样，群众就有了对未来发展的信心，愿意积极配合征地拆迁、环评、稳评工作的开展。其实，对于两地政府来说，道理也一样。当地方政府通过大兴机场建设看到京津冀一体化的光明未来，很快就突破了狭隘的想法，多方协同合作也就有了保证。

在机场群建设上亦是如此。随着大兴机场的规划建设，天津逐渐认识到自身发展也需要大兴机场。因此，自2013年开始，天津机场紧紧抓住京津冀协同发展的机遇，积极建设"区域枢纽机场"和"国家航空物流中心"，拓展有进京需求的国内二三线机场客运航线航班，设立北京营销中心、城市候机楼等[3]。此类举措有助于促进京津冀三地机场的协调发展。

事实上，京津冀三地机场发展不均衡是个老问题，向来存在北京"吃不下"、天津"吃不饱"、石家庄"吃不着"的难题。2011年，首都机场旅客吞吐量占区域总量的87.7%，货邮吞吐量占总量的87.3%，极大地限制了其他中小型机场的发展。尽管京津冀区域机场分布密集，但是随着航空需求不断增加，空域紧张问题越来越突出，各个机场空域使用相互制约，航班延误不容乐观，严重影响了区域内机场业务量的提升。因此，解决京津冀地区机场发展

---

① 习近平主持召开座谈会听取京津冀协同发展工作汇报[EB/OL]. [2014-02-27]. www.gov.cn/ldhd/2014-02/27/content-2624901. htm.

② 《民航局关于推进京津冀民航协同发展的意见》发布[EB/OL]. [2014-12-18]. http://www.gov.cn/xinwen/2014-12/18/content_2793469.htm.

③ 林明华.中国大兴——北京大兴国际机场诞生记[M].北京：中国民航出版社，2021：39-40.

结构问题，最大限度发挥资源优势，形成世界级的机场群，就成为大兴机场建设的重要价值体现。这样，大兴机场的战略定位就从"一市两场双枢纽"扩展至京津冀机场群建设。在民航局、北京市、天津市、河北省的大力支持下，首都机场集团和三地机场共同努力，京津冀机场群协同发展已经取得显著成效①。

从大兴机场建设、临空经济区建设以及三地四场机场群建设过程中可以看出，大兴机场作为利益交会点，使京津冀三方进一步认识到协同发展的重要性与可能性，认识到大兴机场的建设对于京津冀区域是一次重大机遇，只有努力建设好发展好大兴机场及其临空经济区，三地才能共享新动力源带来的无限价值。

9.4.2　勇于担当，彰显制度创新大格局

疏解北京市非首都功能，促进京津冀协同发展，事关中央政府、军队、京津冀三地政府、区县政府等多层级行政单位，利益主体多元，产权性质和管辖关系复杂，需要跨层级、跨区域和跨部门的协调②。大兴机场及其临空经济区建设与运营作为国家治理体系改革的突破与创新，为之后国家发展探索制度创新模式提供了经验。

鉴于京冀两地政府在管理体制、机构设置、审批程序、行政执法等方面存在诸多差异，为保障大兴机场顺利开航、平稳运营，在首都机场集团的推动下，经北京市、河北省、民航局多轮沟通，由国家发展改革委向国务院提交跨地域运营管理有关情况的报告并获得批复，确立了颇具创新性的大兴机场跨地域运营管理模式。按照"依法行政、高效顺畅、统一管理、国际一流、利益共享、权责对等"的原则，大兴机场红线范围内地方行政事权原则上交由北京市一方管理。这就从原则上为大兴机场投运提供了一定的法律保障，但一事一议、具体问题具体协商等情况仍客观存在。在大兴机场投运后，双方或多方继续就具体运营事项、法治问题进行再沟通、再协商、再确认③。

在大兴机场临空经济区建设中，为了提高项目审批的效率，大兴机场临空区发布了《"区域评估+标准地+告知承诺+综合服务"改革管理办法》和具体实施意见，被视为管委会赋权

---

① 首都机场国际运量增速明显快于国内运量，天津、石家庄机场增速明显快于首都机场。首都机场国际运量增幅显著提升，2014年增长4.6%，2015年增长8.9%，2016年增长8.7%；而同期国内运量分别增长2.34%，3%和3.7%。首都机场国际旅客占比从2014年的24%上升到2016年的26%。天津机场步入发展快车道，2014年旅客吞吐量增长20.3%，2015年增长18.6%，2016年增长17.9%。石家庄机场在2015年5月加入首都机场集团之时，吞吐量前4个月是负增长，在首都机场集团统筹支持下，协调春秋航空等增加运力和航班，很快实现了2015年全年正增长，2016年增长达到20.5%.

② 齐心.北京的城市地位 基于世界城市网络的分析[M].北京：经济日报出版社，2016：94.

③ 首都机场集团公司法律事务部. 机场跨地域发展的法治协同研究——以北京大兴国际机场跨地域运营和京津冀机场协同发展为视角[J].北京航空航天大学学报(社会科学版)，2019，32(6)：103-109+135.

后审批制度改革的重大举措，对进一步优化营商环境、加快项目落地具有重要意义。基本做法是，将区域评估、标准地、告知承诺、综合服务作为一个整体，在完成区域评估的基础上，制定土地出让的规划、经济、创新特色、资源消耗、绿色低碳等系列标准，构建以告知承诺为基础的"极简高效"审批制度，建立项目建设综合服务工作机制，形成以"评估可共享、出让有标准、承诺即批复、全程包服务"为理念的项目全过程管理服务模式[①]。这种跨区域协调突破可以促进资源要素跨区域有序自由流动，促进两地高端产业相关物流、人流、信息流畅通，推动京津冀产业协同创新，加强科技创新前瞻布局和资源共享，推动京津冀率先在高端产业片区大兴组团，营造有利于提升自主创新能力的创新生态。加快推进公共服务共建共享，逐步实现北京、天津、河北自贸试验区内政务服务"同事同标"，推动实现政务服务区域通办、标准及检验检测结果互认和采信。促进高端产业片区大兴组团与大兴机场片区协同联动。推动高端产业片区大兴组团与大兴机场片区深度合作创新发展，在区域合理分工、资源优化配置和要素跨区域流动等方面形成合力。原则上赋予高端产业片区大兴组团与大兴机场片区相同权限，打通各项政策及制度创新试点，加强联动创新和复制应用。强化整体优势，树立统一的外部形象，探索建立"协同开发、协同建设、协同招商"机制，协同推进自贸试验区建设[②]。

以大兴机场建设、京津冀机场群建设以及大兴机场临空经济区开发中政策与规矩的突破与建立，表明跨区域协同的可能性与可行性，之后的运行以及临空经济区、自贸区、综保区的发展为我国跨区域协同发展积累了经验。从这个意义上说，大兴机场建设是探索区域协调发展机制的桥头堡和示范区。

9.5　面向未来的价值创造：大兴机场 +X

工程作为人类典型的实践活动，是人类为了实现特定的目的，有效地利用资源、技术来创造新的"人工自然"的过程。工程活动总是打破人类的存在基础，并不断重构人类的存在基础。工程总是满足人类的需求并引起人们新的需求，由此构成了实践发展的历史链条。工程活动在有目的地适应、利用和改造自然的过程中，需要消耗人工资源和自然资源，会引起

① "两区"政策优势释能！北京首例告知承诺规划许可案例在大兴机场临空区办结[EB/OL]. [2021-04-09].http://www.bjdx.gov.cn/bjsdxqrmzf/zwfw/ztlm/lqjs/lqzx/1772724/index.html.
② 中国（北京）自由贸易试验区高端产业区大兴组团实施方案[EB/OL]. [2021-02-17].http://open.beijing.gov.cn/html/bjzc/2021/3/1616030513457.html.

一定范围内经济、社会、文化、政治及生态系统的变化和重构，并在这种变化和重构中创造出新的价值。

价值不是事物本身固有的，也不是人脑所想象出来的。价值是在人类实践活动中生成的，实践是价值的真正源泉。人类文明发展到什么程度，人类实践发展到什么程度，人类感受、发现和创造价值的能力也就达到什么程度，从而人类所创造的人工物的价值就达到什么程度[①]。

从生态学视角看，工程价值问题的复杂性体现在以下几个方面：（1）价值多元性。工程活动是反映价值和生成价值的过程，无论是反映出来的价值还是生成的价值，都是多元的，因此在工程实践中只有顾及这种多元性，才能打造出品质工程。（2）价值渗透性。任何工程都根植于并会重构价值之网、利益之网[②]，一项工程究竟渗透谁的价值、渗透多少价值，总是一个争夺的过程，在这个过程中特定利益主体可能会主导价值生态。（3）价值相对性。工程的价值评价总是有赖于特定视角或特定层次，针对同一项工程，基于不同的视角，站在不同的层次，就会给出迥然不同的评价。（4）价值增生性。工程实践总是会带来"意外"，总是会带来超出预想的价值创造，无论是正面价值还是负面价值。（5）价值变异性。随着外部条件的变化，或工程共同体成员有关认识发生变化，工程价值就会随之而变，包括"价值衰变"和"价值嬗变"两种情况，前者意味着工程的特定价值随着时间的推移在不断衰减，后者意味着随着时间的推移特定工程会生发出完全不同的价值，例如中国万里长城自古以来的价值变化——军事价值不断衰减，旅游价值、文化价值陡然显现就充分说明了这一点。因此，从价值论角度看，工程的存在样态就是价值生态。如何创造出一个良好的价值生态，有赖于工程人的实践智慧。

现代机场已经由单一的交通基础设施功能向与城市融合发展的综合性服务功能转变，机场建设发挥着服务国家战略、支撑行业发展、提升机场运营效益及运行效率的驱动作用。2017年2月23日，习近平总书记亲临大兴机场考察，对大兴机场建设理念、目标任务提出明确要求，并强调"新机场是国家发展一个新的动力源"，将民航战略地位提到新的高度，极大地振奋了全体民航人的精神，进一步增强了他们做好新时代民航工作的责任感与使命感[③]。大兴机场是一座面向未来的机场，体现在面对日新月异的社会经济发展与技术进步，大兴机场具有可升级性和适应性，能够持续不断地满足新价值主体的需求或者价值主体的新需求。不同行动者借助大兴机场发展自己，谋取自身利益，这是一个"转译"的过程，是行动者之间相互作用的过程，这个过程就是价值创造的微观机制。《新时代民航强国建设行动纲要》指

① 袁贵仁.价值学引论[M].北京：北京师范大学出版社，1991：161-165.
② 王大洲.关于工程创新的社会理论审视[J].工程研究—跨学科视野中的工程，2018，10(3)：256-265.
③ 冯正霖.推动民航高质量发展 开启新时代民航强国建设新征程[J].人民论坛，2018，(5)：6-8.

出，要全面提升航空服务质量，"紧密围绕人民群众的交通圈、工作圈和生活圈，提供全流程、多元化、个性化和高品质的航空服务产品新供给，打造'民航+'生态圈"①。大兴机场也将在相关政策指引下，致力于提升航空服务质量、创新打造"大兴机场+"生态，从而成为具有无限潜力的价值创造平台。

对于大兴机场建设的价值，应该超越"视角"看"层次"，看到大兴机场价值生态的多元性、层次性，以及不同价值之间的相互作用。在由经济价值、政治价值、社会价值、文化价值与生态价值构成的大兴机场"价值生态"中，多元价值之间具有协调、共生以及整体演进过程中的和谐性。大兴机场经济价值的创造与实现，推动了城市发展、城镇一体化建设这类社会价值的实现，而这又进一步推动了"京津冀协同发展""振兴北京南城"等政策的实行，从而产生政治价值。国内外更多航线的开放，既促进了机场所在地的经济社会发展，同时也有助于我国加入全球化浪潮中，加强国内更多区域与首都的联系，以及"京津冀协同发展"等战略的推行。正因为如此，大兴机场打造了立体化交通体系，建立起以"五纵两横"为主干的综合交通路网，更好地服务人们出行，服务临空经济区建设，以及"一带一路""京津冀协同发展"等国家战略。这样，大兴机场的经济价值、社会价值和政治价值得到了进一步加强。同样，节约资源与成本，高效运营，既具有经济价值，又具有生态价值，同时为科技创新提出更高的要求。在大兴机场价值生态中，多元价值创造的重叠与互促，释放出大兴机场建设工程作为国家发展、造福人民之动力源的强劲动力，形成多元价值互相渗透和互相促进的价值生态，由此进一步丰富了价值生态，"圈层"不断扩展，"物种"更加多样，价值生态也更加稳定和繁荣。

大兴机场的价值生态凝结着大兴机场建设者的智慧，体现了大兴人的思维方式和价值观——既要保证工程实体的高标建设，又要符合价值规范，同时坚持以真、善、美为灵魂，功利价值与真、善、美相统一，物质文明与精神文明建设相统一，经济价值、社会价值、文化价值与生态价值相统一，以及眼前价值与长远价值相统一。大兴机场建设者的目光不囿于建设阶段，而是站在工程全生命周期的视角上考虑工程建设，遵从"创新、协调、绿色、开放、共享"的理念，使更多价值主体进入大兴机场价值生态之中。特别需要强调的是，大兴机场建设者秉承"绿色机场"理念，强调人与自然的和谐共生，谋求在生态平衡、经济合理、技术先进条件下与自然环境的共生与协调发展，强调资源利用、环境保护与发展质量的平衡，实现经济价值、社会价值、生态价值的有机协调，以及人与自然、社会环境的同步发展。正是基于这种眼界和追求，大兴机场建设者真正践行了"建设运营一体化"理念，确保

---

① 中国民航网. 新时代民航强国建设行动纲要[EB/OL].[2018-12-12].http://www.caacnews.com.cn/1/1/201812/t20181212_1262745.html。

了工程各个阶段和各个环节之间的无缝对接，确保了价值理念的全方位和全过程嵌入，从而使得大兴机场建设的价值创造具有了可操作性、可评估性、可升级性和可持续性。

总之，大兴机场建设者通过"化繁为简"的实践，不仅保证了工程高质量高效率完成，而且在这个过程中创造出了由经济价值、政治价值、文化价值、社会价值、生态价值构成的"五位一体"价值生态。可以说，大兴机场建设者具有杜威所谓"评价性判断（evaluative judgment）"的智慧——在具体的社会文化情景中，面对不确定的未来，对人们正在实施的行为系统是否值得、有效以及能够达成预期成果的判断，从而成就了良性的价值生态[①]。

诚然，每个工程都会产生自己的价值生态，但是如何培育出和谐稳定的价值生态，充分发挥工程的动力源作用，将其打造为价值创造的平台，处理好价值生态中的复杂关系，更好满足多元主体的需求与可持续发展，需要实践智慧。大兴机场建设者秉承的思维方式与价值观、对未来筹划的能力、对价值的评判能力共同铸就了这种实践智慧。

---

① 王玉樑.论价值哲学发展的规律——从理论价值哲学到实践价值哲学 [J].当代中国价值观研究，2017, 2(1): 5-11.

第 10 章

结论：扎根大地的工程哲学

大兴机场就是写在中国大地上的哲学。靠着"化繁为简"的实践逻辑，大兴机场建设者将复杂工程简化了，从而使之变得可驾驭了。正是基于这种实践逻辑，大兴机场建设者成就了"四个工程""四型机场"，并将在各个方面发挥示范和引领作用。这突出体现了大兴机场建设者的工程精神、工程智慧和工程自信。

10.1 大兴机场建设工程的实践逻辑

纵观大兴机场建设过程，其实践逻辑主要体现为"舍简入繁"基础上的"化繁为简"策略，这可以概括为四个方面：打造立体化的治理体系、建立学习型的组织指挥体系、进行全生命周期的迭代学习、运用数字化制度/技术治理机制，而贯穿其中的一条红线就是作为工程理念的新发展理念。可以说，大兴机场建设深刻揭示出了复杂的创新性工程建设中"繁"与"简"的辩证关系。

10.1.1 打造立体化的分层跨界治理体系

立体化的治理体系是大兴机场之所以能够达成"工程自身"的首要因素。立体化治理体系既包括特定平面的跨边界治理，也包括纵向的跨层次治理。换言之，大兴机场建设是多层次的跨边界协调。跨边界协调不是随便跨界的，如果只是位于特定"平面"上的利益相关者之间或者权力之间的协调，其实是很难进行的。要真正协调起来，还要靠更高层次的权力运作。高层权力可以俯瞰下层，可以将各方真正协调起来。当然，高层权力的运用也不是武断的、随意的，而是建立在底层运作的基础之上并遵守相应的规矩或者原则。依靠这种立体化的治理体系，就能够对重大工程问题进行综合优化。

大兴机场建设工程的特殊性就在于它是一项顶级工程，因而具有突出的政治属性。所谓顶级工程，就是纳入国家发展战略，并得到国家最高领导人亲自关心、亲自指导的超级工程。作为一项顶级工程，大兴机场建设不仅是一项民航领域的机场工程，而是国家发展战略的有机组成部分。大兴机场建设工程的政治属性还涉及军民融合问题、京津冀地方政府的参与问题以及多个国务院部门的参与问题。鉴于大兴机场工程突出的政治属性，而由大兴机场建设工程的参与者们所组成的"工程共同体"，就有了自身的特殊性。这个共同体的共同目标就是将大兴机场工程打造"四个工程"，助力建设"四型机场"，但是其结构非常复杂，既包括纵向的分层，也包括横向的跨界，因而构成了立体网络。在这个网络中，不仅有跨界问题，更有跨层次问题。在大兴机场建设过程中，许多重大问题都是在层次之间的穿越中实现协调的。这个立体化治理体系也涉及大兴机场的独特策略"建设运营一体化"。"建设运营一体化"策略初看好像增加了复杂性，但是站在全生命周期的角度，这种策略同样降低了复杂性，因为它降低了运营阶段出现问题的可能性。这个立体化治理框架是大兴机场之所以能够"化繁为简"的总体架构。

10.1.2　打造强有力的组织指挥体系

任何工程都是要脚踏实地干出来的。一般而言，任何工程都是团队作业，而这个团队作业需要有指挥者，因此工程指挥是整个工程建设的枢纽和灵魂。重大建设工程的指挥者都不大可能是一个人，而是需要建立指挥部。指挥部的建立意味着关键人物的重要性、指挥团队的重要性。学习型的组织指挥体系是大兴机场建设过程中"化繁为简"的关键环节。

指挥部中每一个人都是精兵强将，都有丰富的经验积累，这是"化繁为简"的基本前提。实际上，同样一件事情对于普通人来说非常复杂，但是对另外一些"能人"来说，就没那么复杂。因此，不能抽象讲工程很复杂。复杂性不是纯粹客观的东西，要由那些经验丰富的、专业能力很强的人组成指挥部，才能够干好大兴机场建设这类工程，因为他们才能化复杂为简单。那么，在能够凝聚人心并对重大工程问题进行综合协调管控之前，指挥部里的"能人"从哪里来？他们当然不是从天上掉下来的，而是长期工程实践历练的结果，诚可谓"造化弄人，而工程造人"。

当然，也不能说指挥部里个个都是精兵强将就足够了，还需要某种机制，让这些人形成凝聚力，而这首先就得益于总指挥的人格魅力和关键作用。总指挥应该率先垂范，凝聚人心，充当定海神针的角色，让大家拧成一股绳干事儿。只要总指挥能够开放包容，愿意听取不同意见甚至是反对意见，那就会形成很好的合作氛围。

组织指挥体系要形成强大的战斗力，不仅有赖于总指挥，还有赖于制度建设和文化建设。这就涉及指挥部"党建业务深度融合"特色做法。指挥部队伍几乎都是党员，而施工单位也有不少党员，还有青年突击队。指挥部倡导"将支部建在项目上"，通过支部这个纽带将指挥部和施工单位连在一起。大兴机场建设涉及很多施工单位：施工总包单位有好几家，单是航站楼的总包单位就有3家——北京城建、北京建工和中建八局，而总包下面又有很多分包公司。指挥部要和这些单位进行协调，100多家大大小小的单位在现场，协调起来非常复杂。建设管理过程中以党建为引领，就要落实党建和业务的深度融合。党员同志主动做奉献，遇到问题相互之间有协调、有衔接，这样，通过党建业务深度融合，工程的复杂性就降低了，也推动了工匠精神进一步落实到最基层。可以说，党建是一种制度化手段，能够唤起每个人的责任意识，推动大家把事情做到位。

同样重要的是文化的力量。"文化"要作为动词理解，就是"以文化之"，也就是建立"自愿合作秩序"的过程。工程文化建设就是要通过各种活动，帮助建立自发秩序，把更多的人"化"入工程、"认同"工程目标并自觉凝聚在一起。其实质是塑造参与者的"价值感"，无论是领导还是普通员工，都能够对工程有一种价值感，大家做工程就变成值得自豪的一件事。有了价值感，才会有对工程的认同、对组织的认同，让员工有命运共同体的感觉。唯其如此，才能降低制度实施的压力和监督的压力，正式制度也才能落实到位。在大兴机场建设过程中，文化建设与党建工作也是紧密结合在一起的，两者共同发挥独特的作用。

当然，强调组织指挥体系的重要性，并不否认外部力量的重要性。实际上，开放进行课题研究，引入专业第三方，是指挥部的工作手段。他们对自己有清晰认识，善于借力打力，专业事请专业人做，从而"化繁为简"。大兴机场的方案设计就是如此，不是说只用中国的就是好的，在一些关键环节借助外方智慧，达成目标，而不是闭门造车，突出表明了开放创新的极端重要性。中国一直在要强调开放、包容，也只有这样，才能立于不败之地。但是，任何外因都必须通过内因起作用，只有内部强大，才能胸怀世界、包容四方。

10.1.3　在全生命周期中开展迭代学习

理解工程有两个基本维度：在空间维度上，复杂问题可以在工程共同体中通过跨界、跨层机制解决；在时间维度上，通过学习过程，可以逐渐增进知识，降低不确定性。工程当然必须在时间维度上运作，需要把过去吸纳到当下，进而建构未来。对于工程人来说，只有着眼未来，才有方向感，才能进行组织、集成和建构。否则，一切都还未开始，也无法开始。也就是说，只有着眼未来，才能将过去和当下联系起来。工程建设就是为了建构未来而由工程人执行的一种"主动综合"。基于记忆达成的习惯，是主体的构成性根基，而主体在其根基之处就是时间的综合，即依据未来对当下和过去的综合。

但是，主体的能力是有限度的，任何情况下都不可能一开始就拿出完美的工程方案。无论是国内还是国外，大型机场建设都不可能一开始就把所有事情算定，不可能在工程进展的某个时点上就把所有事情搞定，都需要经历迭代学习过程。大兴机场的规划设计走过很长一段路，其中要协调的事情很多，需要花时间学习，要综合考量各种因素。在这个过程中，有些当前搞不定的事，可以留待今后进行，这就是在时间轴上展开的迭代学习过程。也就是说，既然没办法从一开始就把所有事情搞定，那就把这个任务"隐含地"分解到时间轴上，形成一种"涌现机制"和"学习机制"，逐步降低不确定性和复杂性，使事情慢慢变得简单。多花时间，"化繁为简"，通过分解，逐渐提升，在这个过程中不断磨合，慢慢融合，形成更好的方案。这个方案，也不是事无巨细的，在施工过程中还会有设计变更，还需要设计深化。在大兴机场建设过程中，也发生过一些设计变更，并引起了局部建设成本的变化，但总体上仍然控制在投资概算范围内。

当然，迭代学习并非只是发生在设计阶段，而是发生在从规划设计到施工，再到运营筹备乃至正式运营的全生命周期中，这实际上是任何工程取得成功的必然要求。在施工过程中有很多事情需要磨合，需要深入研究。施工过程遇到的问题大体上可分为两类：一类是一开始就要想到，并提前布局，谋划解决的；另一类是现场发生并需要根据问题性质加以解决的。提前布局的要义是抓住主要矛盾，解决关键问题，特别是关键技术问题，这可以通过设立课题进行重点攻关。大兴机场"建设运营一体化"实践本身就是一个迭代学习过程，在这个过程中，指挥部中主管运营筹备的人员逐步增加，而主管施工的人员适当减少或自身变为运营筹备人员，最后运营筹备人员分化出去，接管大兴机场的运营工作。迭代学习必然包括"问题前置"，就是要提前思考复杂的东西，预先识别问题，并预先开展研究，而不是临时抱佛脚。当然，提前解决这些问题的前提又在于队伍水平高，有各方面专家，问题识别能力强。

抓住全生命周期中的迭代学习下功夫，就是在时间维度上进行"化繁为简"。通过这种迭代学习，能够做到前瞻，能够主动建构未来，其中有很多研究性工作、实验性工作。事前看得清的，就牢牢抓住，而事前看不清的，就进行研究、实验，在这个过程中逐渐把事情搞定。靠着进化性的迭代学习，工程建设的复杂性在很大程度上就能得到化解。迭代学习的本质就在于过去、当下和未来的辩证统一：植根于过去的主体、面向未来的主体和活动在当下的主体的辩证统一。在这个过程中，不仅是学习如何建构工程，而且在学习如何提升自己。在这个"双向迭代学习"中，人造就了新的工程，而新的工程也造就了新的人，从而也就开启了新的未来。

迭代学习的有效性要求处理好"他组织"和"自组织"之间的辩证关系，而这也是"化繁为简"的诀窍所在。一说到工程建设，人们第一时间想到的就是严密管控。这当然十分重要，甚至工程成功的核心要素。但是对于复杂工程，只有严密管控是远远不够的。创新性的、复杂度高的工作，不是单纯靠管控就能够解决的，而是必须重视分布式学习和自觉协同。分布式学习的前提是个体和组织都有自由行动的空间，从而有主动作为和发挥主观能动性的空间。从这个意义上说，作为他组织的管控固然重要，但自组织同样重要。自组织意味着要营造个体和底层自主行动的空间，让他们发挥主动性和能动性。所谓人民群众是历史的创造者，正是在这个意义上说的。只有当领导的领导力和群众的创造力有机统一起来，才能成就创新性的复杂工程。当然，学习没有终点，工程永远是遗憾的艺术。正因为如此，工程永远追求超越，也永远在超越。就此而言，工程就是人文，工程就是写在大地上的哲学。

10.1.4 数字化的制度、技术治理机制

任何工程都离不开适当的制度/技术治理机制。制度有宏观与微观之分，有国家层面的治理体系，也有企业层面的管理制度，这里只探讨微观层面的工程管理制度。之所以要把制度和技术放在一起说，是因为制度要真正起作用，大多要靠技术来支撑。只有通过技术将制度固化起来之后，制度才具有更强的可执行性。在信息技术时代，数字化是固化制度的主要手段，而这在大兴机场建设和运营中显得特别突出。

大兴机场建设者积极运用数字技术，全方位开展数字化设计、数字化施工以及智慧建造。数字化的作用有很多，既可以固化相关专业知识从而便捷应用，也可以固化"组织记忆"从而利于协调。但从制度角度看，数字化是对相关制度安排的一种固化。数字化设计和数字化施工固化了设计和施工的规范、标准，增加了制度的可执行性。在这个过程中，通过数字监控，又让整个劳动过程变得透明。固化使得规则固定下来变得可执行，而透明化使得是否执行了制度变得可见。这样，既能固化规则又能让规则执行情况变得透明，那规则就更加具有了可实施性。如此一来，整个工程就会变得易于协调和管控。实际上，任何工程面临的最大问题，就是相关制度规范难以落实，是否落实到位，又不容易弄清楚。制度固化之后就变成一种刚性机制，对于整个大兴机场达成"四个工程"和"四型机场"，起到了重要作用。这里也涉及反馈机制，就是固化、透明化之后，通过"考评"和"问责"加以反馈。指挥部主导的"黑白旗"评选就是一种激励机制，而党支部评先是另一类激励机制。据此，就形成了整个规则实施的闭环。

如果说大兴机场是新时代的"应时之作"，那么应时中就包含了数字化技术的大发展。假使今天数字化技术没有快速发展，设计和施工做不到数字化，财务信息软件也不好利用，很多设计就无从进行，很多管理上的漏洞就难以避免，进度管控也很难完全做到位，廉洁工程也就变得难上加难。通过数字化实现异质知识的固化、制度体系的固化、劳动过程的透明化和随之而来的管控的精准化，就大大降低了复杂性和交易成本，让工程管控变得简单和廉价。如果凡事都是手工，连第一时间掌握现场情况都不可能，也就根本谈不上管理了。犹如当今的短跑比赛、速度滑冰比赛、短道游泳比赛，如果没有一系列高技术包括数字化技术的辅佐，已经不可能判定胜负了。数字化就是一种新型工作方式、一种新型治理文化，也是一种新型工程秩序的建立过程。

大兴机场的智慧化，在很大程度上是数字化技术广泛应用的产物。数字化从哲学意义上来说就体现了新型治理机制，有助于固化知识、固化规则，形成一种以数字技术为基础的特殊的信任机制和协调机制，从而带来更加可控的设计、施工和运营。这种微观机制支撑着立体化治理体系和学习型组织指挥体系的运作，成就了全生命周期的迭代学习过程。事实上，

任何工程都必须有"内在记忆"才能达成协调并持续下去，而数字化装备就是一种"记忆装置"，成为工程全生命周期中迭代学习的技术支撑之一。正是靠着人、制度和技术之间的相互转译和彼此支撑，大兴机场建设才能够顺利展开。将数字化用作"化繁为简"的工具，就形成了一种融合型的治理体系和迭代学习机制。

10.2 大兴机场建设工程的哲学意蕴

"工程就是哲学"，而大兴机场建设工程就是一座工程哲学的富矿。从大兴机场工程实践中，可以进一步提炼出若干关于工程实践的哲学意蕴。正是这些哲学意蕴支撑着大兴机场建设工程的实践逻辑。

10.2.1 造物以成人：人与工程彼此塑造的辩证法

工程实践是主体与客体彼此创造的过程，或者说人与工程是彼此塑造的关系。工程哲学的一个箴言是："我造物故我在"。对此，需要进行更深层的理解和把握。"我造物"实际上也是"物造人"的过程。人总是开展着自己，在"造物"中自我创造，由此造就了自己的"在"——这不是单纯的静态"存在"（being），而是一种"生成"（becoming）。这样的人，已经不是日常理解的人，而是"工程人"。换言之，"工程人"造就了工程，反过来工程造就了"工程人"，两者是彼此塑造、互为成就的关系。人总是已经在一个历史过程中持续创生着自我，其内涵和外延都在进化过程中得以扩展。人总是向着未来，开展着工程，从而成就了工程和新的自己，这就是人与工程相互关系的辩证法。

工程是集成、是综合，而任何集成和综合都暗含着一个主体，预设一个使"我思"和"我造物"得以可能的先验自我。尽管主体是工程集成的实施者，进行的是"主动综合"，但主体自身却是"被动综合"的产物。如果说主动综合是主体的作为，那么被动综合就是使主体成为可能的综合，它并非主体自主决定的结果。任何主体都是历史地形成的、建构起来的并不断创生的过程，在这个过程中发生着被动综合。工程实践主体必须从此前的工程实践中走来，在自身迭代学习中成长，因而是工程实践的产物。大兴机场建设者就是在以往工程实践中锻造出来的"能人"，他们也在大兴机场建设过程中进一步提升了自己。这样的工程主体特别是指挥者必须有"六感"——历史感、时代感、未来感、层次感、价值感、现场感，据此才能定位工程、实施工程。工程必须扎根历史、呼应时代、建构未来，这就要求工程建设者、指挥者有很强的历史感、时代感和未来感，懂得大势。工程建设要求协调各方、"一砖一瓦"建成物质系统，这就要求工程建设者、指挥者有很强的层次感、价值感和现场感，以便脚踏实地，第一时间发现问题并以最快的速度解决问题。这"六感"是建设者、指挥者的必备素养，因而是工程实践逻辑的内在组成部分。

就工程创新而言，伴随着工程创新和新的工程客体的出现，一个新的工程主体——工程共同体也被同时造就出来。在这个新的工程共同体中，有新的客户、新的供应商、新的工程师、新的工人、新的投资者、新的决策者乃至新的周边居民和公众。正是这些"新人"，将工程创新的潜在威力"现实化"了。由此可见，工程实践尤其是创新性工程实践是造就卓越工程人才的必然途径。正是通过工程实践的磨炼和工程前辈的传帮带，思想过硬、技术精湛的新一代工程人才被造就出来，而这些工程人才正是工程传统的主要传承者。从这个意义上说，重大工程项目是培养卓越工程人才的大学校。

的确，出类拔萃的重大建设工程往往有先进的工程管理理念、管理制度和管理文化，这些既可以成就伟大的工程，也可以成就卓越的工程人才。大兴机场建设者在打造"四个工程"和助力建设"四型机场"过程中，形成了自己独特的理念、规范和标准，这些已经得到实践的检验并正在民航业内进行推广，甚至还引起了国外同行的关注。无论是战略模型、管理框架、财务控制、进度管控、安全文化还是党建纪检，指挥部都践行出一套好做法。经过十余年的实践，指挥部将一批已经有经验的工程人培养成为领军人才，也将一批年轻人培养成为骨干力量，其中就有不少分化出来从事大兴机场运营的骨干人才。大兴机场施工单位也一样，像北京城建团队中的领军人物和骨干人才，他们的成长植根于首都机场航站楼建设，他们又在大兴机场建设中培养了新一代的领军人才和骨干人才，因而才有能力接手香港机场航站楼建设。一代接一代的工程人，就是在接连不断的工程实践中经受锻炼并不断成长起来的，他们在这个过程中练就了眼光、智慧、技能、精神气质。这种新陈代谢、生生不息，才是工程传统代代相传、工程创新一浪高过一浪的核心所在。可以说，生产人才的能力，也是衡量一个组织、一个企业、一个指挥部的重要标准。工程也是大学校，可以出产人才、出产知识、出产规范、出产标准，而这些实际上是领先工程的标配。大兴机场建设者做到了这一点，而且做得很好。

10.2.2 价值相对论：工程共同体与"看"工程的辩证法

此前学术界关于工程共同体的讨论，主要是把它理解为特定工程的投资者、管理者、工程师、工人以及其他利益相关者所构成的群体，重点关注这样一个群体如何在实践过程中通过沟通、协调、说服等机制，化解可能的冲突，组织在一起，从而协同完成工程目标。这样，对工程共同体的理解聚焦于特定平面上个体之间的联系，从而将工程问题的解决理解为在该平面上经由个体磋商而达成的妥协。这种认识本身没有问题，但是为了更好地理解工程实践，还有必要从更广的视野看待工程共同体。特别是面对大兴机场建设这类巨型复杂工程来说，有必要从"个体之间的关系"视角拓展到"组织之间的关系"的视角，从而赋予工程共同体概念以新的内涵。

工程实践通常是由特定组织主导完成的，但是任何工程实践特别是巨型工程实践都离不开众多组织的参与，这些组织至少包括业主、施工企业、监理、设备及材料供应商以及有关政府部门等几大类型。如何将这些组织之间的关系协调好，是工程实践顺利开展的关键。就此而言，完全可以将这个围绕特定工程形成的"组织群体"定义为工程共同体。这种界定也可以说是工程共同体的组织维度。有了这个"组织视角"，工程共同体的"层次性"也就更加鲜明地显现出来了。毕竟，参与特定工程实践的各个组织并不处在"同一平面"上，它们不仅是跨界的，更是分层的，这既可以是市场地位意义上的分层，也可以是政治地位意义上的分层。只有把握了工程共同体中组织之间的跨界关系和分层关系，才能更好地理解工程活动中组织间的协调机制，更好地把握工程实践过程中的组织运作机制。其实，工程活动涉及的利益相关者，不仅是个体性的存在，更有组织意义上的利益相关者。其中有些利益相关者特别是作为"法人行动者"的组织，似乎有自己的"魔法"，具有极大统摄力，可以"降服"其他行动者。特别是，代表政府或者国家的政治力量是辐射性的、贯通性的，因而需要特别加以考量。

无论是个体间关系视角下的工程共同体，还是组织间关系视角下的工程共同体，总是有层次之分的。这些个体或组织看待特定工程问题的差异，未必都是视角差异带来的，而往往是层次差异带来的。甚至可以说，惯常所谓的视角差异，有很大一部分导源于层次高低不同——无论是认识水平的差异，还是社会地位的差异，抑或是权力大小的差异。这就不难理解，站在工人的层面、企业管理者的层面、企业决策者的层面看工程，肯定不一样，而站在政府层面乃至国家领导人层面看工程，那就更不一样了；站在人类生存和发展的高度看，就又会带来很大不同。这种层次感，绝不只是视角问题，而且也是高度问题。

无论是由特定个体来看，还是由特定组织来看，不仅都有看问题的视角差异，更有看问题的层次高低差异。基于这些差异，特定个体或者组织所看出来的工程的意义就会完全不同，给出的价值判断也就很可能完全不同。这意味着，对于工程是什么这个问题的回答，总是依赖于某种"看"，依赖于"谁"来看，从何种"视角"看，从哪个"层次"看。进而言之，工程总是有着内在的"可超越性"，工程总等待着"超越者"的出现，工程就是一种"超越"。因此，评价工程的意义和价值，从不同视角，站在不同层次，结果会完全不同。有些时候，就特定企业看，工程是赔本的，可是在政府层面看问题，工程价值巨大，这就意味着工程价值的相对性。有了这种层次感，看工程的时候才能看得真切、看得灵活。人们总是说，要从不同视角看问题，但是所谓"视角"无非还是特定"平面"上的角度。为了研究的目的，确有必要将"视角"和"层次"明确区分开来，一定要超越"视角"，看出"层次"的高低不同。对于大兴机场建设的价值，当然也应该超越"视角"看"层次"。

10.2.3　工程生态观：工程指挥与工程创新的辩证法

工程不是一种孤立的存在，也不可能孤立地开展。任何工程都是人、自然、制度和技术的"聚合体"。这个聚合体不是一个封闭系统，而是必须与工程之外的人、自然、制度和技术保持一种息息相通的关系。正因为如此，要理解特定的工程，只有将其与先前的工程联系起来，与周边的工程联系起来，才有可能。换言之，必须将特定工程置于一个工程生态中才能得到理解。

要理解重大工程，就更加需要生态视角了[①]。事实上，重大工程可以被看作众多子工程的集聚，因而可以看作是"工程群"。为此，工程建设指挥部往往也不是一个，而是若干工程指挥部构成的"指挥部群"。在特定工程群里，总会有某个子工程占据核心地位，因而在特定指挥部群里，也总会有某个指挥部居于主导地位并对工程群和指挥部群进行总体协调和管控。这种工程群、工程建设指挥部群以及其他相关主体、环境要素就共同构成了一种工程生态。

就此看来，大兴机场建设不是一个工程，而是一群工程。大兴机场建设相关指挥部也不是只有北京新机场建设指挥部，而是由十多个指挥部构成了指挥部群。因此，大兴机场建设不是只有一个决策主体，而是有很多个决策主体。大兴机场建设各个子工程之间形成了一种耦合，既有紧密耦合——强相互作用，也有松散耦合——弱相互作用。这就要求这些决策主体建立良好的沟通、合作与协同关系。只有这样，才能处理好这种耦合，才能形成运行良好的社会—技术系统。不仅如此，这样一个工程群落，还需要处理好与既有工程群落之间的或强或弱的耦合关系。所有的工程问题，包括设计问题、安全问题、进度管控问题等，都要在这种耦合关系中加以思考和解决。大兴机场在这方面堪称典范，可以说高度适应了现有的工程生态、决策生态，并建构了一种围绕大兴机场高标定位的良好工程生态、决策生态。正是在此基础上，机场建设工程领导小组和指挥部才能协调工程群落中众多决策者的力量，大家拧成一股绳，众志成城，以人民为中心，成就伟大事业。这实际上也就意味着一种良好的政

---

① 傅志寰.关于工程哲学的两点思考[C]//第329场中国工程科技论坛暨第十次全国工程哲学学术会议.西北工业大学，（2021-05-22）.

治生态，而要营造这种政治生态，党建工作就可以发挥特殊作用。这就是说，党建、政治生态、工程生态、集中力量办大事、打造"四个工程"、助力建设"四型机场"，就构成了一个完整的工程实践逻辑链条。

工程创新就是在这样一种工程生态中展开的。但是，工程生态并不必然"孕育"工程创新。如果工程和工程生态固结为由"惯习"和"结构"统治的"聚合体"，也就不会有后续的工程创新，而只能有工程传统的传承了。如果一个社会严格固守各种传统包括工程传统，那么其经济体系就只能处在"循环流转"之中，也就只能沦落为静态社会，而不会有创新和经济社会发展——惯习不变，制度不变，技能不变，因而社会不变。工程创新需要问题情景的激发，需要具有"天马行空"特质的工程人开辟道路。工程创新的出现，就意味着冲破日常生活世界的常规牢笼，重建人、自然、制度与技术的聚合体，乃至形成新常规、新传统。工程创新通常是包括技术创新在内的综合创新过程，既涉及人与自然的关系的重建，也涉及人与人的关系的重建，其结果是具有新质的"工程系统"和新的"生活方式"的出现。从工程生态的视角看，重大建设工程特别是创新性的重大建设工程，必然会成为技术创新、组织创新、管理创新的"策源地"，因而也就会成为创新活动的"主战场"。

作为巨型创新性工程，大兴机场为各类创新活动提供了强大需求和宝贵的应用场所。大兴机场就是各种各样组织创新、管理创新和技术创新的试验田、集聚地，因而也可以说营造了一种良好的创新生态。在大兴机场的建设过程的许多重大工程技术问题和管理问题，正是在指挥部营造的开放的创新生态，才得到了很好的解决。可以说，指挥部催生了一种工程实践的"范式转换"——从效仿国外机场、应用国外规范、采购国外先进设备，到自创标杆、自定规范、大量采用国产品牌的历史性变化。这个"范式转换"，使得大兴机场成为中国民族企业开展技术创新的强大"推手"，成为中国民族品牌的"集聚地"和"代言人"。这个范式转换，不是单靠指挥部"管控"出来的，而是在中国产业创新能力全面提升的背景下，响应时代召唤"应时而动""帮助"形成的。

这种基于重大工程重塑科技创新机制的实践，在创新驱动发展战略的实施中具有典范意义。人人都说要创新驱动发展，那么谁来驱动创新？答案是，应该塑造良好的工程生态，用重大建设工程来驱动科技创新、应用科技创新并集成科技创新，从而发挥以点带面的辐射作用。大兴机场建设工程的经验就充分说明了这一点。

10.2.4 　记忆就是力量：人、制度与技术间互动的辩证法

没有记忆，人类生活世界就会不复存在。记忆有两类：一类是肉身记忆；一类是人工记忆。前者主要依靠大脑中枢神经系统，而后者主要依靠各类人工制品和人工系统，无论是纸

张、软件还是信息系统。从一定意义上讲，任何人工制品都是一种记忆装置，都服务于人类社会的日常运行和文化传统的传承。

工程也一样，任何工程都必须依靠某种"内在记忆"才能达成协调并持续下去。工程人作为个体的肉身记忆以及工程人作为集体的肉身记忆，是工程实践内在记忆的组成部分。但是，仅仅依靠这种肉身记忆，就难以支撑工程实践过程中的分工协作和工程传统的代际传承。人工记忆的参与是必不可少的。

工程人的肉身记忆必然是有限的，因而需要将记忆功能代理出去，外置到人工制品或人工系统之中，才能降低对工程人的压力。而这种外置，又必然要求工程人自身发生变革，以便能够与人工制品达成"沟通"。进而言之，工程人之间的沟通、工程人与人工制品或人工系统之间的沟通乃至人工制品与人工制品之间的沟通，都需要某种规则上的约定，而这种约定不仅是技术的要求，而且是制度要求。在这个过程中，制度也需要适应作为肉身的工程人，也需要适应技术的制约性，因而也可以看作对人的属性和技术的属性的一种"记忆"。正是这种"内在记忆"将工程活动中的人、制度和技术关联起来，使它们相互"转译"并协同发挥作用，进而在时间维度上将工程传统传承下去，从而使工程实践成为可能。

作为新型治理工具，数字化有助于固化知识、固化规则并建立工程的"内在记忆"，增进劳动过程的透明性和规则的可执行性，形成一种以数字技术为基础的特殊的信任机制和协调机制，从而带来更加可控的设计、施工和运营。数字化的力量之所以能够充分发挥，就在于这种"人工记忆"的参与，使得工程人、技术和制度体系同时发生变革并形成了全新的匹配关系。

事实上，工程活动带来的人类器官的"外置化"，重构了人类生存空间，人类也藉此装备了一种"人工记忆"，成就了人类的知识积累和代际传承。借助这些体外器官，人类过往的经验、能力和智慧就可以在一定程度上固定下来，成为未来人类社会活动和新的工程活动的基础和平台，从而加速了人类的知识积累和新进化。人类器官增生的速度之所以逐步加快，就导源于人工物的"黑箱效应"和"积累效应"。如果从前后相续的历史维度看，工程活动带来的各类人工制品，由于其稳定的结构—功能关系，可以被看作"黑箱"，使用者不必懂得其内在结构和原理就可以利用，由此降低了对使用者的知识要求，从而使得这些人工制品成为人类后续活动包括工程活动的新的起点。这样，凭借"黑箱"带来的便捷性，工程实践活动得以持续展开，形成人类知识的累积，搭建起人类生存的平台和进步的阶梯，由此推动工程从简单走向复杂、从单一走向多样、从离散走向系统。正是在这个进化过程中，人类不断更新自己，更新为拥有新知识、新技能和新的"体外器官"的"新人"。正是为了利用不断增生的体外器官，建立人—体外器官之间的良性匹配关系，人类才必须拥有全新的知识和技能，形成一系列新的属性，由此也成就了整个社会范围内的自然—人—技术—制度的关联网络。也正是靠着这种关联网络，"以人为本"才能在工程实践中落到实处：尽量将重负转嫁给制度和技术，从而将人从工程实践中解放出来，以获得更大程度的自由。

10.2.5　为工程实践"正名"：社会存在与社会生成的辩证法

工程不是说出来的，是做出来的。工程离不开说，但必须做。工程人必须置身施工现场才能干出工程。工程就是知识、技能、智慧、规范的"物质化"，是树立在大地上的"人文丰碑"。通过对大兴机场建设工程实践的分析，已经可以解决工程哲学的一个基本关切，这就是为工程实践"正名"，为工程施工"正名"，从而维护工程实践以及工程实践者的尊严。

马克思的一个基本观点是"社会存在决定社会意识"，强调了社会存在的第一性、先在性，这当然没有问题。但是，从动态发展的观点看，从工程角度看，社会意识决定着"社会生成"。任何工程首先是一种"非存在"，工程实践就是一个"无中生有"的过程。要启动一个工程过程，首先需要基于社会存在"构想"未来，然后通过具体实践"建构"出这个期望的未来。事实上，工程起始于"概念"，当然这个概念的"提出"本身又取决于当下的社会存在所暴露出来的矛盾现象。从社会存在到社会意识，然后从社会意识到社会生成，最后再塑造出新的社会存在，这个过程无非是一个"主观见之于客观""客观塑造于主观"从而"日日新"的循环"迭代"过程。

那么，工程概念究竟是什么？工程概念当然不是科学概念，而是一种关于未来的某种构想和基本方案，具体涉及一种关乎未来的"意象"、一种关乎未来的"谋划"以及通往这个未来的基本"路径"。这种"构想"和"基本方案"更不是科学理论，也不可能从任何科学理论中"科学逻辑"地推演出来，而只能由工程人自己创造出来。工程人之所以能够创造出工程概念，就是因为他们是工程人。工程人有"工程眼光"，有"工程思维"，而不是单纯用"科学眼光"看问题，不是单纯用"科学思维"来思考问题。

单有工程概念当然完不成工程。概念代替不了实践，思考代替不了实干，办公室代替不了现场。工程就意味着现场，工程人只有身处现场，采取具体行动，才能将工程概念变为现实。这就要求工程人具有对现场的"领悟"和"把握"。我们可以把这种"领悟"和"把握"能力命名为"现场感"，而"现场感"可以看作社会理论家布尔迪厄所谓"实践感"的核心。

在工程实践中，工程人要领悟和把握什么？最关键的就是"局势""时机""问题""办法"等。工程施工一旦启动，几乎就是"开弓没有回头箭"。施工现场瞬息万变，偶发问题此起彼伏，都需要随时加以解决。工程现场出现的大部分问题，都不需要或者说都来不及"充分论证"，必须在短时间内、在施工现场加以解决。因此，工程活动基本上是一个处处需要"应急处理问题"的活动过程，而工程管理很大程度上也就具有了应急管理的特点。

那么，工程人何来"现场感"，又如何能够应对这些问题？现场感必须来自现场实践。正是通过现场实践，才有了"业内专家""行业能手""大国工匠"。只有在现场实践中，在人和工程的密集互动中，在团队作业中，在"师"对"徒"手把手的"提点"中，才能实现知识和技能的"具身化"，才有"现场感"的发生，也才有合格工程人的诞生。有了现场感，工程人就容易与现场实现"同频共振""紧密耦合"，就有可能一眼"看透"，及时发现问题并找到答案或者解题线索，几乎可以达到"自动化"的程度。如果只是一介书生，缺乏现场感，也就断然不会具备这种能力。这样，对于外行人是非常困难的事情，对这些业内专家来说，就是"轻车熟路"了。最关键的是，只有在实践中历练，历练，再历练，才能养成现场感，养成卓越的现场感，也才能在新的现场中游刃有余。当然，这种现场感不仅是个体意义上的，也是群体意义上的。尽管每一个后继的施工现场都是新的施工现场，但是对于熟练的工程人来说，只是施工现场的某种"重复"，而在这种重复中他们可以驾驭"差异"。可以说，工程人的现场感生成于过去的现场，而再生于当下的现场。这种工程现场—现场感的耦合，是实践者能够进行有效实践的前提条件。这就是为什么纸上谈兵者是难以真正指挥打仗的，这就是为什么舞台上的总统与现实中的总统是很不一样的。

当然，大兴机场项目不是常规工程，而是创新性工程，涉及新的概念、新的设计、新的技术、新的工法、新的组织管理。这需要"外部人"的帮助，需要在时间尺度上的学习迭代，需要数字化技术的支撑。恰好是这样一些工程人，他们已经置身特定的工程世界，凭着他们卓越的"感觉"，凭着他们的"外联能力"和"动态能力"，就能够借助外力并在创新迭代中找到问题解决的门径。因此，无论是传承还是创新，都需要依靠这些行业高手来驾驭工程实践。事实上，现场问题必然"超出"实践者的预想，因而没办法完全"计划"，而任何计划也都需要实践者的驾驭能力来实现，都需要实践者的驾驭能力来"创造性地"执行。

进而言之，任何理论包括科学理论，任何规范包括技术规范、制度规范和伦理规范，都要通过"解释"和"转译"才能进入工程实践，不要期望理论和规范能够自动导出任何具体的行动。这种转译和解释，又都有赖于工程人来进行。正是靠着工程人，这些理论和规范才得以情景化和物质化，最终进入工程过程乃至工程活动的产物之中。工程人未必需要自己来发明理论，他们未必需要自己来执行所有创新，但是他们的"洞察"和"中介"却是必不可少的。因而，工程人发挥出来的是"鉴赏家""守门员""集成商"的作用。

这就告诉我们，绝不能局限在"知识层面"或者"认识论层面"来讨论工程问题，而必须首先在"本体论层面"来讨论工程问题。工程是从无到有的生成过程，而工程人正是在这个过程中历练出来的。正是在施工现场，才能达成人与工具的"合一"状态乃至人与现场的"合一"状态，这实际上就是海德格尔所谓的"上手状态"，也是我们中国人常说的"得心应手""人剑合一"。这样，对他们而言，问题识别与解题线索，大体上也就"一目了然"了。

我们说大兴机场建设的实践逻辑是"化繁为简"，那么，工程人的现场感就是这种逻辑的微观基础。

如果说科学是一种"纯化"，旨在将杂七杂八的要素特别是各类社会要素、各种利益相关者全部排除在外，奔向理念世界，寻求"确定性""不变性"，那么，工程就是一种"杂化"，旨在将各类技术要素和非技术要素集成起来以实现特定功能，从而服务于人类对新的生活可能性的追求。在这个过程中，要考虑各种各样的工程要素，平衡各种各样的利益关系。可以说，工程"混迹"于"生活世界"，永远追求改变世界，向着某种意象，实现着某种生成。如果说科学之难，难在"纯化"，科学家需要把不相干的因素全部排除掉，在纯化的环境里探讨规律性问题，那么相比之下，工程之难，难在"杂化"，工程人需要摆平各种各样的利益诉求，这是一种完全不一样的难。简言之，科学之难，是领悟理念世界之难，而工程之难，是操练生活世界之难；工程之难不同于科学之难，也不亚于科学之难。工程关乎在存在中构想存在，在存在中谋划新的存在，因此，工程实践和工程实践者理应得到哲学的尊重，得到所有人的尊重。

10.3　达成"工程自身"的自信之本：工程精神与工程智慧

每个工程实践者都期待能够达成"工程自身"，用大兴机场建设者的话来说，要实现"建成、建好、合规"三条标准。工程实践并不具有认识论意义上的"完全透明性"和方法论意义上的"完全可掌控性"。特别是那些重大创新性工程实践，无论事前规划设计多么谨慎小心、事无巨细，最终走向失败的可能性还是比较高的，也就是说很不容易达成"工程自身"，即"理想中的工程"或者说"好工程"。要达成"工程自身"，就离不开工程自信，而工程自信的源泉在于工程精神和工程智慧。

达成"工程自身"的诉求本身就是一种人文追求、哲学追求。人文和哲学不是外在于工程的副现象，而是内在于工程并规定着工程的本质属性。人类的超越性是工程活动的本源动力。这种超越性的实质就是创造性，正是追求自由的创造将人与动物区别开来。人类从此走上了一条自然、语言、技术、制度与人自身的协同进化之路。这是一条"历险之路"，人类必须经受这种冒险。为此，工程创新者则需要有责任意识，而社会需要在一定程度上包容这种历险。不仅如此，正是借助工程实践，人方成其为人并不断得到提升，人方能充分运用不断增生的体外器官。而工程活动的开展，总是造就出新的生存可能性，进一步要求新的工程实践以及相应的新人的出现，由此推动着人类的体外进化过程。就此而言，达成"工程自身"不是一时一地的事情，而是人类无尽的追求。

尽管工程就是人文，工程就是哲学，但是工程实难担保歌舞升平、太平盛世，工程需要的是责任伦理、社会宽容和社会治理。作为工程的"立法者"，人类要承担责任，负责任地发展技术、改进制度、改变自我、改造自然，以建构新的自然—人—技术—制度的"四位一体"。工程实践者需要知道怎样分辨好的工程，自觉地反思工程并负责任地建构工程。无论工程实践者有意无意，他们都在实践着某种人文、某种哲学。如果实践者能够意识到自己在实践着人文、实践着哲学，如果实践者能够有意识地实践好的人文、好的哲学，那么，他所从事的工程实践，就更有可能成为一种好的工程实践、更加负责任的工程实践，就是说近乎于达成"工程自身"。

在这种好的工程实践、更加负责任的工程实践背后，必然存在某种工程精神、工程智慧和工程自信。所谓工程精神，就是按照某种程序、规范和标准，创造性地、巧妙地完成高品质工程工作的自我超越精神。所谓工程智慧，就是一种基于知识碎片构想新的生活可能性的能力、构想从当下事态走向这种可能事态的方案的能力以及践行这种方案并达成"工程自身"的能力。有了这种工程精神和工程智慧，自然也就彰显出了工程自信。这样一种精神、智慧和自信，只能扎根于特定社会的历史文化和制度体系之中。

从这个意义上说，大兴机场就是大兴机场建设者基于这种工程精神、工程智慧和工程自信，写在祖国大地上的工程哲学，就是大兴机场建设者的一种集体性的人文实践和哲学实践。大兴机场既是一座工程哲学的富矿，也是一座人文精神的丰碑。这种精神、智慧和自信扎根于工程实践者个体成长的历史脉络、扎根于行业成长的历史脉络、扎根于中国生生不息的文化土壤，并在接续不断的工程实践中得以传承和发扬光大。靠着这种"扎根历史，融会于心"的精神、智慧和自信，大兴机场建设者作为一个共同体，立足百年民航基业，建构出了饱含中国文化精神的制度体系，开放创新并博采众长，把握住了化解创新性巨型工程之复杂性的实践逻辑。也正是靠着这种实践逻辑特别是其背后生生不息的精神、智慧和自信，大兴机场建设者打造出世界空港标杆，实现了从追随到引领的历史性跨越。

这实际上回应了《易经》所讲的三"易"：变易、简易和不易。工程实践本身就是一个变易过程，要把握这个过程，就必须懂得简易。所谓简易，就是"化繁为简""执简驭繁"。进一步讲，在简易中还要识别那些不易的东西，也就是不变的东西，而这种不变的东西就是某种根本原则或者规律性的东西。就工程而言，就是工程精神、工程智慧，实际上也就是某种工程文化基因。正是靠着这种生生不息的工程文化基因，大兴机场建设工程才能够达成或者说近乎达成"工程自身"。

老子曰："天下难事，必作于易；天下大事，必作于细。"巨型复杂工程作为"难事"，作为"大事"，同样要从"易"起步，从"细"把握。而要整个工程团队践行到位，就离不开"文化"的陶冶。文化的本义就是"以文化之"，就是用愿景的感召力，用精神的感染力，用制度的激发力，来建立自愿合作秩序的过程。所有这些，大兴机场建设者都做到了。

如果说一开始大家会觉得大兴机场是神秘的、神奇的，现在似乎经历了一种"祛魅"过程。但这绝不是要贬低大兴机场建设者的能力和做出的艰苦努力，而是要进一步褒扬他们的能力和做出的艰苦努力，因为他们的能力和艰苦努力正是"化繁为简"逻辑的一个有机组成部分。可以说，好的时代，好的领导，好的群众，好的技术，好的机制，共同成就好的工程，进而形成彼此创生的"迭代循环"，生生不息，以致无穷。

按照法国哲学家德勒兹的见解，所有体系都是一种思想的图像。本书对大兴机场实践逻辑的解读，作为一种体系，自然也不例外。这个思想图像是否契合大兴机场建设工程的实际，还可以进一步讨论，而这本身就意味着一种"超越"。大兴机场建设者总是说，工程是遗憾的艺术，回头看，大兴机场还可以建设得更好。的确，工程总是逃脱不了"意外"，工程总是某种"超出"，因而工程总是有着内在的"可超越性"，总是等待着新的"超越者"的出现。人追求超越，工程追求超越，哲学也一样。

附录

图书编写过程中人员访谈名单

图书编写过程中人员访谈名单

访谈日期	访谈对象
2021年10月18日	指挥部规划设计部总经理徐伟
2021年10月18日	指挥部招标采购部总经理姚铁
2021年10月18日	指挥部工程一部副总经理赵建明
2021年10月21日	指挥部工程二部总经理孔愚
2021年10月21日	指挥部工程二部副总经理董家广
2021年10月21日	指挥部安全质量部副总经理张俊
2021年10月22日	指挥部计划合同部总经理张宏钧
2021年10月22日	指挥部安全质量部总经理孙嘉
2021年10月22日	指挥部工程二部副总经理郭树林
2021年11月1日	指挥部招标采购部副总经理王晨
2021年11月1日	指挥部行政办公室副主任师桂红、助理魏士妮
2021年11月1日	指挥部规划设计部副总经理易巍
2021年11月4日	指挥部规划设计部副总经理田涛
2021年11月4日	指挥部财务部副总经理（正职级）王海瑛
2021年11月4日	指挥部计划合同部副总经理王静
2021年11月5日	指挥部工程一部总经理高爱平
2021年11月5日	指挥部党群工作部部长王積筠、党群工作部业务经理霍岩
2021年11月5日	指挥部党群工作部副部长张培
2021年11月8日	指挥部行政办公室主任李维、行政办公室主管孙凤
2021年11月15日	指挥部副指挥长、总工程师李强

续表

访谈日期	访谈对象
2021年11月17日	指挥部党委副书记、纪委书记周海亮
2021年11月19日	原指挥部副指挥长刘京艳
2021年11月19日	指挥部副指挥长吴志晖
2021年11月22日	指挥部常务副指挥长郭雁池
2021年11月22日	民航局机场司副司长、原指挥部指挥长助理及航站区工程部总经理朱文欣
2021年11月24日	大兴机场副总经理、原指挥部总工程师袁学工
2021年11月24日	大兴机场信息管理部总经理、原指挥部弱电信息部总经理高宇峰
2021年11月26日	北京市建筑设计研究院副总建筑师、大兴机场项目建筑总监王亦知
2021年11月26日	北京城建集团有限责任公司副总工程师、北京城建大兴国际机场航站楼核心区工程项目经理李建华
2021年11月29日	指挥部党委书记、副指挥长罗辑
2021年11月30日	河北省廊坊市机场办副主任魏向阳
2021年11月30日	北京市大兴区机场办副主任赵建朝、组宣处副处长勒如新
2021年12月2日	首都机场股份公司财务总监、原指挥部财务总监李志勇
2021年12月2日	首都机场集团审计监察部副总经理、原指挥部审计监察部总经理刘挺
2021年12月3日	大兴机场副总经理、原指挥部指挥长助理及运营筹备办公室副主任孔越
2021年12月3日	大兴机场党委书记、副总经理，原指挥部党委书记、副指挥长李勇兵

主要参考文献

[1] Bucciarelli L. L., Engineering Philosophy[M].Delft: Delft University Press, 2003.

[2] Latour, B. Reassembling the Social: An Introduction to Actor-Network-Theory[M]. Oxford：Oxford University Press. 2005.

[3] Luhmann, N. Trust and Power [M].Chichester: John Wiley & Sons, 1979.

[4] Mitcham, Carl. Steps Toward a Philosophy of Engineering [M]. Lanham: Rowman & Littlefield Publishers, 2019.

[5] 北京新机场建设指挥部.北京大兴国际机场绿色建设实践[M].北京：中国建筑工业出版社，2021.

[6] （法）布迪厄. 实践感[M].南京：译林出版社，2009.

[7] （法）德勒兹. 差异与重复[M].上海：华东师范大学出版社，2019.

[8] 丁烈云. 数字建造导论[M].北京:中国建筑工业出版社，2019.

[9] 董淑霞，苗俊霞，李南主编.民航发展简史[M].北京：首都经济贸易大学出版社，2017年10月.

[10] 方丁.智慧机场的含义、愿景与特质初探[J].上海空港,2014，124(18):14-17.

[11] （丹）傅以斌.巨型项目：雄心与风险[M].李永奎 译.北京：科学出版社，2018.

[12] 傅志寰.对中国交通运输发展的若干认识[J].中国公路，2019(13)：38-41.

[13] 高宇峰.智慧机场信息系统规划设计的要点与分析[J].民航管理，2018，336(10):22-25.

[14] 龚剑,房霆宸.数字化施工[M].北京:中国建筑工业出版社，2019.

[15] 郭凯.北京大兴国际机场民航专业工程安全精准管理[J].民航管理.2019(7)：55-57.

[16] 何继善 等.工程管理论[M].北京:中国建筑工业出版社，2017.

[17] 何清华，杨德磊.项目管理[M].第2版.上海：同济大学出版社，2019.

[18] （荷）马塞尔·郝托，埃迪·韦斯特维尔德. 与复杂性共舞：大型基础设施项目的管理与组织[M].高星林，何清华，罗岚 等译.上海：同济大学出版社，2021.

[19] 胡毅，李永奎，乐云，陈炳泉.重大工程建设指挥部组织演化进程和研究评述——基于工程项目治理系统的视角[J].工程管理学报,2019,33(1)：79-83.

[20] 贾广社，李伯聪，李惠国，徐肖海. 工程哲学新观察——从虹桥综合交通枢纽到"大虹桥"[M].南京：江苏人民出版社，2012.

[21] （美）约翰·卡萨达，格雷格·林赛.航空大都市：我们未来的生活方式[M].曹允春,沈丹阳 译.郑州:河南科学技术出版社，2013.

[22] 邰艳丽.跨行政国土空间治理现状、困境与出路——以首都新机场临空经济区为例[J].北京规划建设. 2019(2)：52-58.

[23] 乐云，黄宇桢，韦金凤. 政府投资重大工程组织模式演变分析及实证研究[J].工程管理学报. 2017,31(2)：54-58.

[24] 李伯聪.工程哲学引论[M].郑州：大象出版社，2002.

[25] 李伯聪.工程社会学导论:工程共同体研究[M].杭州:浙江大学出版社，2010.

[26] 李伯聪 等. 工程创新:突破壁垒和躲避陷阱[M].杭州：浙江大学出版社，2010.

[27] 李沉.首都国际机场50年巨变[J].当代北京研究，2011(2)：47-52.

[28] 李家祥.大道相通：中国国航八大制胜方略[M].北京：机械工业出版社，2008.

[29] 李建华.凤凰之巢 匠心智造：北京大兴国际机场航站楼（核心区）工程综合建造技术（工程技术卷）[M].北京：中国建筑工业出版社，2022.

[30] 李景元 等.首都经济圈发展的历史性突破:面对京津冀协同发展国家重大战略的机遇透析[M].北京：中国经济出版社，2015.

[31] 李永.民航简史[M].北京：中国民航出版社，2010.

[32] 李永，梁秀荣，盛美兰.中国民航发展史简明教程[M].北京：中国民航出版社，2011.

[33] 林明华.中国大兴——北京大兴国际机场诞生记[M].北京：中国民航出版社，2021.

[34] （美）凯文·林奇.城市意象[M].第2版. 方益萍，何晓军 译.北京：华夏出版社，2017.

[35] 刘莉，王勇.中国民航发展简史[M].北京：中国民航出版社，2010.

[36] 刘武君.综合交通枢纽规划[M].上海:上海科学技术出版社，2015.

[37] 马克思.1844年经济学哲学手稿[M].北京:人民出版社，1985.

[38] 马克思.资本论[M].北京：人民出版社,1972.

[39] 闵杰.北京新机场:探寻新动力源[J].中国新闻周刊，2018，3.

[40] 聂永华.大型新建机场项目:战略性人力资源管理探略——基于机场工程建设运营一体化理念的思路与策略[J].民航管理.2015(7)：58-63.

[41] 欧阳杰. 中国近代机场建设史（1910—1949）[M].北京：航空工业出版社，2008.

[42] 秦佑国,王钗斌.北京地区民用机场系统发展研究[J].北京规划建设，2001(4)：27-30.

[43] （澳）全球基础设施中心 著.全球基础设施展望[M]. 吴卫星 等译.北京：对外经济贸易大学出版

社，2020月.

[44]（法）斯蒂格勒.意外地哲学思考[M].上海：上海社会科学院出版社，2018.

[45] 宋鹂,崔海雷.对民用机场建设运营一体化的思考[J].民航管理，2015，10.

[46] 孙继德,王广斌,贾广社,张宏钧.大型航空交通枢纽建设与运筹进度管控理论与实践[M].北京：中国
建筑工业出版社，2020.

[47] 孙涛. 智慧机场建设现状与发展前景预测[J].区域治理，2019（35）：156-158.

[48] 汤一介.中国传统文化的特质[M].上海：上海教育出版社，2019.

[49] 王大洲. 工程实践的人文意蕴审思[J].北京航空航天大学学报（社会科学版），2020，32（6）：
27-33.

[50] 王大洲. 在工程与哲学之间[J].自然辩证法研究，2005，21（7）：38-41.

[51] 王大洲.关于工程创新的社会理论审视[J].工程研究——跨学科视野中的工程，2018，10(3)：
256-265.

[52] 王景霞,代少勇.以价值为导向的机场战略规划与管控[M].北京:中国民航出版社，2015.

[53] 王楠.工程越轨行为及其相关问题初探[J].北京航空航天大学学报(社会科学版)，2019（6）：34-39.

[54] 王晓群.从首都机场到大兴机场看航站楼建筑的十年发展[J].世界建筑，2020(6)：50-55+145.

[55] 王亦知,门小牛,田晶,秦凯,王斌.北京大兴国际机场数字设计[M].北京：中国建筑工业出版社,2019.

[56] 王玉樑.论价值哲学发展的规律——从理论价值哲学到实践价值哲学[J].当代中国价值观研究，
2017，2(1)：5-11.

[57] 习近平. 习近平谈治国理政（第1-3卷）[M].北京：外文出版社，2014/2017/2020.

[58] 徐军库.智慧机场在北京新机场的建与实践[J].民航管理，2017，12(10)：38-46.

[59] 徐卫国.数字建筑设计理论与方法[M].北京:中国建筑工业出版社，2019.

[60] 杨语溪.超级工程的挑战：一座机场的诞生[J].中国民航，2020，68-73.

[61] 姚亚波，李勇兵主编.北京新机场建设指挥部大事记（2010—2019）[M].北京：中国民航出版社，
2020.

[62] 中国民用航空局机场司，北京新机场建设指挥部，首都机场集团公司北京大兴国际机场. 北京大
兴国际机场"四型机场"建设优秀论文集[M].北京：中国民航出版社有限公司，2020.

[63] 殷瑞钰，李伯聪，汪应洛，等.工程演化论[M].北京：高等教育出版社，2011.

[64] 殷瑞钰，李伯聪，汪应洛，等.工程方法论[M].北京：高等教育出版社，2017.

[65] 殷瑞钰，栾恩杰，李伯聪，等. 工程知识论[M].北京：高等教育出版社，2020.

[66] 殷瑞钰，汪应洛，李伯聪，栾恩杰，等.工程哲学[M].第4版.北京:高等教育出版社，2022.

[67] 袁贵仁.价值学引论 [M].北京：北京师范大学出版社，1991.

[68] 张超汉,蔡亚琦.军民融合战略下我国空域管理体制改革法治化的基本路径[J].法治论坛，2019(4)：244-261.

[69] 张岱年.文化传统与民族精神[J].学术月刊.1986(12)：1-3.

[70] 张光辉.中国民用机场[M].北京：中国民航出版社，2008.

[71] 张晋勋，段先军，李建华，雷素素，刘云飞.北京大兴国际机场航站楼工程建造技术创新与应用[J].创新世界周刊，2021(9)：14-23.

[72] 张振东,韩旭.北京大兴国际机场筹建工作口述纪实 [M].北京:中国书店出版社，2019.

[73] 赵一苇.揭秘北京新机场——一座面向未来的机场如何诞生[J].中国新闻周刊,2018(8):14-24.

[74] 郑展鹏.数字化运营[M].北京：中国建筑工业出版社，2019.

[75] 卡尔·马克思，费里德里希·恩格斯.马克思恩格斯文集（第一卷）[M]. 中共中央马克思恩格斯列宁斯大林著作编译局 译. 北京：人民出版社，2009.

[76] 卡尔·马克思，费里德里希·恩格斯.马克思恩格斯文集（第三卷）[M]. 中共中央马克思恩格斯列宁斯大林著作编译局 译. 北京：人民出版社，2009.

后记

北京大兴国际机场建设项目是国家重大标志性工程,得到了党中央和国务院的高度重视和亲切关怀,其建设成就也得到了业界的好评。本书旨在探究此项重大工程的实践逻辑,揭示其内在哲学意蕴。

本书是北京新机场建设指挥部工程实践者、中国科学院大学工程哲学研究团队和同济大学工程管理研究团队三方通力合作的产物。从2021年6月正式开展工作至今,已经1年有余。虽然时间紧、任务重,但三方紧密高效的合作使这本书得以如期出版。

在本书前期策划时,指挥部提出了出"精品"的目标。姚亚波总指挥明确要求,通过深浅相连、虚实结合、融情于理的手法,将本书写成一部具有政治性、哲学性、实践性、文学性的高品质著作。所谓政治性,就是始终以贯彻落实习近平新时代中国特色社会主义思想特别是习近平总书记对大兴机场重要指示批示精神为根本;所谓哲学性,就是以工程哲学基本原理透析大兴机场工程实践活动;所谓实践性,就是要揭示独具大兴机场特色的工程建设实践之道;所谓文学性,就是坚定文化自信,以深厚的中华传统文化底蕴为本书的最终呈现锦上添花。

要达到这个目标,并不是一件容易的事情。最初大家只知道大方向,至于如何谋篇布局,尚处在朦胧状态。为了高效率开展工作,三方确定了基本工作程序:先形成研究提纲,以研究提纲带动资料搜集和整理,从而为访谈工作奠定基础;待访谈工作完成后,再形成写作提纲,然后分工写作;待形成初稿后,再通过内部研讨和专家评议,不断优化,直至出版。

这样,根据最初提交的研究提纲,国科大团队和同济团队开始了资料搜集和整理工作。指挥部向两个团队开放了几乎所有非涉密的工程档案,还提供了许多内部总结材料。所有这些，都构成了研究工作的重要资料基础。到2021年10月上旬，资料搜集整理工作基本完成，课题组成员对大兴机场建设的基本情况也有了较为深入的了解，针对特定访谈对象的访谈提纲也逐一制定出来。

于是，访谈工作随之展开。具体架构是：指挥部中高层领导作为访谈对象，国科大团队和同济团队作为访谈人，而访谈安排由指挥部行政办公室李维主任和孙凤主管具体负责。10月18日至11月8日进行第一轮访谈，访谈对象依次为徐伟、姚铁、赵建明、孔愚、董家广、张俊、张宏钧、孙嘉、郭树林、王晨、师桂红、魏士妮、易巍、田涛、王海瑛、王静、高爱平、王積筠、张培、霍岩、李维、孙凤。11月15日至12月29日进行第二轮访谈，访谈对象依次为李强、周海亮、刘京艳、吴志晖、郭雁池、朱文欣、袁学工、高宇峰、罗辑、李志勇、刘挺、孔越、李勇兵。与此同时，还对相关建设单位领导和部门负责人进行了访谈，他们有北京市建筑设计研究院副总建筑师及大兴机场项目建筑总监王亦知、北京城建集团副总工程师及北京城建大兴国际机场航站楼核心区工程项目经理李建华、廊坊机场办副主任魏向阳、大兴区机场办副主任赵建朝和组宣处副处长靳如新。在此，谨对他们的支持一并表示衷心的感谢。基于这40场访谈，国科大团队整理出了60余万字的访谈稿。

访谈实际上是一个"对话"过程，正是通过这些密集对话，课题组逐步明确了写作思路和写作要点。经过课题组多次内部研讨并与指挥部行政办公室沟通交流，形成了写作提纲初稿。随后，吴志晖副指挥长组织专题会，讨论确定了写作提纲。具体写作由王大洲教授带领的国科大团队负责，基本分工是：第1章王大洲，第2章王秦歌，第3章王楠，第4章刘媛媛，第5章袁燕，第6章朱琳琳，第7章王楠、袁燕、王一淇、朱琳琳，第8章王一淇，第9章王秦歌，第10章王大洲。写作的实质乃是基于三方研讨形成的总体思路和观点，将各类资料组织起来并具体落实到纸面上，为后续研讨奠定基础，使迭代学习成为可能。

今年2月中旬，初稿形成，之后就是三方团队集体研讨、集体修改、再集体研讨、再集体修改的循环往复过程。其中，指挥部先后组织五次会议，专门研讨书稿修改事宜。2月21日和3月4日，吴志晖分别主持会议，讨论书稿第1版和第2版；3月17日姚亚波主持会议，讨论书稿第3版，对书稿把关定向；5月3日和6月4日，吴志晖分别主持会议，讨论书稿第6版和第7版。每次会议均对书稿的修改提出了明确要求，推动了后续迭代学习进程。第4版和第5版也都是在和指挥部互动过程中完成的。在修订过程中，由贾广社教授带领的同济团队，包括王广斌、高显义、谭丹、孙继德等各位老师，对书稿提出了一系列修改意见和建议，对部分文稿进行了直接修订，对个别小节还进行了重写，同时还添加了不少图示，提升了阅读的直观性。上海师范大学何长全博士也提出了修改意见和建议。为了协调好本书与本套丛书中《多维度融合 一体化管理——北京大兴国际机场工程管理实践》和《以人为本 程序为要——北京大兴国际机场工程安全管理实践》两本书的关系，三本书的写作团队还多次召开"三书"研讨会，大家共同切磋，彼此提意见、提建议，实现了跨学科互动学习和共同提升。在此，向另外两本书的创作团队成员表示感谢。

在这个迭代学习进程中，我们分别于4月29日和6月23日两次邀请国内知名专家对书稿进行评议。参加第一轮评议的专家有中国科学院大学李伯聪教授、北京师范大学刘孝廷教授、中共中央党校赵建军教授、北京师范大学田海平教授、中国政法大学张秀华教授、中国人民大学刘永谋教授和东南大学夏保华教授，评议对象是第5版书稿。参加第二轮评议的专家有中国铁道总公司傅志寰院士、中国人民大学刘大椿教授、中国科学院大学李伯聪教授、中国民航行业文化研究中心林明华教授、东北大学陈凡教授、北京大学周程教授和中国社会科学院段伟文研究员，评议对象是第7版书稿。他们对书稿给予了充分肯定并提出了具体修改意见和建议。在此，谨对各位专家的支持和鼓励表示由衷的感谢！

随后课题组完成书稿第8版。指挥部再次组织统稿，主要目标是核查事实，消除不恰当的提法。之后课题组拿出了第9版并提交出版社。待清样出来之后，指挥部最后一次组织统稿并进一步提出了修改意见和建议，以清理枝节、突出主干。课题组修改之后，已经是第10版了。最终呈现在读者面前的是第11版。工程哲学学科领域的开创者李伯聪教授为本书撰写了序言，在此深表感谢。同时，我们还要感谢中国建筑工业出版社封毅副总编辑和周方圆副编审的全程支持和辛勤劳作。

本书的写作恰似一项工程，有明确的质量要求和严格的工期要求。从形成研究提纲到资料搜集，从访谈到形成写作提纲，从初稿第1版到第10版，我们走过了一条艰辛的迭代学习之路。在这个过程中，指挥部中高层领导几乎将他们的经验体会毫无保留地分享给国科大团队和同济团队，而国科大团队和同济团队则夜以继日、研讨不止、笔耕不辍，力求将这些点点滴滴融会贯通、熔于一炉。大家齐心协力，力求在探索中重新认识工程实践本身，力求在探索中开拓工程哲学新视野。因此，这不是一次简单的合作，而是一次"化合"，一次共同经历着的"思想升华"。如果将这个探索之旅形容为采粉酿蜜、采矿精炼，应该说是恰如其分的。

本书的写作是"实质性"的集体创作，而集体创作的成果是一本哲学类型的专著，致力于做到哲学分析与实证材料"水乳交融"。这个尝试不能说是绝无仅有，也是十分少见的。也正因为如此，加之"工期"紧张，作者能力所限，本书不足之处在所难免。当然所有这些不足，概由本书作者负责。我们期待本书的出版能够起到抛砖引玉的作用，也诚挚邀请广大读者批评指正。

本书编写组

2022年8月

图书在版编目（CIP）数据

扎根大地的工程哲学：北京大兴国际机场建设的实践逻辑/北京新机场建设指挥部组织编写；姚亚波，吴志晖主编；王大洲，贾广社，李维副主编 . —北京：中国建筑工业出版社，2022.9
（北京大兴国际机场建设管理实践丛书）
ISBN 978-7-112-27892-3

Ⅰ.①扎… Ⅱ.①北… ②姚… ③吴… ④王… ⑤贾… ⑥李… Ⅲ.①国际机场—机场建设—大兴区 Ⅳ.① TU248.6

中国版本图书馆CIP数据核字（2022）第165706号

责任编辑：周方圆　封　毅
责任校对：张惠雯

　　北京大兴国际机场建设项目是国家重大标志性工程，是新时代中国民航强国建设的一个里程碑。本书以大兴机场建设工程为对象，以习近平新时代中国特色社会主义思想为指导，总结提炼了大兴机场建设的实践逻辑及其蕴含的工程哲学思想，探究了具有中国文化底蕴的工程精神、工程智慧与工程自信，辨明了面向未来的工程可持续发展之道。本书可望为未来大型综合交通枢纽乃至其他大型复杂工程的建设与运营提供借鉴，也有助于从哲学上为工程实践"正名"，维护工程实践者的思想尊严。本书可供工程界、哲学界乃至社会各界人士阅读，也可作为工程、哲学、管理等相关专业大学生或研究生的教学参考书。

北京大兴国际机场建设管理实践丛书
扎根大地的工程哲学
北京大兴国际机场建设的实践逻辑
北京新机场建设指挥部　组织编写
姚亚波　吴志晖　主编
王大洲　贾广社　李　维　副主编
*
中国建筑工业出版社出版、发行（北京海淀三里河路9号）
各地新华书店、建筑书店经销
北京海视强森文化传媒有限公司制版
北京富诚彩色印刷有限公司印刷
*
开本：880毫米×1230毫米　1/16　印张：16¼　插页：1　字数：339千字
2022年9月第一版　2022年9月第一次印刷
定价：**198.00**元
ISBN 978-7-112-27892-3
　　（39925）